John Gribbin · Auf der Suche nach Schrödingers Katze

John Gribbin

Auf der Suche nach Schrödingers Katze

Quantenphysik und Wirklichkeit

Aus dem Englischen von Friedrich Griese

Wissenschaftliche Beratung
für die deutsche Ausgabe:
Helmut Rechenberg

Mit 60 Abbildungen

Piper
München Zürich

Die Originalausgabe erschien 1984 unter dem Titel »In Search of
Schrödinger's Cat. Quantum Physics and Reality« bei Wildwood House,
London

ISBN 3-492-03029-7
3. Auflage, 9.–11. Tausend 1988
© John and Mary Gribbin 1984
© für die deutsche Ausgabe: R. Piper GmbH & Co. KG, München 1987
Gesetzt aus der Times-Antiqua
Gesamtherstellung: Mühlberger, Gersthofen
Printed in Germany

*»Ich mag sie nicht, und es tut mir leid,
daß ich jemals etwas mit ihr zu tun hatte.«*

ERWIN SCHRÖDINGER
1887–1961

»Nothing is real.«

JOHN LENNON
1940–1980

Inhalt

7

Danksagungen

Meine Bekanntschaft mit der Quantentheorie reicht über mehr als zwanzig Jahre bis in meine Schulzeit zurück, als ich entdeckte, wie das Elektronenschalen-Modell des Atoms auf magische Weise das periodische System der Elemente und praktisch die gesamte Chemie erklärte, mit der ich mich in so mancher langweiligen Stunde herumgequält hatte. Als ich dieser Entdeckung auf eigene Faust nachging und mir aus der Bibliothek Bücher besorgte, die angeblich für meinen bescheidenen Wissensstand »zu fortgeschritten« waren, fiel mir sofort die schöne Einfachheit der quantentheoretischen Erklärung der Atomspektren auf, und ich erlebte zum ersten Mal die Offenbarung, daß die besten Dinge in der Wissenschaft zugleich schön und einfach sind, eine Tatsache, die allzu viele Lehrer zufällig oder absichtlich vor ihren Schülern verbergen. Ich empfand dasselbe wie die Gestalt in C. P. Snows Buch *The Search* – das ich erst sehr viel später las –, die in etwa die gleiche Entdeckung macht: »Ein wahlloses Durcheinander von Fakten nahm vor meinen Augen plötzlich eine erkennbare Ordnung an. ›Aber es ist wahr‹, sagte ich mir. ›Es ist sehr schön, und es ist wahr.‹« (engl. Ausgabe 1963, S. 27)

Diese Erkenntnis war mit für meinen Entschluß verantwortlich, Physik zu studieren. Mein Wunsch ging schließlich in Erfüllung, und ich wurde Student an der Universität von Sussex in Brighton. Dort ging jedoch die Einfachheit und Schönheit der zugrundeliegenden Ideen unter in einer Fülle von Details und mathematischen Rezepten für die Lösung spezifischer Probleme mit Hilfe der Gleichungen der Quantenmechanik. Die praktische Anwendung dieser Ideen schien mit der zugrundeliegenden Wahrheit und Schönheit genauso viel zu tun zu haben wie das Steuern einer Boeing 747 mit dem Drachenfliegen, und obwohl jene erste Erkenntnis für meine weitere Laufbahn bestimmend blieb, habe ich die Quantenwelt lange links liegen lassen und andere wissenschaftliche Weidegründe erkundet.

Es waren mehrere Faktoren, die mein ursprüngliches Interesse wieder aufleben ließen. Ende der siebziger und Anfang der achtziger Jahre erschienen Bücher und Artikel, die sich mit unterschiedlichem Erfolg bemühten, die seltsame Welt der Quanten für Laien zu beschreiben. Diese angeblich »allgemeinverständlichen« Darstellungen waren teilweise so unerhört weit von der Wahrheit entfernt, daß ich mir nicht vorstellen konnte, wie durch ihre Lektüre auch nur ein einziger Leser die Wahrheit und Schönheit der Naturwissenschaft entdecken könnte; und so kam in mir der Wunsch auf, die Sache richtig zu machen. Außerdem erfuhr ich damals, daß man immer noch an Experimenten arbeitete, durch die mittlerweile bewiesen ist, daß einige der merkwürdigsten Erscheinungen, die aus der Quantentheorie folgen, zutreffen. Deshalb vergrub ich mich erneut in den Bibliotheken, um meine Kenntnisse von diesen merkwürdigen Dingen aufzufrischen. Schließlich wurde ich zu Weihnachten von der BBC gebeten, in einer Rundfunksendung gewissermaßen als naturwissenschaftlicher Gegenspieler von Malcolm Muggeridge aufzutreten, der kurz zuvor mitgeteilt hatte, er sei zum katholischen Glauben übergetreten. Er war bei diesem festlichen Anlaß Hauptgast. Nachdem dieser bedeutende Mann seinen Standpunkt erläutert und auf die Mysterien des christlichen Glaubens hingewiesen hatte, wandte er sich mir zu und sagte: »Aber hier ist der Mann, der alle Antworten kennt oder behauptet, alle Antworten zu kennen.« In der begrenzten Zeit, die mir zur Verfügung stand, versuchte ich, darauf einzugehen, indem ich erklärte, die Wissenschaft behaupte gerade *nicht,* alle Antworten zu kennen, und nicht sie, sondern die Religion stütze sich auf einen vorbehaltlosen Glauben und auf die Überzeugung, die Wahrheit zu kennen. »Ich *glaube* an gar nichts«, erklärte ich, und ich war gerade im Begriff, diese Auffassung zu begründen, als die Sendung zu Ende ging. Die ganze Weihnachtszeit hindurch hielten mir Freunde und Bekannte bei jeder Gelegenheit diese Worte vor und erklärten mir stundenlang, auch wenn ich an nichts vorbehaltlos glaubte, würde mich das doch nicht hindern, wie alle anderen von einer so vernünftigen Hypothese auszugehen wie der, daß die Sonne wahrscheinlich nicht über Nacht verschwindet.

So klärte sich für mich allmählich, worum es in der Naturwissenschaft überhaupt geht, und im Laufe vieler Diskussionen über die Realität oder Irrealität der Quantenwelt wurde mir bewußt, daß ich drauf und dran war, das Buch zu schreiben, das Sie jetzt in Händen halten. Während es entstand, habe ich viele der schwierigeren Gedankengänge in meinen regelmäßigen Wissenschaftsbeiträgen zu der von Tommy Vance moderierten Rundfunksendung ausprobiert, die vom British Forces Broadcasting Service ausgestrahlt wird; Toms gründliches Nachfragen deckte Mängel in meiner Darstellung auf und führte dazu, daß ich sie klarer ordnete. Das Quellenmaterial, das ich bei der Abfassung des Buches benutzte, fand ich überwiegend in der Bibliothek der Universität von Sussex, die eine der besten Sammlungen von Büchern über Quantentheorie besitzen muß; entlegenere Quellen spürte Mandy Caplin vom *New Scientist,* die mit Fernschreiben manches auszurichten vermag, für mich auf. Christine Sutton korrigierte eine Reihe von Mißverständnissen bezüglich Teilchenphysik und Feldtheorie. Meine Frau war mir nicht nur durch ihre Literaturrecherchen und die Organisation des Stoffes eine wesentliche Hilfe, sondern sie hat auch viele holprige Ausdrücke und Ungereimtheiten beseitigt, die noch in meinen Erläuterungen steckten, obwohl sie den Filter von Tommy Vances intelligenter Unwissenheit passiert hatten.

Falls man Vorzüge an diesem Buch findet, so liegt das Verdienst daran bei den »fortgeschrittenen« Lehrbüchern der Chemie, die ich mit 16 Jahren in der Bibliothek des Kent County fand und an deren Titel ich mich nicht mehr erinnere; den irreführenden »allgemeinverständlichen Darstellungen« der Quantentheorie, die mich zu der Überzeugung brachten, daß ich es besser könnte; Malcolm Muggeridge und der BBC; der Bibliothek der Universität von Sussex; Tommy Vance und dem BFBS; Mandy Caplin und Christine Sutton; und besonders bei Min. Etwaige Beschwerden über die noch verbliebenen Mängel des Buches sind natürlich an mich zu richten.

Im Juli 1983   John Gribbin

Einleitung

Würde man alle Bücher und Artikel, die dem Laien die Relativitätstheorie erklären sollen, aneinander legen, so würden sie vermutlich bis zum Mond reichen. »Jeder weiß«, daß Einsteins Relativitätstheorie die größte Errungenschaft der Wissenschaft des 20. Jahrhunderts ist, und jeder irrt sich. Würde man dagegen alle Bücher und Artikel, die dem Laien die Quantentheorie erklären sollen, aneinander legen, so würden sie gerade meinen Schreibtisch bedecken. Was nicht heißt, daß man außerhalb der Gelehrtenwelt noch nichts von der Quantentheorie gehört hätte. In manchen Kreisen ist die Quantenmechanik sogar sehr populär geworden; man erklärt mit ihr Erscheinungen wie die Telepathie oder das Löffelbiegen, und für eine Reihe von Science-Fiction-Stories hat sie fruchtbare Ideen geliefert. In der Alltagsmythologie wird die Quantenmechanik, sofern man überhaupt etwas von ihr weiß, mit dem Okkulten und der außersinnlichen Wahrnehmung in Verbindung gebracht; man sieht in ihr einen sonderbaren, esoterischen Wissenschaftszweig, den keiner versteht und keiner praktisch anwenden kann.

Das vorliegende Buch wurde geschrieben, um dieser Einstellung zu dem in Wirklichkeit grundlegendsten und bedeutendsten Gebiet wissenschaftlicher Forschung entgegenzutreten. Das Buch verdankt seine Entstehung mehreren Faktoren, die im Sommer 1982 zusammentrafen. Erstens war ich gerade mit *Spacewarps*, einem Buch über die Relativitätstheorie, fertig geworden, und nach meiner Überzeugung war es nun an der Zeit, auch das andere große Gebiet der Wissenschaft des 20. Jahrhunderts zu entmystifizieren. Zweitens ärgerte ich mich damals zunehmend über die falschen Vorstellungen, die sich unter Nichtwissenschaftlern ausbreiteten, nachdem Fritjof Capra mit seinem ausgezeichneten

Buch *Das Tao der Physik* Nachahmer angeregt hatte, die weder von Physik noch von Tao etwas verstanden, aber glaubten, mit der Verbindung von westlicher Wissenschaft und östlicher Philosophie Geld machen zu können. Schließlich wurde im August 1982 aus Paris gemeldet, einem Forscherteam sei ein entscheidendes Experiment gelungen, das für diejenigen, die noch immer Zweifel hatten, die Richtigkeit der quantenmechanischen Beschreibung der Welt bestätigte.

Nach »östlicher Mystik«, Löffelbiegen oder außersinnlicher Wahrnehmung wird man hier vergeblich suchen. Was man hier findet, ist die wahre Geschichte der Quantenmechanik, eine Wahrheit, die weit merkwürdiger ist als jede Fiktion. Die Wissenschaft, so wie sie ist, hat es gar nicht nötig, mit den abgelegten Kleidern der Philosophie von jemand anderem herausgeputzt zu werden; sie ist auch so voller Vergnügungen, Mysterien und Überraschungen. Die Frage, die dieses Buch aufwirft, lautet: »Was ist Realität?« Es kann sein, daß Sie von der (den) Antwort(en) überrascht sind, daß Sie nicht daran glauben. Aber Sie werden erkennen, wie die heutige Naturwissenschaft die Welt sieht.

Prolog: Nichts ist real

Die Katze aus unserem Titel ist ein fiktives Tier, doch Schrödinger war ein realer Mensch. Erwin Schrödinger war ein österreichischer Wissenschaftler, der Mitte der 20er Jahre unseres Jahrhunderts dazu beigetragen hat, die Gleichungen eines Wissenschaftsgebietes zu entwickeln, das wir heute als Quantenmechanik bezeichnen. Wissenschaftsgebiet ist eigentlich nicht der richtige Ausdruck, denn die Quantenmechanik ist die Grundlage aller modernen Naturwissenschaft. Die Gleichungen beschreiben das Verhalten sehr kleiner Objekte – die, allgemein gesagt, so groß wie ein Atom oder kleiner sind –, und sie *allein* machen die Welt des sehr Kleinen verständlich. Ohne diese Gleichungen könnten die Physiker keine Atomkraftwerke (oder Atombomben) planen, keine Laser bauen, nicht erklären, warum die Sonne nicht erkaltet. Ohne die Quantenmechanik wäre die Chemie noch im dunklen Mittelalter, und von der Molekularbiologie, vom Verstehen der DNS und von Gentechnik könnte gar keine Rede sein.

Die Quantentheorie ist die größte wissenschaftliche Errungenschaft; sie ist weitaus bedeutsamer und von sehr viel direkterem praktischem Nutzen als die Relativitätstheorie. Dabei macht sie einige ganz merkwürdige Vorhersagen. Die Welt der Quantenmechanik ist in der Tat so merkwürdig, daß sogar Albert Einstein sie unverständlich fand und sich weigerte, sämtliche Implikationen der von Schrödinger und seinen Kollegen entwickelten Theorie anzuerkennen. Einstein und mit ihm viele Wissenschaftler fühlten sich wohler in der Annahme, die Gleichungen der Quantenmechanik seien so etwas wie ein mathematischer Kunstgriff, der für das Verhalten atomarer und subatomarer Teilchen zufällig einen leidlich brauchbaren Anhaltspunkt liefert, der jedoch eine tiefere Wahrheit verbirgt, die eher der Realität in unserem üblichen Sinne entspricht. Der Quantenmechanik zufolge ist nämlich nichts real, und wir können nichts über das Verhalten von Dingen aussagen, die wir nicht beobachten. Schrödingers sagenumwobene Katze zitiert man, um die Unterschiede zwischen Quantenwelt und der gewöhnlichen Welt zu verdeutlichen.

In der Welt der Quantenmechanik gelten die physikalischen Gesetze, die wir aus der uns vertrauten Welt kennen, nicht mehr. Die Vorgänge werden vielmehr durch Wahrscheinlichkeiten bestimmt. Nehmen wir zum Beispiel ein radioaktives Atom; vielleicht zerfällt es und emittiert dabei, sagen wir, ein Elektron, vielleicht aber auch nicht. Mit einer bestimmten Versuchsanordnung kann man eine Wahrscheinlichkeit von genau fünfzig Prozent dafür erreichen, daß eines der Atome einer radioaktiven Substanz innerhalb einer bestimmten Frist zerfällt und daß der Zerfall, wenn es tatsächlich zu ihm kommt, von einem Detektor registriert wird. Schrödinger, der über die Folgerung der Quantenmechanik genauso beunruhigt war wie Einstein, wollte ihre Absurdität aufzeigen und ersann ein Gedankenexperiment, bei dem sich in einem abgeschlossenen Raum oder Behälter eine lebende Katze sowie eine Phiole mit Gift befindet. Falls der radioaktive Zerfall tatsächlich stattfindet, zerbricht die Phiole und die Katze stirbt. In der gewöhnlichen Welt besteht eine Wahrscheinlichkeit von fünfzig Prozent, daß die Katze getötet wird, und man kann, ohne in den Behälter hineinzuschauen, ganz getrost sagen, daß die Katze darin entweder tot oder lebendig sein wird. Aber hier stoßen wir auf die Merkwürdigkeit der Quantenwelt. Nach der Theorie ist *keine* der beiden Möglichkeiten, die für die radioaktive Substanz und damit für die Katze bestehen, in irgendeiner Weise real, sofern sie nicht beobachtet wird. Der Atomzerfall hat weder stattgefunden, noch hat er nicht stattgefunden, und die Katze ist weder getötet worden, noch ist sie nicht getötet worden, sofern wir nicht in den Behälter hineinschauen, um zu sehen, was passiert ist. Ein Theoretiker, der die unverfälschte Quantenmechanik vertritt, würde sagen, die Katze befinde sich in einem unbestimmten Zustand, sie sei weder tot noch lebendig, solange nicht ein Beobachter in dem Behälter nachschaut, wie sich die Dinge entwickeln. Nichts ist real, falls es nicht beobachtet wird.

Für Einstein und andere war diese Vorstellung ein Greuel. »Der Herrgott würfelt nicht«, sagte er im Hinblick auf die Theorie, nach

der die Welt eine Ansammlung der Resultate von im Grunde willkürlichen »Entscheidungen« auf der Quantenebene ist. Davon,
daß Schrödingers Katze sich in einem unwirklichen Zustand befindet, wollte er nichts wissen; er meinte, den Dingen müsse ein
»Uhrwerk« zugrunde liegen, das dafür sorgt, daß sie in einem ganz
fundamentalen Sinne Realität besitzen. Er hat jahrelang über Versuche nachgegrübelt, durch die sich das Wirken dieser fundamentalen Realität zeigen lassen sollte, aber erst nach seinem Tode
wurde es möglich, einen entsprechenden Versuch durchzuführen.
Vielleicht ist es gut so, daß er nicht mehr erlebt hat, wohin eine der
von ihm angeregten Überlegungen führt.

Im Sommer 1982 schloß ein Forscherteam unter der Leitung
von Alain Aspect an der Universität Paris-Sud eine Reihe von
Experimenten ab, welche die fundamentale Realität unter der unwirklichen Welt der Quanten aufdecken sollten. Der Realität, die
allem zugrunde liegt – dem fundamentalen Uhrwerk –, hatte man
den Namen »verborgene Variablen« gegeben. Bei dem Experiment ging es um das Verhalten von zwei Photonen, also Licht»teilchen«, die von einer Quelle in entgegengesetzter Richtung davonfliegen. Im zehnten Kapitel werden wir das Experiment, das im
wesentlichen als ein Prüfstein für die Realität aufgefaßt werden
kann, ausführlich beschreiben. Die beiden Photonen aus einer einzigen Quelle können mit Hilfe von zwei Detektoren beobachtet
werden, die eine Polarisation genannte Eigenschaft messen. Der
Quantentheorie zufolge existiert diese Eigenschaft nicht, solange
sie nicht gemessen wird. Nach der Vorstellung von »verborgenen
Variablen« weist aber jedes Photon vom Augenblick seiner Erzeugung an eine »wirkliche« Polarisation auf. Da die beiden Photonen
gleichzeitig emittiert werden, besteht zudem ein Zusammenhang
zwischen ihrer jeweiligen Polarisation. Die Art des Zusammenhangs, die tatsächlich gemessen wird, hängt jedoch davon ab, welche der beiden erwähnten Realitätsvorstellungen man vertritt. Die
Ergebnisse dieses entscheidenden Experiments waren eindeutig.
Man fand nicht jenen Zusammenhang, der nach der Theorie von
den verborgenen Variablen zu erwarten war, sondern im Gegenteil
den Zusammenhang, den die Quantenmechanik vorhersagte. Außerdem stellte man fest, daß die Messung, die an einem Photon
vorgenommen wird, sich – wie ebenfalls von der Quantentheorie

vorhergesagt – direkt auf die Eigenschaften des anderen Photons auswirkt. Beide sind unentwirrbar durch eine Wechselwirkung miteinander verbunden, obwohl sie sich mit Lichtgeschwindigkeit voneinander entfernen und wir aus der Relativitätstheorie wissen, daß kein Signal sich schneller als Licht fortpflanzen kann. Die Experimente beweisen, daß es eine der Welt zugrunde liegende Realität an sich nicht gibt. »Realität« im üblichen Sinne ist keine angemessene Vorstellung über das Verhalten der fundamentalen Teilchen, aus denen das Universum sich zusammensetzt. Andererseits scheinen diese Teilchen gleichzeitig unzertrennlich in einem unteilbaren Ganzen verbunden zu sein, so daß jedes weiß, was mit den übrigen geschieht.

Die Suche nach einer Erklärung für das Verhalten von Schrödingers Katze war die Suche nach der Quanten-Realität. Nach diesem kurzen Abriß könnte man meinen, die Suche sei fruchtlos gewesen, da es eine Realität im üblichen Sinne des Wortes nicht gibt. Aber damit ist die Geschichte noch nicht ganz zu Ende, und es könnte sein, daß wir auf jener Suche zu einem neuen Verständnis jener Realität gelangen, welche die herkömmliche Interpretation der Quantenmechanik übersteigt und dennoch einschließt. Es ist allerdings ein langer Weg. Er begann mit einem Wissenschaftler, den es wohl noch stärker gegraust hätte als Einstein, hätte er die Antworten sehen können, die wir inzwischen auf jene Fragen gefunden haben, über die er sich bereits den Kopf zerbrach. Isaac Newton hat, als er vor dreihundert Jahren die Natur des Lichts studierte, nicht ahnen können, daß er sich schon auf dem Wege befand, der zu Schrödingers Katzenparadoxien führt.

Erster Teil
Die Quanten

»Wer über die Quantentheorie nicht entsetzt ist,
der hat sie nicht verstanden.«

Niels Bohr
1885–1962

1. Kapitel: Licht

Isaac Newton »erfand« die Physik, und die gesamte Naturwissenschaft beruht auf Physik. Gewiß hat Newton sich auf die Arbeit anderer gestützt, aber erst mit der Veröffentlichung seiner drei Bewegungsgesetze und der Gravitationstheorie vor genau 300 Jahren (1687) wurde die Wissenschaft auf jenen Weg gebracht, an dessen Ende die Raumfahrt, der Laser, die Atomenergie, die Gentechnologie, das Verständnis der Chemie und noch vieles mehr stehen. Zweihundert Jahre lang herrschte unangefochten die Newtonsche Physik, die man heute die »klassische« nennt. Neue, revolutionäre Erkenntnisse führten die Physik im 20. Jahrhundert weit über Newton hinaus, aber ohne die zwei Jahrhunderte wissenschaftlichen Fortschritts wäre man wohl nie zu jenen Erkenntnissen gelangt. Dieses Buch gibt keine Wissenschaftsgeschichte, und es handelt nicht von den erwähnten klassischen Vorstellungen, sondern von der neuen Physik, der Quantenphysik. Sogar in Newtons 300 Jahre altem Werk hat es jedoch schon Hinweise auf künftige Wandlungen gegeben, die weder aus seinen Untersuchungen über Planetenbewegungen und Umlaufbahnen noch aus seinen berühmten drei Gesetzen entspringen, sondern aus seinen Erkundungen über die Natur des Lichts.

Newtons Vorstellungen über das Licht waren von seinen Vorstellungen über das Verhalten von festen Gegenständen und die Bahnen der Planeten beeinflußt. Er begriff, daß unsere Alltagserfahrung mit dem Verhalten von Objekten irreführend sein kann und daß ein Objekt, ein Teilchen, das keinen äußeren Einflüssen unterliegt, sich ganz anders verhalten müsse, als ein solches Teilchen auf der Oberfläche der Erde. Hier sagt uns unsere Alltagserfahrung, daß Dinge an ihrem Platz bleiben, wenn sie nicht angestoßen werden, und daß sie, wenn man aufhört, sie anzustoßen, auch bald aufhören, sich zu bewegen. Warum also hören Objekte wie die Planeten oder der Mond nicht auf, sich in ihren Bahnen zu bewegen? Gibt es etwas, was sie anstößt? Ganz und gar nicht. Die Planeten befinden sich vielmehr in einem natürlichen Zustand, der frei von äußeren Störungen ist, während die Objekte auf der Erdoberfläche gestört werden. Wenn ich einen Stift über meinen Schreibtisch schieben will, muß ich ihm einen Anstoß geben, der die Reibung des Stiftes auf der Tischoberfläche überwindet, und deshalb kommt er zur Ruhe, wenn ich aufhöre, ihn anzustoßen. Gäbe es keine Reibung, würde der Stift sich weiterbewegen. Dies ist Newtons 1. Gesetz: Jedes Objekt bleibt im Ruhezustand oder bewegt sich mit konstanter Geschwindigkeit, solange nicht eine äußere Kraft auf es einwirkt. Das 2. Gesetz sagt uns, wie groß der Effekt einer äußeren Kraft – eines Stoßes – auf ein Objekt ist. Eine solche Kraft verändert die Geschwindigkeit des Objekts, diese Veränderung nennt man Beschleunigung; teilt man die Kraft durch die Masse des Objekts, auf welche die Kraft einwirkt, so ergibt sich die Beschleunigung, die der Körper durch diese Kraft erfährt. Gewöhnlich wird dieses 2. Gesetz etwas anders ausgedrückt: Kraft = Masse × Beschleunigung. Newtons 3. Gesetz sagt uns etwas darüber, wie die Objekte darauf reagieren, herumgestoßen zu werden: Für jede Aktion gibt es eine gleiche, entgegengesetzte Reaktion. Wenn ich mit meinem Tennisschläger einen Tennisball schlage, so entspricht der Kraft, mit der der Schläger den Tennisball anstößt, genau eine gleiche Kraft, die auf den Schläger zurückwirkt. Auf den Stift, der auf meinem Schreibtisch liegt und von der Schwerkraft herabgezogen wird, wirkt die Schreibtischplatte selbst mit einer genau gleichen Reaktion zurück. Schließlich erzeugt ja auch die Kraft des Explosionsvorgangs, der die Gase aus der Brennkammer einer Rakete heraustreibt, eine gleiche und entgegengesetzte Reaktion, deren Kraft auf die Rakete selbst einwirkt und sie in die entgegengesetzte Richtung treibt.

Diese Gesetze erklärten, zusammen mit Newtons Gesetz der Schwerkraft, die Bahnen der Planeten um die Sonne und den Umlauf des Mondes um die Erde. Wenn man die Reibung berücksichtigte, erklärten sie auch das Verhalten von Objekten auf der Erdoberfläche und bildeten daher die Grundlage der gesamten Mechanik. Sie hatten allerdings auch verwirrende philosophische

Implikationen. Gemäß Newtons Gesetzen ließ sich das Verhalten eines Teilchens auf der Grundlage seiner Wechselwirkungen mit anderen Teilchen und der auf es einwirkenden Kräfte exakt vorhersagen. Wenn es jemals möglich wäre, Ort und Geschwindigkeit eines jeden Teilchens im Universum zu kennen, dann wäre es möglich, mit größter Präzision die Zukunft jedes Teilchens und damit die Zukunft des Universums vorherzusagen. Bedeutete das, daß das Universum wie ein Uhrwerk, das der Schöpfer einmal aufgezogen und in Gang gesetzt hatte, seine exakt vorhersagbare Bahn ablief? Newtons klassische Mechanik lieferte eine Fülle von Bestätigungen für diese deterministische Sicht des Universums, ein Bild, das allerdings für den freien menschlichen Willen oder den Zufall wenig Raum ließ. Konnte es wirklich sein, daß wir alle Marionetten sind, die auf einer vorher festgelegten Route durchs Leben gehen und im Grunde überhaupt keine Wahl haben? Die meisten Wissenschaftler ließen gern die Philosophen über diese Frage debattieren. Aber sie stellte sich wieder mit vollem Gewicht als zentrale Frage der neuen Physik des 20. Jahrhunderts.

Wellen oder Teilchen?

Da seine Physik der Teilchen ein solcher Erfolg war, ist es kaum verwunderlich, daß Newton auch das Verhalten des Lichts im Sinne von Teilchen zu erklären versuchte. Man sieht ja, daß Lichtstrahlen sich geradlinig fortpflanzen und daß Licht von einem Spiegel in ganz ähnlicher Weise abprallt wie ein Ball von einer harten Wand. Newton baute das erste Spiegelteleskop, er erklärte das weiße Licht als eine Überlagerung aller Farben des Regenbogens und leistete in der Optik noch vieles mehr. Und doch beruhten seine Theorien stets auf der Annahme, daß Licht aus einem Strom von winzigen Teilchen, Korpuskeln genannt, besteht. Wenn Lichtstrahlen die Grenze zwischen einer leichteren und einer dichteren Substanz, etwa zwischen Luft und Wasser oder Glas, überschreiten, werden sie gebeugt (deshalb scheint das Rührstäbchen in einem Glas Gin-Tonic geknickt zu sein). Die Korpuskulartheorie kann diese Brechung treffend erklären, indem sie annimmt, daß die Korpuskeln sich in der »optisch dichteren« Substanz schneller bewegen. Für das alles gab es jedoch auch schon zu Newtons Zeiten eine andere Erklärung.

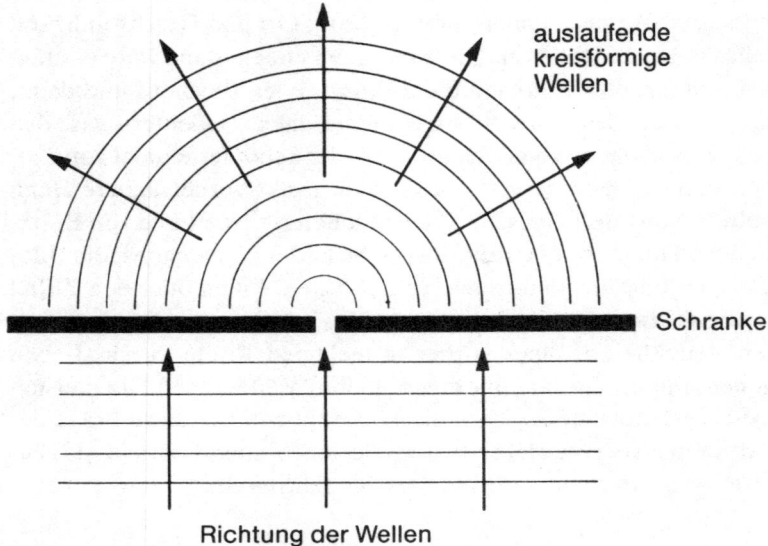

auslaufende
kreisförmige
Wellen

Schranke

Richtung der Wellen

Abbildung 1.1 *Parallele Wasserwellen, die ein kleines Loch in einer Barriere durchsetzen, pflanzen sich von dem Loch aus als kreisförmige Wellen fort, ohne daß ein »Schatten« bleibt.*

Der niederländische Physiker Christiaan Huygens war ein Zeitgenosse Newtons, allerdings, da er 1629 geboren wurde, dreizehn Jahre älter. Er entwickelte die Vorstellung, daß Licht nicht ein Strom von Teilchen ist, sondern eine Welle – ähnlich wie die Wellen, die über die Oberfläche eines Sees wandern –, daß es sich aber durch eine unsichtbare Substanz fortpflanzt, den »leuchtenden Äther«. Er dachte sich, daß die Lichtwellen sich ähnlich wie die Kräuselwellen, die ein Stein hervorruft, den man in einen Teich wirft, von einer Lichtquelle aus nach allen Seiten ausbreiten. Die Wellentheorie erklärte die Beugung und die Brechung ebenso gut wie die Korpuskulartheorie. Man sagt zwar, daß Lichtwellen in einer optisch dichteren Substanz nicht schneller, sondern langsamer werden – anders als die Lichtteilchen nach Newton; doch konnte man im 17. Jahrhundert die Geschwindigkeit des Lichts nicht messen, und so konnte dieser Unterschied den Widerspruch zwischen

24

den beiden Theorien nicht auflösen. Es gab jedoch einen entscheidenden Punkt, in dem sich die beiden Vorstellungen in ihren beobachtbaren Vorhersagen unterschieden. Wenn Licht auf eine scharfe Kante trifft, erzeugt es einen scharf begrenzten Schatten. So sollten sich auch Ströme von Teilchen, die sich in gerader Linie fortbewegen, verhalten. Eine Welle aber wird eher noch ein wenig in den Schatten hinein gebeugt – man denke an die Kräuselwellen auf einem Teich, die sich um einen Felsen herum ausbreiten. Vor 300 Jahren sprachen die Tatsachen eindeutig für die Korpuskulartheorie, und die Wellentheorie wurde fallengelassen, auch wenn man sie nicht ganz vergaß. Zu Beginn des 19. Jahrhunderts hatte sich jedoch die Wertschätzung der beiden Theorien fast ins Gegenteil verkehrt.

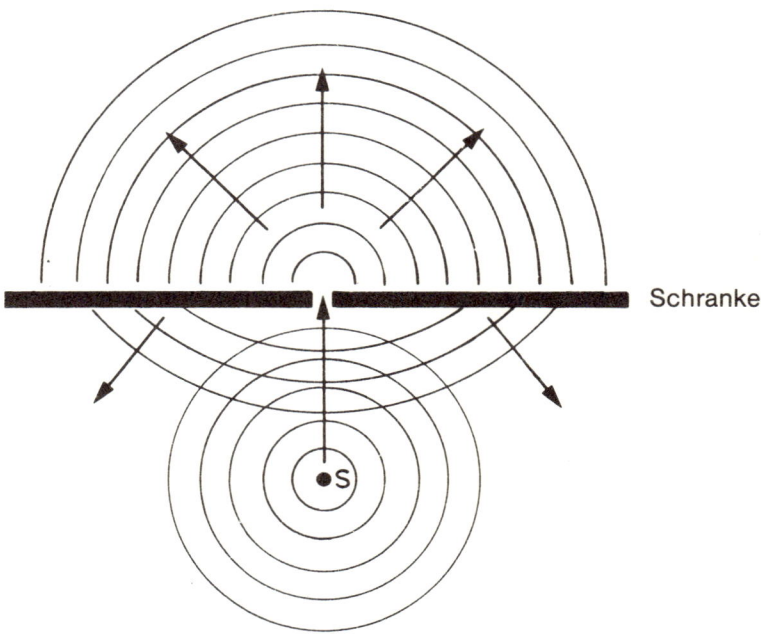

Schranke

Abbildung 1.2 *Auch kreisförmige Wellen, wie sie ein Stein erzeugt, wenn er in einen Teich fällt, pflanzen sich, wenn sie eine schmale Öffnung passieren, von dem Loch als Mittelpunkt aus als kreisförmige Wellen fort (und natürlich werden die Wellen, die auf die Barriere treffen, zurückreflektiert).*

Im 18. Jahrhundert nahm kaum jemand die Wellentheorie des Lichts ernst. Einer der wenigen, der sie nicht nur ernst nahm, sondern sie in seinen Schriften vertrat, war der Schweizer Leonhard Euler, der führende Mathematiker seiner Zeit, der zur Entwicklung der Geometrie, der Differentialrechnung und der Trigonometrie erheblich beitrug. Die moderne Mathematik und Physik wird mit Hilfe arithmetischer Ausdrücke durch Gleichungen dargestellt; einen Großteil der Verfahren, auf denen diese arithmetische Darstellung beruht, entwickelte Euler; dabei führte er Kurzbezeichnungen ein, die sich bis heute erhalten haben – beispielsweise die Bezeichnung »pi« für das Verhältnis des Umfangs zum Durchmesser eines Kreises, den Buchstaben i für die Quadratwurzel aus Minus 1 (der wir, zusammen mit »pi«, wieder begegnen werden), und die Symbole, die von Mathematikern benutzt werden, um die Operation zu bezeichnen, die man Integration nennt. Merkwürdigerweise wird jedoch in der *Encyclopaedia Britannica* im Artikel über Euler seine Auffassung zur Wellentheorie des Lichts nicht erwähnt, eine Auffassung, von der ein Zeitgenosse sagte, sie werde »von keinem einzigen bedeutenden Physiker« geteilt.[1] Fast der einzige bedeutende Zeitgenosse Eulers, der diese Auffassung teilte, war Benjamin Franklin, doch konnten die Physiker sie leicht ignorieren, bis der Engländer Thomas Young gleich zu Anfang des 19. Jahrhunderts und kurz danach der Franzose Augustin Fresnel neue Experimente anstellten, die von entscheidender Bedeutung waren.

Der Triumph der Wellentheorie

Young griff auf das zurück, was er über die Ausbreitung von Wellen auf der Oberfläche eines Teiches wußte, und entwarf ein Experiment, mit dem er feststellen wollte, ob Licht sich in der gleichen Weise ausbreitet. Wir wissen alle, wie eine Wasserwelle aussieht; allerdings sollte man sich eher eine Kräuselwelle als eine große Sturzwelle vorstellen, damit der Vergleich stimmt. Was eine Welle auszeichnet, ist die Tatsache, daß sie im Zuge ihrer Ausbreitung den Wasserspiegel ein wenig ansteigen und anschließend sinken läßt; der Abstand des Wellenkamms von der ruhigen Wasserfläche ist ihre Amplitude, und bei einer idealen Welle ist sie genauso groß wie die Strecke, um die der Wasserspiegel beim Weiterwandern der Welle gesenkt wird. Die Kräuselwellen, die wir mit dem Stein hervorrufen, den wir in den Teich werfen, folgen einander in einem regelmäßigen Abstand, der als Wellenlänge bezeichnet und von einem Wellenkamm bis zum nächsten gemessen wird. Um den Punkt herum, wo unser Stein ins Wasser fällt, breiten sich die Wellen kreisförmig aus, doch die Wellen auf dem Meer oder die Kräuselwellen, die der Wind auf einem See hervorruft, können eine geradlinige Form annehmen und als parallele Wellen aufeinander folgen. Ob kreisförmig oder parallel – aus der Zahl der Wellenkämme, die innerhalb einer Sekunde an einem bestimmten Punkt, etwa einem Felsen, vorbeiwandern, können wir die Frequenz der Welle entnehmen. Die Frequenz ist die Anzahl der Wellenlängen, die pro Sekunde vorbeilaufen, und daher ist die Geschwindigkeit der Welle, das Tempo, mit dem der einzelne Wellenkamm voranschreitet, gleich der Wellenlänge, multipliziert mit der Frequenz.

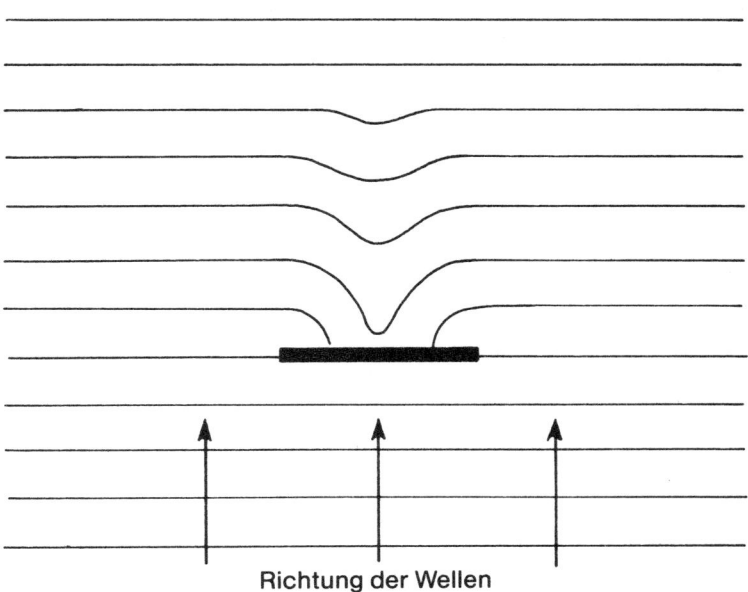

Richtung der Wellen

Abbildung 1.3 *Daß Wellen Ecken umrunden können, bedeutet auch, daß sie den Schatten hinter einem Hindernis rasch ausfüllen können, vorausgesetzt, das Hindernis ist nicht sehr viel größer als ihre Wellenlänge.*

Das entscheidende Experiment beginnt mit parallelen Wellen, ähnlich den geradlinigen Wellen, die auf den Strand zulaufen, bevor sie sich brechen. Man kann sie sich als Wellen denken, die dadurch entstanden sind, daß in sehr großer Entfernung ein sehr großes Objekt ins Wasser gefallen ist. Wenn man vom Entstehungsort der Kräuselwellen weit genug entfernt ist, wirken die sich immer weiter ausbreitenden »Kräuselwellen« wie parallele oder ebene Wellen; denn wenn die Welle weit genug gewandert ist, kann man die Krümmung um den Punkt, von dem die Störung ausging, kaum noch erkennen. In einem Wassertank läßt sich leicht untersuchen, was mit solchen ebenen Wellen geschieht, wenn ihnen ein Hindernis in den Weg gelegt wird. Ist das Hindernis *klein*, so krümmen sich die Wellen um das Hindernis herum und füllen den Raum dahinter durch Beugung aus, so daß nur wenig »Schatten« verbleibt; ist das Hindernis dagegen, verglichen mit der Wellenlänge der Kräuselwellen, sehr *groß*, so krümmen sie sich nur ein wenig in den Schatten hinein, und ein Teil der Wasserfläche bleibt unbewegt. Wenn Licht nun eine Welle darstellt, kann man dennoch einen scharf abgegrenzten Schatten erhalten, falls man voraussetzt, daß die Wellenlänge des Lichts sehr klein ist im Vergleich zur Größe des Objekts, das den Schatten wirft.

Jetzt betrachten wir die Sache umgekehrt. Wir stellen uns ein paar hübsche ebene Wellen vor, die durch unseren Wassertank wandern, aber nicht auf ein von Wasser umgebenes Hindernis stoßen, sondern auf eine durchgehende Wand, in deren Mitte sich ein Spalt befindet. Ist der Spalt sehr viel größer als die Wellenlänge der Störung, so wird genau jener Teil der Welle, der in die Öffnung paßt, hindurchwandern und sich dahinter ein wenig verbreitern, doch zum größten Teil wird das Wasser hinter der Barriere ruhig bleiben, wie bei den Wellen, die auf die Einfahrt einer Hafenmauer treffen. Ist das Loch in der Mauer aber sehr klein, dann wirkt es wie eine neue Quelle von kreisförmigen Wellen, so als würden an dieser Stelle Steine ins Wasser geworfen. Auf der anderen Seite der Mauer breitet sich diese kreisförmige (oder, genauer halbkreisförmige) Welle über die ganze Wasseroberfläche aus, so daß kein Teil ungestört bleibt.

So weit, so gut. Jetzt kommen wir endlich zu Youngs Experiment. Man denke sich die gleiche Anordnung wie zuvor, einen

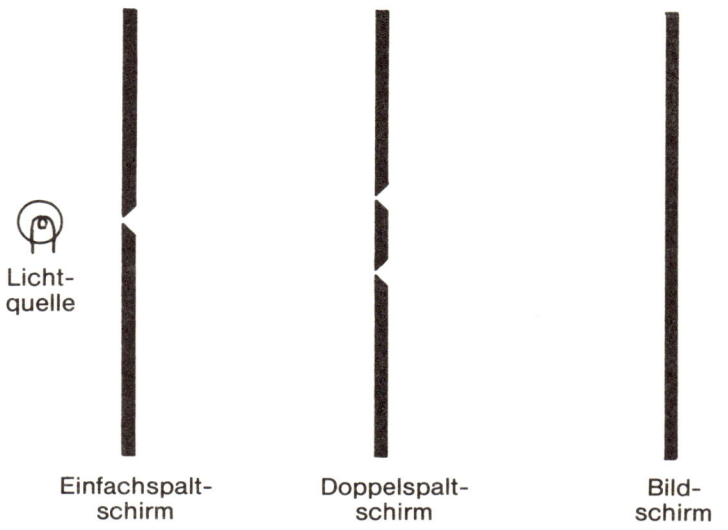

Licht-
quelle

Einfachspalt-   Doppelspalt-   Bildschirm   schirm   schirm

Abbildung 1.4 *Daß Licht an Kanten und kleinen Löchern gebeugt wird,
läßt sich nachprüfen: An einem Spalt entsteht eine kreisförmige Welle, an
einem Doppelspalt entsteht Interferenz.*

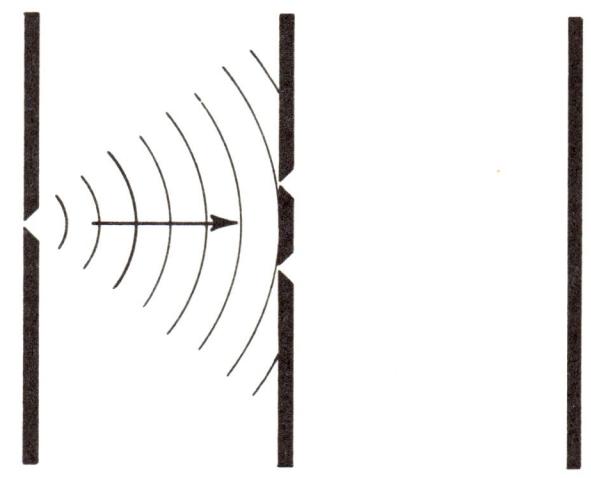

Abbildung 1.5 *Wie Wasserwellen, die ein Loch durchsetzen, pflanzen sich
die Lichtwellen hinter dem ersten Spalt »im Gleichschritt« als kreisförmige
Wellen fort.*

Wassertank, in dem parallele Wellen auf ein Hindernis stoßen, das nun aber *zwei* kleine Löcher aufweist. In dem Gebiet hinter der Trennwand wirkt jedes der Löcher wie ein neuer Entstehungsort von halbkreisförmigen Wellen, und da diese beiden Wellenzüge von den gleichen parallelen Wellen jenseits der Wand erzeugt werden, bewegen sie sich exakt im Gleichschritt oder, wie man sagt, in Phase. Wir haben nun zwei Wellenzüge, die sich über das Wasser ausbreiten, und dadurch entsteht auf der Oberfläche ein komplizierteres Wellenmuster. Dort, wo beide Wellen den Wasserspiegel steigen lassen, erhalten wir einen höheren Wellengang; dort, wo eine Welle einen Wellenkamm und die andere ein Wellental zu erzeugen versucht, heben beide einander auf, und der Wasserspiegel bleibt unverändert. Diese Wirkungen, als konstruktive und destruktive Interferenz bezeichnet, lassen sich unschwer in einer gewissen Näherung beobachten, wenn wir zwei Steine gleichzeitig in einen Teich werfen. Falls Licht nun eine Welle ist, müßte ein entsprechendes Experiment eine ähnliche Interferenz von Lichtwellen ergeben, und genau das beobachtete Young.

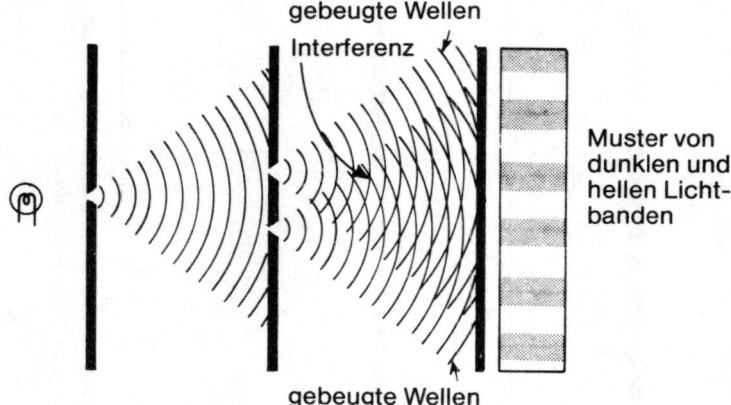

Abbildung 1.6 *Von beiden Löchern des mit zwei Spalten versehenen Schirms breiten sich kreisförmige Wellen aus, und ihre Überlagerung ergibt auf dem Beobachtungsschirm ein Muster von Licht und Schatten – ein klarer Beweis dafür, daß Licht sich bei diesem Experiment wie eine Welle verhält.*

Er warf Licht auf einen Schirm, in dem sich zwei schmale Spalte befanden. Das aus den beiden Spalten tretende Licht breitete sich hinter diesem Hindernis aus und interferierte. Falls die Analogie zum Wasser zutraf, mußte sich hinter dem Hindernis ein Interferenzmuster ergeben, also abwechselnd helle und dunkle Zonen, hervorgerufen durch konstruktive beziehungsweise destruktive Interferenz der aus den beiden Spalten austretenden Welle. Als Young hinter den Spalten einen weißen Schirm aufstellte, beobachtete er genau das: ein Muster von hellen und dunklen Streifen.

Doch Youngs Experiment fand in der wissenschaftlichen Welt, besonders in Großbritannien, nicht gerade begeisterte Aufnahme. Für das wissenschaftliche Establishment war es beinahe Ketzerei und mit Sicherheit unpatriotisch, wenn man irgendeiner der Ideen Newtons widersprach. Newton war erst im Jahre 1727 gestorben, und im Jahre 1705 – weniger als hundert Jahre, bevor Young von seinen Entdeckungen berichtete – war er als erster für seine wissenschaftlichen Arbeiten in den Adelsstand erhoben worden. Für eine Entthronung des Idols war es in England noch zu früh, und so war es vielleicht richtig, daß in jener Zeit der napoleonischen Kriege ein Franzose, nämlich Augustin Fresnel diese »unpatriotische« Idee aufgriff und der Deutung des Lichts als Welle schließlich eine sichere Grundlage gab. Fresnels Arbeit erschien zwar einige Jahre nach der von Young, aber sie war vollständiger und bot für fast alle Aspekte des Verhaltens von Licht eine Wellenerklärung. Unter anderem erklärte sie ein Phänomen, das uns allen heute vertraut ist – die herrlich bunten Reflexe, die entstehen, wenn Licht auf einen dünnen Ölfilm fällt. Auch hier ist eine Interferenz von Wellen die Ursache. Ein Teil des Lichts wird von der Oberfläche des Ölfilms reflektiert, doch ein Teil dringt auch hindurch und wird von der Unterseite der Ölschicht zurückgeworfen. So entstehen zwei verschiedene Strahlen, die interferieren können. Da nun jede Farbe des Lichts einer bestimmten Wellenlänge entspricht und weißes Licht durch die Überlagerung aller Farben des Regenbogens entsteht, wird weißes Licht, das von einem Ölfilm zurückgeworfen wird, eine Vielzahl von Farben hervorrufen, denn einige Wellen (Farben) interferieren destruktiv und einige konstruktiv, je nachdem, wo sich unser Auge relativ zu dem Film befindet.

Als um die Mitte des 19. Jahrhunderts Léon Foucault, jener

französische Physiker, der für das nach ihm benannte Pendel berühmt ist, den Beweis führte, daß die Geschwindigkeit des Lichts, anders als Newtons Korpuskulartheorie es vorhersagte, in Wasser geringer ist als in Luft, war das nicht mehr, als jeder vernünftige Wissenschaftler damals erwarten konnte. Inzwischen »wußte jeder«, daß Licht eine Art von Wellenbewegung ist, die sich durch den Äther, was immer das sein mochte, ausbreitet. Allerdings hätte man dennoch gern gewußt, was das genau ist, das sich da in einem Lichtstrahl »wellt«. In den 60er und 70er Jahren des vorigen Jahrhunderts hatte es schließlich den Anschein, als sei die Theorie des Lichts nun endlich abgeschlossen, denn der große schottische Physiker James Clerk Maxwell zeigte, daß Wellen mit der Veränderung von elektrischen und magnetischen Feldern zu tun haben. Maxwell sagte voraus, daß die elektromagnetische Strahlung abwechselnd stärkere und schwächere elektrische und magnetische Felder aufweisen werde, genau wie Wasserwellen, die im Wasserspiegel Wellenkämme und Wellentäler hervorrufen. Heinrich Hertz gelang es 1887 – vor nur hundert Jahren –, elektromagnetische Strahlung in Gestalt von Radiowellen, die den Lichtwellen ähneln, aber eine sehr viel größere Wellenlänge aufweisen, auszusenden und zu empfangen. Endlich war die Wellentheorie des Lichts vollständig, genau rechtzeitig, um durch die größte Revolution im wissenschaftlichen Denken seit der Zeit Newtons und Galileis umgestoßen zu werden. Ende des 19. Jahrhunderts hätte nur ein Genie oder ein Narr behauptet, Licht sei korpuskular. Dieses Genie oder dieser Narr war Albert Einstein; bevor wir jedoch verstehen können, warum er diesen kühnen Schritt machte, müssen wir etwas mehr über die Vorstellungen in der Physik des 19. Jahrhunderts wissen.

2. Kapitel: Atome

In populären Darstellungen der Wissenschaftsgeschichte heißt es vielfach, die Idee des Atoms gehe auf die alten Griechen zurück, auf eine Zeit, in der die Wissenschaft geboren wurde; und anschließend werden die alten Griechen dafür gepriesen, daß sie die wahre Natur der Materie schon so früh erkannt hätten. Diese Darstellung ist jedoch leicht übertrieben. Richtig ist, daß Demokrit von Abdera, der um 370 v. Chr. gestorben ist, behauptet hat, die komplexe Natur der Welt ließe sich erklären, wenn alle Dinge aus verschiedenen Arten von unwandelbaren Atomen zusammengesetzt wären, wobei jede Atomart ihre eigene Form und Größe hätte, und alle Atome befänden sich in ständiger Bewegung. »Was existiert, sind allein Atome und leerer Raum; alles andere ist bloße Meinung«, schrieb er[1], und später übernahmen Epikur von Samos und der Römer Lucretius Carus diese Idee. Sie war jedoch in jener Zeit nicht der Spitzenreiter unter den Theorien, mit denen die Natur der Welt erklärt wurde. Die Auffassung des Aristoteles, alles, was es im Weltall gibt, bestehe aus den vier »Elementen« Feuer, Erde, Luft und Wasser, erwies sich als sehr viel beliebter und langlebiger. Während die Idee der Atome um die Zeit von Christi Geburt weitgehend in Vergessenheit geraten war, wurden die vier Elemente des Aristoteles 2000 Jahre lang akzeptiert.

Wohl benutzte der Engländer Robert Boyle im 17. Jahrhundert in seinem Werk über die Chemie den Begriff des Atoms, und Newton hatte ihn ebenfalls im Sinn, als er über Physik und Optik schrieb, doch zu einem richtigen Bestandteil des wissenschaftlichen Denkens wurden Atome erst im späten 18. Jahrhundert, als der französische Chemiker Antoine Lavoisier erforschte, warum Dinge brennen. Lavoisier identifizierte eine ganze Reihe von natürlichen Elementen, reinen chemischen Substanzen, die nicht in andere chemische

Substanzen aufgespalten werden können, und er erkannte, daß das Verbrennen einfach der Prozeß ist, bei dem sich der Sauerstoff der Luft mit anderen Elementen verbindet. In den ersten Jahren des 19. Jahrhunderts stellte John Dalton die Rolle der Atome in der Chemie auf eine sichere Grundlage. Er hielt fest, daß Materie aus Atomen besteht, die ihrerseits unteilbar sind, daß alle Atome eines Elements identisch sind, daß aber die Atome der einzelnen Elemente sich (in Größe oder Form) voneinander unterscheiden; daß Atome nicht erzeugt oder zerstört werden, aber durch chemische Reaktionen neu angeordnet werden können; und daß eine chemische Verbindung aus zwei oder mehr Elementen sich aus Molekülen zusammensetzt, die jeweils von jedem der beteiligten Elemente eine kleine, feststehende Anzahl von Atomen enthalten. Das atomare Konzept der materiellen Welt, so wie es heute in Schulbüchern gelehrt wird, entstand also vor weniger als 200 Jahren.

Was man im 19. Jahrhundert über das Atom dachte

Gleichwohl fand die Idee bei den Chemikern des 19. Jahrhunderts zunächst nur zögernd Anklang. Joseph Gay-Lussac bewies experimentell, daß bei der Verbindung zweier gasförmiger Substanzen die Volumina der beiden Gase sich stets in einer einfachen Proportion zueinander verhalten. Ist die entstandene Verbindung ebenfalls ein Gas, so verhält sich das Volumen dieses dritten Gases ebenfalls in einer einfachen Proportion zu den beiden anderen. Das stimmt mit der Vorstellung überein, daß jedes Molekül der Verbindung aus einem oder zwei Atomen des einen und aus wenigen Atomen des anderen Gases zusammengesetzt ist. Der Italiener Amadeo Avogadro leitete aus diesem Beweis im Jahre 1811 seine berühmte Hypothese ab, daß ein bestimmtes, mit Gas gefülltes Volumen bei gleicher Temperatur und gleichem Druck immer die gleiche Anzahl von Molekülen enthält, unabhängig von der chemischen Natur des Gases. Später wurde durch Experimente bewiesen, daß Avogadros Hypothese richtig ist; man kann beweisen, daß jeder Liter Gas bei einem Druck von einer Atmosphäre und einer Temperatur von 0 °C ungefähr 27 000 Milliarden Milliarden (27×10^{21}) Moleküle enthält. Doch erst nach 1850 entwickelte

Stanislao Cannizzaro, ein Landsmann Avogadros, die Idee soweit, daß sie nicht mehr von nur einigen Chemikern ernst genommen wurde. Trotzdem gab es noch um 1890 viele Chemiker, die die Vorstellungen von Dalton und Avogadro nicht anerkannten. Sie waren aber inzwischen von der Entwicklung der Physik überholt worden, denn der Schotte James Clerk Maxwell und der Österreicher Ludwig Boltzmann hatten mit Hilfe des Atomkonzepts das Verhalten von Gasen in wesentlichen Einzelheiten erklärt.

In den 60er und 70er Jahren des 19. Jahrhunderts hatten diese Pioniere die Idee entwickelt, daß ein Gas aus sehr vielen (wieviele, davon gibt die aus Avogadros Hypothese abgeleitete Zahl eine gewisse Vorstellung) Atomen oder Molekülen besteht, die man sich als kleine harte Kugel vorstellen kann. Sie hüpfen in dem Behälter, in dem das Gas sich befindet, herum und prallen aufeinander und gegen die Behälterwände. Hier ergab sich ein direkter Zusammenhang mit der Vorstellung, daß Wärme eine Form von Bewegung ist: Wenn ein Gas erhitzt wird, bewegen sich die Moleküle schneller, wodurch der Druck auf die Wände des Behälters wächst, und wenn die Wände nicht starr sind, dehnt sich das Gas aus. Das Entscheidende an diesen neuen Ideen war, daß man das Verhalten eines Gases dadurch erklären konnte, daß man die Gesetze der Mechanik – die Newtonschen Gesetze – in einem statistischen Sinne auf eine sehr große Zahl von Atomen oder Molekülen anwandte. Gleichgültig, in welche Richtung ein einzelnes Molekül des Gases sich irgendwann bewegt, die Gesamtwirkung vieler Moleküle, die in jeder Sekunde gegen die Wände des Behälters prallen, erzeugt einen konstanten Druck. Daraus entwickelte sich eine mathematische Beschreibung der Vorgänge in Gasen, die man als statistische Mechanik bezeichnet. Es gab aber noch immer keinen direkten Beweis für die Existenz von Atomen; einige führende Physiker jener Zeit wandten sich entschieden gegen die atomare Hypothese, und noch in den 90er Jahren war Boltzmann (möglicherweise irrtümlich) überzeugt, als einzelner gegen den Strom der wissenschaftlichen Meinung anzukämpfen. 1898 veröffentlichte er seine detaillierten Berechnungen in der Hoffnung, »daß, wenn man wieder zur Gastheorie zurückgreift, nicht allzu viel noch einmal entdeckt werden muß«[2]; krank und bedrückt, unglücklich über den fortgesetzten Widerstand vieler führender Wissenschaftler gegen seine kinetische Gastheorie, nahm er sich 1906 das Leben, nicht ahnend, daß ein unbekannter Theoretiker namens Albert Einstein einige Monate zuvor einen Aufsatz veröffentlicht hatte, der die Realität der Atome über jeden vernünftigen Zweifel hinaus bewies.

Einsteins Atome

Dieser Aufsatz war nur einer von dreien, die Einstein 1905 in ein und demselben Band der *Annalen der Physik* – nämlich Band *17* – veröffentlichte, drei Aufsätze, von denen jeder ihm einen Platz in den Annalen der Wissenschaft gesichert hätte. Einer der Aufsätze – seine Darstellung würde den Rahmen dieses Buches sprengen – führte die spezielle Relativitätstheorie ein; ein anderer behandelte die Wechselwirkung von Licht mit Elektronen und wurde später als die erste wissenschaftliche Arbeit anerkannt, die sich mit dem befaßte, was wir heute Quantenmechanik nennen – im wesentlichen für diese Arbeit erhielt Einstein 1921 den Nobelpreis. Der dritte Aufsatz enthielt eine enttäuschend einfache Erklärung eines Rätsels, das die Wissenschaftler seit 1827 nicht losgelassen hatte, eine Erklärung, die, soweit ein theoretischer Aufsatz das überhaupt konnte, die Realität der Atome bewies.

Einstein hat später gesagt, sein Hauptziel sei damals gewesen, »Tatsachen zu finden, welche die Existenz von Atomen von bestimmter endlicher Größe möglichst sicherstellten«,[3] eine Zielsetzung, an der man vielleicht ablesen wird, wie wichtig diese Arbeit zu Beginn des gegenwärtigen Jahrhunderts war. Zu dem Zeitpunkt, als diese Aufsätze erschienen, arbeitete Einstein als Patentprüfer in Bern – wegen seines unkonventionellen Herangehens an die Physik kam er nach dem formalen Abschluß seines Studiums nicht unbedingt für einen akademischen Posten in Frage, und die Arbeit im Patentamt behagte ihm. Sein logisches Denken befähigte ihn, unter den eingereichten Erfindungen die Spreu vom Weizen zu trennen, und da ihm die Arbeit leicht von der Hand ging, hatte er viel Zeit, um über physikalische Fragen nachzudenken, auch in den Dienststunden. Dabei befaßte er sich auch mit den Entdeckungen, die der britische Botaniker Robert Brown fast achtzig

Jahre zuvor gemacht hatte. Brown hatte unter dem Mikroskop beobachtet, daß ein Pollenkorn, das in einem Tropfen Wasser schwebt, unregelmäßige, zufällige Bewegungen ausführt, die man heute als Brownsche Bewegung bezeichnet. Einstein zeigte, daß die Bewegung zwar zufällig ist, aber doch einem bestimmten statistischen Gesetz gehorcht, und daß das Verhalten genau dem entsprach, was man erwarten sollte, wenn das Pollenkorn wiederholt von unbeobachteten mikroskopischen Teilchen »angestoßen« wird, die sich gemäß der Statistik bewegen, die Boltzmann und Maxwell benutzten, um die Bewegungen von Atomen in einem Gas oder einer Flüssigkeit zu beschreiben. Heute erscheint uns das so selbstverständlich, daß wir uns kaum vorstellen können, was für einen Durchbruch dieser Aufsatz bedeutete. Für uns ist die Vorstellung, daß es Atome gibt, etwas Vertrautes, und deshalb leuchtet uns sofort ein, daß es, wenn Pollenkörner von unbeobachteten Teilchen angerempelt werden, sich bewegende Atome sein müssen, die sie herumstoßen. Doch bevor Einstein den Beweis vorgelegt hatte, konnten angesehene Wissenschaftler immer noch an der Realität der Atome zweifeln; nach dem Erscheinen seines Aufsatzes war für Zweifel kein Raum mehr. Nach der Erklärung erscheint es uns so einfach wie die Tatsache, daß der Apfel vom Baum fällt; doch wenn es so offenkundig war, warum war es dann nicht in den acht Jahrzehnten zuvor erkannt worden?

Es wirkt wie Ironie, daß dieser wissenschaftliche Aufsatz auf deutsch (in der Zeitschrift *Annalen der Physik*) veröffentlicht wurde, denn es scheint, als habe der Widerstand führender deutschsprachiger Wissenschaftler wie Ernst Mach, Wilhelm Ostwald und Boltzmann ihn, Einstein, zu der Ansicht gebracht, er sei ein einsamer Rufer in der Wüste. Tatsächlich gab es zu Beginn des 20. Jahrhunderts eine ganze Reihe von Beweisen für die Realität der Atome, auch wenn es, genaugenommen, nur Indizienbeweise waren; britische und französische Physiker unterstützten die Atomtheorie sehr viel überzeugter als viele ihrer deutschen Kollegen; und es war ein Engländer, Joseph John Thomson, der im Jahre 1897 das Elektron entdeckt hat, von dem wir heute wissen, daß es einer der Bestandteile des Atoms ist.

Elektronen

Im ausgehenden 19. Jahrhundert hatte es eine lange Kontroverse über die Natur der Strahlung gegeben, die entsteht, wenn in einer Röhre, aus der die Luft herausgepumpt wurde, ein Draht von elektrischem Strom durchflossen wird. Diese Kathodenstrahlen, wie man sie nannte, konnten eine Art von Strahlung sein, die durch Schwingungen des Äthers hervorgerufen wird, sich aber in ihrem Charakter sowohl von Lichtwellen als auch von den kurz zuvor entdeckten Radiowellen unterscheidet; sie konnten aber auch Ströme von winzigen Teilchen sein. Die Mehrheit der deutschen Wissenschaftler unterstützte die Idee der Ätherwellen, die Mehrheit der britischen und französischen Wissenschaftler meinte, daß die Kathodenstrahlen Teilchen sein müßten. Die Situation wurde noch zusätzlich dadurch verwirrt, daß Wilhelm Röntgen 1895 zufällig mit ihrer Hilfe die Röntgenstrahlen entdeckt hatte (1901 erhielt er für diese Entdeckung den ersten Nobelpreis für Physik), aber das lenkte, wie sich dann herausstellte, nur von der eigentlichen Frage ab. So bedeutend die Entdeckung war, sie kam in einem gewissen Sinne zu früh, nämlich bevor es einen theoretischen Rahmen der Atomphysik gab, in den die Röntgenstrahlen eingefügt werden konnten. Wir werden ihnen im weiteren Verlauf unserer Geschichte in einem logischeren Zusammenhang erneut begegnen.

Thomson arbeitete in den 80er Jahren als dritter Cavendish Professor der Physik am Cavendish Laboratorium, einem Forschungsinstitut, das Maxwell in Cambridge begründet hatte. Er entwarf ein Experiment, das darauf beruhte, die elektrischen und magnetischen Wirkungen auf ein sich bewegendes geladenes Teilchen gegeneinander auszugleichen.[4] Ein solches Teilchen kann sowohl von magnetischen als auch von elektrischen Feldern von seinem Weg abgelenkt werden, und deshalb war Thomsons Apparatur so beschaffen, daß diese beiden Effekte einander aufhoben und ein Bündel von Kathodenstrahlen von einer negativ geladenen Metallplatte (der Kathode) geradlinig auf einen Detektorschirm zulief. Dieser Trick funktioniert nur bei elektrisch geladenen Teilchen; somit bewies Thomson, daß Kathodenstrahlen in der Tat negativ geladene Teilchen sind (heute als Elektronen[5] bezeichnet);

und aufgrund des Gleichgewichts zwischen den elektrischen und den magnetischen Kräften konnte er das Verhältnis der elektrischen Ladung eines Elektrons zu seiner Masse (e/m) berechnen. Welches Metall er auch für die Kathode benutzte, stets erhielt er das gleiche Resultat, und er zog daraus den Schluß, daß Elektronen Teile von Atomen sind und daß, obwohl verschiedene Elemente aus unterschiedlichen Atomen bestehen, alle Atome identische Elektronen enthalten.

Dies war keine glückliche Zufallsentdeckung wie die der Röntgenstrahlen, sondern das Ergebnis sorgfältiger Planung und ausgeklügelter Experimente. Maxwell hatte das Cavendish Laboratorium begründet, aber unter Thomson wurde es zu einem führenden Zentrum der Experimentalphysik – zu *dem* führenden Physiklabor der Welt. Hier wurden hochwichtige Entdeckungen gemacht, die zu dem neuen Verständnis der Physik im 20. Jahrhundert führten. Außer Thomson selbst erhielten sieben Mitarbeiter, die in der Zeit vor 1914 unter seiner Leitung am Cavendish arbeiteten, den Nobelpreis. Das Cavendish ist bis heute ein weltweit angesehenes Forschungszentrum der Physik geblieben.

Ionen

Die Kathodenstrahlen, die in einer Vakuumröhre von der negativ geladenen Platte erzeugt werden, erwiesen sich als negativ geladene Teilchen, als Elektronen. Nun sind Atome jedoch elektrisch neutral, und daher muß es logischerweise positiv geladene Gegenstücke zu den Elektronen geben – Atome, aus denen ein Teil der negativen Ladung herausgeschlagen wurde. Wilhelm Wien von der Technischen Hochschule Aachen, später an der Universität Würzburg, war einer der ersten, der diese positiven Strahlen im Jahre 1898 erforschte. Er bewies, daß die Teilchen, aus denen sie bestehen, sehr viel schwerer sind als Elektronen, ganz so wie man es erwarten würde, wenn sie einfach Atome sind, denen ein Elektron fehlt. Nach seiner Arbeit über die Kathodenstrahlen nahm Thomson die Herausforderung an, diese positiven Strahlen in einer Reihe von schwierigen Experimenten, die sich bis in die zwanziger Jahre unseres Jahrhunderts hinzogen, weiter zu untersuchen. Heute werden die Strahlen als ionisierte Atome oder einfach »Ionen« bezeichnet; früher nannte man sie Kanalstrahlen, und Thomson untersuchte sie mit Hilfe einer modifizierten Kathodenstrahlröhre, in der nach dem Einsatz der Vakuumpumpe ein wenig Gas zurückblieb. Die Elektronen, die durch dieses Gas wanderten, stießen mit dessen Atomen zusammen und schlugen andere Elektronen aus ihnen heraus, so daß die positiv geladenen Ionen zurückblieben, die mit Hilfe elektrischer und magnetischer Felder in der gleichen Weise beeinflußt werden konnten, wie es Thomson schon an den Elektronen ausprobiert hatte. Im Jahre 1913 maß Thomsons Gruppe die Ablenkung der positiven Ionen von Wasserstoff, Sauerstoff und anderen Gasen. Eines der Gase, das Thomson bei diesen Experimenten benutzte, war Neon. Eine geringe Menge Neon in einer luftleer gepumpten Röhre, durch die ein elektrischer Strom floß, glühte hell, und damit war Thomsons Apparat ein Vorläufer der modernen Neonröhre. Doch was er fand, war weit bedeutender als eine neue Art von Reklamemittel.

Es zeigte sich, daß – anders als bei den Elektronen, die alle das gleiche Verhältnis e/m haben – drei verschiedene Neon-Ionen existieren, deren Ladung genauso groß ist wie die des Elektrons (aber $+e$ statt $-e$), die aber eine unterschiedliche Masse haben. Dies war der erste Beweis dafür, daß chemische Elemente vielfach Atome enthalten, die eine unterschiedliche Masse (ein unterschiedliches Atomgewicht) haben, aber in ihren chemischen Eigenschaften identisch sind. Solche Variationen über das Thema eines Elements nennt man heute »Isotope«, aber es sollte noch lange dauern, bis man für ihre Existenz eine Erklärung fand. Thomson wußte allerdings schon genug, um einen ersten Erklärungsversuch zu wagen, wie das Atom aufgebaut sein könnte: kein letztes unteilbares Teilchen, wie einige griechische Philosophen gemeint hatten, sondern ein Gemisch aus positiven und negativen Ladungen, aus denen Elektronen herausgeschlagen werden konnten.

Thomson stellte sich das Atom so ähnlich wie eine Wassermelone vor, als eine relativ große Kugel, über die die gesamte positive Ladung verteilt war, mit kleinen Elektronen, die wie Samen in sie eingebettet waren und jeweils eine geringe Menge negativer Ladung trugen. Es zeigte sich, daß er nicht recht hatte, doch gab er den Wissenschaftlern im buchstäblichen Sinne ein Ziel, auf das sie schießen konnten, und ihr Schießen führte zu einem genaueren Verständnis des Atomaufbaus. Um das nachzuvollziehen, müssen wir in der Wissenschaftsgeschichte zunächst einen Schritt zurückgehen und anschließend zwei Schritte vorwärts tun.

Röntgenstrahlen

Die Entdeckung der Radioaktivität im Jahre 1896 erwies sich als der Schlüssel zum Geheimnis des Atomaufbaus. Sie war, genau wie die Entdeckung der Röntgenstrahlen einige Monate zuvor, weitgehend ein glücklicher Zufall, allerdings in beiden Fällen ein glücklicher Zufall jener Art, wie er in irgendeinem Physiklabor zur damaligen Zeit zwangsläufig eintreten mußte. Wie viele Physiker in den 90er Jahren experimentierte auch Wilhelm Röntgen mit Kathodenstrahlen. Wenn diese Strahlen – die später als Elektronen erkannt wurden – auf ein materielles Objekt fallen, kann es sein, daß durch den Zusammenprall eine sekundäre Strahlung entsteht. Diese unsichtbare Strahlung ist nur feststellbar anhand ihrer Wirkung auf eine fotografische Platte, einen Film oder eine Gerätschaft, die man als fluoreszierenden Schirm bezeichnet, auf dem, wenn er von der Strahlung getroffen wird, eine leuchtende Spur entsteht. Bei Röntgen lag, als er mit dem Kathodenstrahl experimentierte, zufällig ein fluoreszierender Schirm auf dem Tisch, und er bemerkte sofort, daß dieser Schirm leuchtete, wenn bei dem Kathodenstrahlexperiment die Entladungsröhre in Betrieb war. So kam er zu der Entdeckung der sekundären Strahlung, die er »X« nannte, weil X traditionell die unbekannte Größe in einer mathematischen Gleichung ist. Bald konnte man zeigen, daß die X-Strahlen sich wie Wellen verhielten (heute wissen wir, daß sie eine Form der elektromagnetischen Strahlung sind, ganz ähnlich den Lichtwellen, aber mit sehr viel kürzeren Wellenlängen); und diese Entdeckung in einem deutschen Labor bestärkte die meisten deutschen Wissenschaftler in ihrer Ansicht, daß die Kathodenstrahlen ebenfalls Wellen sein müßten.

Die Entdeckung der X-Strahlen (im Englischen werden sie noch heute so bezeichnet, während wir in Deutschland – auf ursprünglich englischen Vorschlag! – »Röntgenstrahlen« sagen – Anm. d. Ü.), wurde im Dezember 1895 bekanntgegeben und erregte großes Aufsehen in der wissenschaftlichen Welt. Die Forscher bemühten sich, Röntgenstrahlen oder ähnliche Strahlungsformen auf andere Weise zu erzeugen, und der erste, dem es gelang, war Henri Becquerel, der in Paris arbeitete. Das Interessanteste an der Röntgenstrahlung war, daß sie ungehindert zahlreiche lichtundurchlässige Substanzen wie etwa schwarzes Papier durchdringen konnte, um auf einer fotografischen Platte, die nicht belichtet worden war, ein Bild zu erzeugen. Becquerel ging es um die Phosphoreszenz, die Lichtemission einer Substanz, die zuvor Licht absorbiert hat. Ein fluoreszierender Schirm wie der, der bei der Entdeckung der Röntgenstrahlen benutzt worden war, emittierte nur dann Licht, wenn er durch auftreffende Strahlung »angeregt« wurde; eine phosphoreszierende Substanz kann dagegen auftreffende Strahlung speichern und diese im Dunkeln noch Stunden danach mit nachlassender Intensität in Form von Licht abgeben. Es lag nahe, nach einem Zusammenhang zwischen der Phosphoreszenz und der Röntgenstrahlung zu suchen, doch was Becquerel entdeckte, war ebenso unerwartet, wie es zuvor die Entdeckung der Röntgenstrahlen gewesen war.

Radioaktivität

Im Februar 1896 wickelte er eine fotografische Platte in eine doppelte Lage schwarzen Papiers, beschichtete das Papier mit Uranbisulfat und Kalium und setzte das ganze mehrere Stunden lang dem Sonnenlicht aus. Nach der Entwicklung zeigte die Platte den Umriß der Beschichtung mit den Chemikalien. Becquerel glaubte, das Sonnenlicht habe, so wie es auch Phosphoreszenz erzeugt, in der Beschichtung, in einem Uransalz, Röntgenstrahlung hervorgerufen. Zwei Tage später präparierte er in der gleichen Weise eine andere Platte, um das Experiment zu wiederholen, doch an diesem und am folgenden Tag war der Himmel bedeckt, und die präparierte Platte blieb in einem Laborschrank verschlossen. Am 1. März entwickelte Becquerel diese Platte gleichwohl, und erneut fand er die Umrisse der Beschichtung mit Uransalz. Was immer es auch sein mochte, das auf den beiden Platten die Schleier hervorgerufen hatte, mit Sonnenlicht oder Phosphoreszenz hatte es nichts zu tun, sondern es war eine zuvor unbekannte Form der Strahlung, die, wie sich herausstellte, spontan, ohne irgendeinen Einfluß von außen, von dem Uran selbst ausging. Diese Fähigkeit, spontan Strahlung zu emittieren, nennen wir heute Radioaktivität.

Von Becquerels Entdeckung alarmiert, gingen andere Wissenschaftler an die Erforschung der Radioaktivität, und Marie und Pierre Curie, die an der Sorbonne arbeiteten, wurden rasch zu den Experten in diesem neuen Forschungszweig. Für ihre Arbeiten über Radioaktivität und die Entdeckung neuer radioaktiver Elemente erhielten sie 1903 den Nobelpreis für Physik; 1911 erhielt Marie für ihre weitere Arbeit mit radioaktiven Stoffen einen zweiten Nobelpreis für Chemie (Irene, die Tochter von Marie und Pierre Curie, erhielt in den 30er Jahren ebenfalls einen Nobelpreis für ihre Arbeit über Radioaktivität). Um 1900 eilten die experimentellen Entdeckungen auf dem Gebiet der Radioaktivität der Theorie weit voraus, es gab eine Flut von neuen Entwicklungen, die erst später theoretisch erklärt werden konnten. Was die Erforschung der Radioaktivität betraf, gab es in dieser Zeit einen herausragenden Namen: Ernest Rutherford.

Rutherford, ein Neuseeländer, hatte in den 90er Jahren mit Thomson am Cavendish Laboratorium gearbeitet. 1898 wurde er zum Professor der Physik an die McGill University in Montreal berufen, wo er und Frederick Soddy im Jahre 1902 zeigten, daß die Radioaktivität zur Umwandlung des radioaktiven Elements in ein anderes Element führt. Rutherford hatte auch schon herausgefunden, daß durch diesen radioaktiven »Zerfall«, wie wir heute sagen, zwei verschiedene Arten von Strahlung entstehen, die er Alpha- und Betastrahlung nannte. Als man später eine dritte Art von Strahlung entdeckte, war es nur natürlich, sie Gammastrahlung zu nennen. Es stellte sich heraus, daß sowohl die Alpha- als auch die Betastrahlung aus schnellen elektrisch geladenen Teilchen besteht; bald konnte man zeigen, daß die Betastrahlen Elektronen sind, das radioaktive Äquivalent von Kathodenstrahlen; und später wurde bewiesen, daß Gammastrahlen wie die Röntgenstrahlen eine andere Form von elektromagnetischer Strahlung sind, allerdings mit einer noch kürzeren Wellenlänge. Die Alphateilchen erwiesen sich jedoch als etwas ganz anderes, als Teilchen, deren Masse etwa viermal so groß war wie die eines Wasserstoffatoms und deren elektrische Ladung doppelt so groß war wie die des Elektrons, aber nicht negativ, sondern positiv.

Das Innere des Atoms

Noch bevor irgend jemand genau wußte, was ein Alphateilchen ist, oder wie es mit sehr hoher Geschwindigkeit von einem Atom ausgestoßen werden kann, das sich dabei in ein Atom eines anderen Elements verwandelt, wußten sich Forscher wie Rutherford diese Teilchen für Experimente zunutze zu machen. Man konnte solche hochenergetischen Teilchen, die selbst das Produkt atomarer Reaktionen sind, als Sonden benutzen, um den Aufbau des Atoms zu studieren und in einem merkwürdig im Kreise herumführenden Forschungsvorgang herauszufinden, woher die Alphateilchen stammten. 1907 verließ Rutherford Montreal und wurde Professor der Physik an der Universität Manchester in England; 1908 erhielt er den Nobelpreis in der Chemie für seine Arbeit über Radioaktivität, ein Preis, der ihn zu sarkastischen Äußerungen veranlaßte. Das Nobelkomitee faßte die Erforschung der Elemente als einen Teil der Chemie auf, doch Rutherford verstand sich als Physiker und hatte wenig Zeit für die Chemie, die in seinen Augen eine völlig zweitrangige Disziplin war. (Mit dem neuen Verständnis der Atome und Moleküle, das uns die Quantenphysik verschafft hat, wird natürlich aus dem alten Scherz der Physiker, daß die Chemie lediglich ein Zweig der Physik sei, sehr viel mehr als nur eine Halbwahrheit.) In Rutherfords Abteilung in Manchester führten Hans Geiger und Ernest Marsden im Jahre 1909 Experimente durch, bei denen ein Strahl von Alphateilchen auf eine dünne Metallfolie und durch sie hindurch geleitet wurde. Die Alphateilchen stammten aus Atomen von natürlichen radioaktiven Elementen – künstliche Teilchenbeschleuniger gab es damals noch nicht. Was mit den auf die Metallfolie geleiteten Teilchen geschah, wurde mit Hilfe von Szintillationszählern bestimmt, fluoreszierenden Schirmen, die beim Auftreffen eines solchen Teilchens aufleuchteten. Einige der Teilchen gingen geradewegs durch die Metallfolie hindurch, einige wurden abgelenkt und traten gegenüber dem ursprünglichen Strahl unter einem bestimmten Winkel wieder aus, und einige prallten zur Überraschung der Experimentatoren auf der selben Seite, auf der der Strahl sie traf, von der Metallfolie zurück. Wie konnte das geschehen? Rutherford gab die Antwort. Ein Alphateilchen hat eine mehr als siebentausendmal so große Masse wie ein Elektron (es ist im Grunde identisch mit einem Heliumatom, aus dem zwei Elektronen entfernt wurden) und bewegt sich mit annähernder Lichtgeschwindigkeit. Trifft ein solches Teilchen ein Elektron, so fegt es das Elektron zur Seite und fliegt ungerührt weiter. Die Ablenkungen mußten von den positiven Ladungen in Atomen der Metallfolie verursacht worden sein (gleiche Ladungen stoßen einander, ebenso wie gleiche magnetische Pole, ab), doch wenn Thomsons Wassermelonen-Modell zutraf, wären keine Teilchen zurückgeprallt. Wenn die kugelförmig verteilte positive Ladung das Atom ausfüllte, mußten die Alphateilchen direkt hindurchgehen, da das Experiment zeigte, daß die meisten Teilchen direkt durch die Folie hindurchgingen. Wenn aber die Wassermelone ein Teilchen durchließ, mußte sie alle durchlassen. Nur wenn die gesamte positive Ladung in einem winzigen Volumen konzentriert war, das sehr viel kleiner war als das ganze Atom, dann würde ein Alphateilchen, das ganz zufällig frontal auf diese winzige Konzentration von Materie und Ladung träfe, zurückprallen, während die meisten Alphateilchen durch den leeren Raum zwischen den positiv geladenen Teilen des Atoms hindurchsausten. Allein bei einem solchen Aufbau des Atoms konnte dessen positive Ladung einen kleinen Teil der positiv geladenen Alphateilchen in ihrer Bahn zurückwerfen, einen anderen Teil nur ein wenig von ihrem Weg ablenken und einen wiederum anderen Teil fast ungestört hindurchlassen.

Im Jahre 1911 schlug Rutherford daher ein neues Atommodell vor, das sich dann als Grundlage unseres modernen Verständnisses des Atombaus erwies. Er sagte, es müsse ein kleines zentrales Gebiet des Atoms geben, das er als Kern bezeichnete. Der Kern enthält die gesamte positive Ladung des Atoms, die in ihrer Größe genau der negativen Ladung in der Wolke der Elektronen gleicht, die den Kern umgeben, so daß Kern und Elektronen zusammen ein elektrisch neutrales Atom ergeben. Spätere Experimente zeigten, daß der Kern nur etwa ein Hunderttausendstel der Größe des Atoms einnimmt: ein Kern, der in der Regel einen Durchmesser von etwa 10^{-13} cm Durchmesser hat, ist in einer Elektronenwolke eingehüllt, die in der Regel einen Durchmesser von 10^{-8} cm hat. Um sich diese Zahlen zu veranschaulichen, muß man sich im Zentrum der St. Pauls-Kathedrale einen Stecknadelkopf mit einem Durchmesser von einem Millimeter vorstellen, der weit oben in der Kuppel der Kathedrale, etwa hundert Meter entfernt, von einer Wolke von mikroskopischen Staubteilchen umgeben ist. Dabei stellt der Stecknadelkopf den Atomkern dar, die Staubteilchen sein Gefolge von Elektronen. Das zeigt, wieviel leeren Raum es in den Atomen gibt – und alle anscheinend festen Objekte der materiellen Welt bestehen aus diesen leeren Räumen, die durch elektrische Ladungen zusammengehalten werden. Rutherford hatte bereits, wie man sich erinnert, einen Nobelpreis gewonnen, als er mit seinem neuen Modell des Atoms hervortrat (einem Modell, das auf Experimenten beruhte, die er erdacht hatte). Damit war seine Karriere jedoch längst nicht beendet, denn 1919 gab er die erste künstliche Umwandlung eines Elements bekannt, und im gleichen Jahr löste er J. J. Thomson als Direktor des Cavendish Laboratoriums ab. Er wurde zunächst (im Jahre 1914) zum Ritter geschlagen und dann im Jahre 1931 zum Baron Rutherford of Nelson ernannt. Das alles, auch der Nobelpreis, zählt jedoch wenig, verglichen mit seinem größten Beitrag zur Wissenschaft, der zweifellos im nuklearen Atommodell bestand. Dieses Modell sollte die Physik verändern, denn es führte zu einer naheliegenden Frage: Wenn ungleiche Ladungen sich ebenso heftig anziehen, wie gleiche Ladungen sich abstoßen, warum stürzen dann nicht die negativen Elektronen in den positiven Kern? Die Antwort lieferte eine Analyse der Weise, in der Atome mit Licht wechselwirken, und diese Analyse führte schließlich das Zeitalter der ersten Form der Quantentheorie herbei.

3. Kapitel: Licht und Atome

Rutherfords Atommodell warf ein Problem auf, das auf der bekannten Tatsache beruhte, daß eine bewegte elektrische Ladung, die beschleunigt wird, Energie in Gestalt von elektromagnetischer Strahlung abgibt – sei es nun sichtbares Licht, Radiowellen oder eine andere Variante zu diesem Thema. Wenn sich ein Elektron einfach nur außerhalb des Kerns eines Atoms befände, müßte es in den Kern stürzen, und damit wäre das Atom nicht stabil. Es würde beim Einsturz einen Stoß von Energie abstrahlen. Dieser Tendenz zum Einstürzen der Atome mußte irgend etwas entgegenwirken, und es lag nahe, sich vorzustellen, daß die Elektronen den Kern umkreisen, so wie die Planeten in unserem Sonnensystem die Sonne umkreisen. Eine Umlaufbahn bedeutet jedoch, daß die Elektronen ständig beschleunigt werden. Dabei braucht sich nicht unbedingt die Geschwindigkeit des kreisenden Teilchens zu verändern, aber die Richtung, in die es sich bewegt, verändert sich, und Geschwindigkeit und Richtung zusammen ergeben die Beschleunigung, und auf sie kommt es an. Würde sich die Beschleunigung der kreisenden Elektronen verändern, so müßten sie Energie abstrahlen, und da sie dadurch an Energie verlieren würden, müßten sie auf einer immer enger werdenden Spiralbahn in den Kern stürzen. Auch unter Zuhilfenahme der Umlaufbewegung konnten die Theoretiker nicht verhindern, daß Rutherfords Atom zusammenstürzte.

Als die Theoretiker dieses Modell zu verbessern suchten, gingen sie zunächst einmal von dem Bild aus, daß Elektronen den Kern umkreisen; und was sie herausfinden wollten, war, was die Elektronen auf ihrer Bahn hält, ohne daß sie Energie verlieren und sich immer mehr dem Kern nähern. Man versteht, warum sie diesen Ausgangspunkt wählten, paßte er doch so hübsch zu der naheliegenden Analogie mit dem Sonnensystem. Aber er war falsch. Es ist, wie wir noch sehen werden, genauso sinnvoll, sich vorzustellen, daß die Elektronen nicht den Kern umkreisen, sondern in einem gewissen Abstand zu ihm einen festen Platz einnehmen. Das Problem ist das gleiche – wie man nämlich verhindert, daß die Elektronen in den Kern stürzen –, doch das Bild, das hierbei heraufbeschworen wird, ist ein ganz anderes als jene Vorstellung von Planeten, die um die Sonne kreisen, und das bringt uns ein ganzes Stück weiter. Der Trick, mit dessen Hilfe die Theoretiker erklären, warum die Elektronen nicht in den Kern stürzen, ist derselbe, ob wir nun die Analogie mit den Umlaufbahnen herbeiziehen oder nicht, und diese Analogie ist sowohl überflüssig als auch irreführend. Die meisten haben seit der Schulzeit aus populären Darstellungen immer die Vorstellung von einem Atom, das eher dem Sonnensystem gleicht, mit einem winzigen Kern in der Mitte, den Elektronen auf Kreisbahnen umsausen. Hier müssen wir nun diese Vorstellung aufgeben und versuchen, uns unvoreingenommen der bizarren Welt des Atoms – der Welt der Quantenmechanik – zu nähern. Stellen wir uns einfach vor, daß der Kern und die Elektronen räumlich benachbart feste Orte im Raum einnehmen, und fragen wir uns, warum die Anziehung zwischen positiven und negativen Ladungen nicht dazu führt, daß das Atom einstürzt und dabei Energie freisetzt.

Als die Theoretiker sich nach 1910 an diese Frage heranmachten, waren die entscheidenden Entdeckungen, die ihnen ein verbessertes Modell des Atoms liefern sollten, bereits gemacht. Ihre Grundlage waren Untersuchungen über die Wechselwirkung zwischen Materie (Atomen) und Strahlung (Licht).

Zu Beginn des 20. Jahrhunderts setzte die am weitesten fortgeschrittene wissenschaftliche Naturerklärung eine dualistische Auffassung voraus. Materielle Objekte ließen sich im Sinne von Teilchen oder Atomen beschreiben, doch die elektromagnetische Strahlung einschließlich des Lichts mußte man sich als Wellen vorstellen. Eine einheitliche physikalische Beschreibung schien demnach in den Jahren um 1900 am ehesten erreichbar zu sein, wenn man die Wechselwirkung zwischen Licht und Materie erforschte. Doch gerade bei dem Versuch, die Wechselwirkung zwischen Strahlung und Materie zu erklären, versagte die sonst in fast jeder Hinsicht so erfolgreiche klassische Physik.

Wie Materie und Strahlung wechselwirken, sieht man (im buchstäblichen Sinne) am einfachsten, wenn man ein heißes Objekt betrachtet. Ein heißes Objekt strahlt elektromagnetische Energie ab, und je heißer es ist, um so mehr Energie strahlt es im Bereich kürzerer Wellenlängen (höherer Frequenzen) ab. Ein rotglühender Feuerhaken ist also kälter als ein weißglühender Feuerhaken, und ein Feuerhaken, der zu kalt ist, um sichtbares Licht abzustrahlen, kann sich dennoch heiß anfühlen, weil er niederfrequente infrarote Strahlung abgibt. Schon am Ende des 19. Jahrhunderts war ziemlich klar, daß diese elektromagnetische Strahlung mit der Bewegung von winzigen elektrischen Ladungen zusammenhängen müsse. Das Elektron war gerade erst entdeckt worden, doch es war leicht einzusehen, daß ein geladener Bestandteil eines Atoms (den wir heute mit einem Elektron gleichsetzen), der hin- und herschwingt, einen Strom von elektromagnetischen Wellen erzeugt, nicht viel anders, als wenn man im Waschbecken mit dem Finger hin- und herfährt und dadurch Wasserwellen hervorruft. Das Dilemma war aber, daß sich aus der Verknüpfung der besten klassischen Theorien – der statistischen Mechanik und des Elektromagnetismus – eine ganz andere Form von Strahlung ergab, als man sie bei heißen Objekten tatsächlich beobachtete.

Der schwarze Körper als Schlüssel

Die Theoretiker benutzten, wie sie es immer tun, für die Vorhersage der zu erwartenden Art von Strahlung ein idealisiertes Denkmodell, in diesem Falle ein Objekt, das Strahlung »vollkommen« absorbiert oder aussendet. Man bezeichnet ein solches Objekt gewöhnlich als »schwarzen Körper«, weil er alle auf ihn treffende Strahlung absorbiert. Der Name ist insofern unglücklich gewählt, als ein schwarzer Körper ebenfalls sehr wirksam Wärmeenergie in elektromagnetische Strahlung umsetzt – ein »schwarzer Körper« könnte sehr wohl rot- oder weißglühend sein, und sogar die Oberfläche der Sonne verhält sich in mancher Hinsicht wie ein schwarzer Körper. Anders als bei vielen Idealisierungen der Theoretiker ist es jedoch relativ einfach, im Laboratorium einen schwarzen Körper herzustellen. Man braucht nur eine Hohlkugel oder eine an den Enden geschlossene Röhre zu nehmen und an der Seite ein kleines Loch anzubringen. Wenn durch dieses Loch irgendeine Form von Strahlung, etwa Licht, hineinfällt, ist sie gefangen und wird so lange von den Wänden des Behälters reflektiert, bis sie absorbiert ist. Daß sie zufällig durch das Loch wieder entweicht, ist sehr unwahrscheinlich, und somit verhält sich der Hohlraum tatsächlich wie ein schwarzer Körper. In der deutschen Literatur wird diese Strahlung deshalb auch als Hohlraumstrahlung bezeichnet.

Hier sind wir allerdings mehr daran interessiert, was mit einem schwarzen Körper geschieht, wenn er erwärmt wird. Wie unser Feuerhaken wird er sich zunächst warm anfühlen und dann, je nach der Temperatur, rot- oder weißglühend werden. Das Spektrum der ausgesandten Strahlung – das, was auf den einzelnen Wellenlängen abgestrahlt wird – läßt sich im Labor feststellen, indem man die Strahlungsintensität mißt, die aus einem kleinen Loch an der Seite eines heißen Behälters herauskommt; und das hängt, wie Untersuchungen zeigen, nur von der Temperatur des schwarzen Körpers ab. Auf sehr kurzen Wellenlängen (hohen Frequenzen) und sehr großen Wellenlängen findet man nur sehr wenig Strahlung; die meiste Energie wird in einem mittleren Frequenzbereich abgegeben. Wenn der Körper wärmer wird, verschiebt sich das Maximum des Spektrums zu den kürzeren Wellenlängen hin (von Infrarot über Rot und Blau bis zu Ultraviolett), doch bei sehr kurzen Wellenlängen bricht es immer irgendwo ab. Hier gerieten die Messungen, die man im 19. Jahrhundert mit Strahlung des schwarzen Körpers durchführte, in Widerspruch zur Theorie.

So merkwürdig es klingt, die besten Vorhersagen der klassischen Theorie besagten übereinstimmend, daß ein mit Strahlung erfüllter Hohlraum stets bei den kürzesten Wellenlängen eine unendliche Energie aufweisen müsse – daß also, statt ein Maximum im Spektrum eines schwarzen Körpers zu zeigen und bei Wellenlänge Null auf die Energie Null abzufallen, die Messungen bei ganz kurzen Wellenlängen über jeden Skalenwert hinausgehen müßten. Die entsprechenden Berechnungen beruhten auf der scheinbar naheliegenden Annahme, daß die elektromagnetischen Wellen der Hohlraumstrahlung genauso behandelt werden könnten, wie die Schwingungen einer Saite, etwa einer Violinensaite, und daß es Wellen von beliebiger Größe, also beliebiger Wellenlänge oder Frequenz, ge-

ben kann. Da nun viele Wellenlängen (viele »Schwingungsmoden«)
zu berücksichtigen sind, müssen aus der Welt der Teilchen die
Gesetze der statistischen Mechanik in die Welt der Wellen übernommen werden, wenn man das Gesamtbild der Strahlung in dem
Hohlraum vorhersagen will; dabei kommt man direkt zu dem
Schluß, daß die auf der jeweiligen Frequenz abgestrahlte Energie
der Frequenz proportional ist. Die Frequenz ist nur der Kehrwert
der Wellenlänge, und sehr kurze Wellenlängen bedeuten sehr hohe
Frequenzen. Die gesamte Strahlung eines schwarzen Körpers müßte also gewaltige Mengen von hochfrequenter Energie liefern, im
Ultravioletten und darüber hinaus. Je höher die Frequenz steigt,
desto größer ist die zugehörige Energie. Diese Folgerung bezeichnet man als die »Ultraviolett-Katastrophe«, und ihr Nichteintreten
beweist, daß an den Annahmen, auf denen die Vorhersage aufbaut,
irgend etwas nicht stimmen kann.

Aber es ist noch nicht alles verloren. Bei den niedrigen Frequenzen stimmen die Beobachtungen sehr gut mit den auf der
klassischen Theorie beruhenden Vorhersagen überein, die als Ray-
leigh-Jeanssche Strahlungsgesetze bekannt sind. Die klassische
Theorie stimmt also zumindest halbwegs. Rätselhaft war, warum
die Energie der Schwingungen hoher Frequenzen nicht sehr groß
ist, sondern mit zunehmender Strahlungsfrequenz sogar auf Null
abfällt.

Dieses Rätsel beschäftigte im letzten Jahrzehnt des 19. Jahrhunderts viele Physiker. Einer von ihnen war Max Planck, ein
deutscher Wissenschaftler der alten Schule. Gründlich und hart
arbeitend, war Planck im Grunde als Wissenschaftler ein Konser-
vativer, kein Revolutionär. Sein besonderes Interesse galt der
Thermodynamik, und er hoffte sehr, durch Anwendung thermody-
namischer Gesetze die Ultraviolett-Katastrophe aufzulösen. Gegen Ende des Jahres 1900 kannte man zwei Gleichungen, die nä-
herungsweise das Spektrum eines schwarzen Körpers darstellten.
Für den langwelligen Bereich galt eine frühe Version des Rayleigh-
Jeansschen Gesetzes, und für den kurzwelligen Bereich hatte Wilhelm Wien 1896 eine Formel abgeleitet, die sich annähernd mit
den Beobachtungen deckte und außerdem die Wellenlänge »vorhersagte«, bei der für jede beliebige Temperatur das Maximum der
Kurve liegen würde. Planck wandte sich zunächst der Frage zu, wie

kleine elektrische Oszillatoren elektromagnetische Wellen aussenden und absorbieren müssen; er ging anders vor als Rayleigh 1900 und Jeans ein wenig später, wobei genau die klassische Energieverteilung, einschließlich der Ultraviolett-Katastrophe, herauskam. Zwischen 1895 und 1900 arbeitete Planck an diesem Problem, und er veröffentlichte mehrere wichtige Aufsätze, die den Zusammenhang zwischen Thermodynamik und Elektrodynamik zeigten; aber das Rätsel des Spektrums eines schwarzen Körpers konnte er noch immer nicht lösen. Im Jahre 1900 fand er den Durchbruch, nicht durch eine kühle, ruhige und logische wissenschaftliche Überlegung, sondern durch einen Akt der Verzweiflung, bei dem sich Geschick und Einsicht glücklicherweise mit einem Mißverständnis eines der von ihm benutzten mathematischen Hilfsmittel verbanden.

Natürlich kann heute niemand mehr mit absoluter Sicherheit sagen, was in Planck vorging, als er den revolutionären Schritt tat, der zur Quantenmechanik führte, doch hat Martin Klein, ein Historiker von der Yale-Universität, der sich speziell mit der Geschichte der Physik zur Zeit der Entstehung der Quantentheorie befaßt, Plancks Werk eingehend erforscht. Er hat rekonstruiert, welche Rolle Planck und Einstein bei der Entstehung dieser Theorie spielten; seine in ihrer Authentizität wohl nicht zu übertreffende Darstellung rückt die Entdeckungen in einen überzeugenden historischen Zusammenhang. Der erste Schritt, den Planck im Spätsommer 1900 tat, hatte nichts mit Zufall zu tun, aber alles mit der Einsicht eines erfahrenen mathematischen Physikers. Planck erkannte, daß sich die beiden unvollständigen Beschreibungen des Spektrums eines schwarzen Körpers zu einer einfachen mathematischen Formel zusammenfassen ließen, welche die Form der gesamten Kurve beschrieb – eigentlich überbrückte er die Lücke zwischen den beiden Formeln, dem Wienschen Gesetz und dem Rayleigh-Jeansschen Strahlungsgesetz, mit ein paar mathematischen Kunstgriffen. Das war ein großer Fortschritt. Plancks Gleichung stimmte hervorragend mit den Beobachtungen der Hohlraumstrahlung überein. Doch im Unterschied zu den beiden halbrichtigen Gesetzen, aus denen sie aufgebaut war, hatte sie keine physikalische Grundlage. Wien und Rayleigh – und auch Planck in den zurückliegenden vier Jahren – hatten sich um eine Theorie bemüht, die, ausgehend von sinnvollen physikalischen Annahmen, zu der Kurve der Energieverteilung eines schwarzen Körpers führte. Nun hatte Planck die richtige Kurve aus dem Hut gezogen, aber niemand wußte, welche physikalischen Annahmen zu dieser Kurve »gehörten«. Sie waren, wie sich herausstellte, ganz und gar nicht »sinnvoll«.

Eine unerwünschte Revolution

Planck gab die von ihm gefundene Formel im Oktober 1900 in einer Sitzung der Physikalischen Gesellschaft zu Berlin bekannt. In den beiden folgenden Monaten vertiefte er sich in das Problem, für das Gesetz eine physikalische Grundlage zu finden, und er überprüfte verschiedene Kombinationen von physikalischen Annahmen darauf hin, ob sie zu den mathematischen Gleichungen paßten. Später hat er über diese Zeit gesagt, es sei die intensivste Arbeitsphase seines ganzen Lebens gewesen. Viele Annahmen erwiesen sich als falsch, bis Planck nur noch eine Alternative blieb, die ihm unwillkommen war.

Ich habe Planck als einen Physiker der alten Schule bezeichnet, und das war er. In seiner früheren Arbeit hatte er widerstrebend die molekulare Hypothese akzeptiert; besonders verabscheute er den Gedanken an eine statistische Interpretation der sogenannten Entropie, eine Interpretation, die Boltzmann in die Thermodynamik eingeführt hatte. Die Entropie ist ein entscheidender Begriff der Physik, der in einem fundamentalen Sinne mit dem Zeitablauf zusammenhängt. Die einfachen Gesetze der Mechanik, die Newtonschen Gesetze, sind in zeitlicher Hinsicht vollkommen umkehrbar, doch wir wissen, daß die reale Welt dem nicht ganz entspricht. Stellen wir uns vor, wir ließen einen Stein zu Boden fallen. Beim Auftreffen wird seine Bewegungsenergie in Wärme umgewandelt. Wenn wir nun einen identischen Stein auf den Boden legen und ihm die entsprechende Wärme zuführen, springt er nicht in die Luft. Warum nicht? Beim fallenden Stein geht eine geordnete Form der Bewegung (alle Atome und Moleküle fallen in die gleiche Richtung) in eine ungeordnete Form der Bewegung über (alle Atome und Moleküle prallen nach den Gesetzen der Wärmelehre, aber in zufälliger Weise aufeinander). Dies entspricht einem Naturgesetz, das offenbar verlangt, daß in jedem Fall die Unordnung wächst, und Unordnung in diesem Sinne wird gleichgesetzt mit Entropie. Das betreffende Naturgesetz, der Zweite Hauptsatz der Thermodynamik, besagt, daß natürliche Prozesse stets in der Richtung zunehmender Unordnung ablaufen, anders gesagt, daß die Entropie stets wächst. Wenn man einem Stein ungeordnete Wärmeenergie zuführt, kann er diese Energie nicht dazu benutzen, eine geordnete Bewegung aller Moleküle des Steins herbeizuführen, so daß sie zusammen hochspringen.

Oder kann er es doch? Boltzmann trug eine Variation zu dem Thema vor und erklärte, ein solch bemerkenswertes Ereignis könne vorkommen, sei aber äußerst unwahrscheinlich. Ebenso könne es vorkommen, daß aufgrund der zufälligen Bewegung der Luftmoleküle die gesamte Luft in einem Raum sich plötzlich in den Ecken konzentriert (es muß mehr als eine Ecke sein, weil die Moleküle sich in drei räumlichen Dimensionen bewegen), doch auch diese Möglichkeit sei so unwahrscheinlich, daß sie praktisch vernachlässigt werden könne. Planck wandte sich lange und mit Nachdruck sowohl öffentlich als auch im Briefwechsel mit Boltzmann gegen diese statistische Interpretation des Zweiten Hauptsatzes der Thermodynamik. Für ihn war der Zweite Hauptsatz etwas Absolutes; die Entropie *mußte* in allen Fällen zunehmen, und Wahrscheinlichkeiten spielten dabei keine Rolle. Man kann sich daher leicht vorstellen, was Planck empfunden haben muß, als er kurz vor dem Ende des Jahres 1900 alle übrigen Möglichkeiten ausgeschöpft hatte und nun widerstrebend die Boltzmannsche statistische Version der Thermodynamik in seine Berechnungen des Spektrums des schwarzen Körpers einzubeziehen versuchte, mit dem Ergebnis, daß sie stimmten. Die Ironie der Geschichte wird jedoch noch dadurch gesteigert, daß Planck die Gleichungen Boltzmanns, mit denen er nicht sehr vertraut war, unsachgemäß anwandte. Er fand die richtige Antwort, aber auf dem falschen Wege, und erst als Einstein sich der Sache annahm, wurde die wirkliche Bedeutung von Plancks Arbeit sichtbar.

Es muß betont werden, daß es schon ein erheblicher wissenschaftlicher Fortschritt war, als Planck zeigte, daß Boltzmanns statistische Interpretation der Entropiezunahme die beste Beschreibung der Realität ist. Nach Plancks Arbeit konnte nicht mehr ernsthaft bezweifelt werden, daß die Entropiezunahme, wenngleich sie sehr wahrscheinlich ist, nicht als eine absolute Gewißheit verstanden werden darf. In der Kosmologie, der Erforschung des Weltalls, wo wir es mit ungeheuren Zeiträumen und großen Räumen zu tun haben, führt das zu interessanten Konsequenzen. Je größer das Gebiet ist, mit dem wir es zu tun haben, desto größer ist die Möglichkeit, daß darin irgendwo irgendwann unwahrscheinliche Dinge geschehen. Es ist sogar möglich (wenn auch nicht sehr wahrscheinlich), daß das gesamte Universum, das im großen und ganzen ein wohlgeordneter Raum ist, so etwas wie eine thermodynamische statistische Schwankung darstellt, einen ganz gewaltigen, ganz seltenen Schluckauf, durch den ein Gebiet von geringer Entropie entstand, die jetzt aufgezehrt wird. Plancks »Irrtum« enthüllte jedoch etwas noch Fundamentaleres über die Natur des Universums.

Boltzmanns statistische Auffassung der Thermodynamik bedeutete praktisch, daß die Energie mathematisch zerstückelt und die Stücke als reale Größen betrachtet wurden, die man der Wahrscheinlichkeitsrechnung unterwerfen konnte. Die vor dieser Berechnung in Portionen zerteilte Energie muß anschließend zusammengezählt (integriert) werden, damit sich die Gesamtenergie ergibt, in diesem Falle die der Strahlung eines schwarzen Körpers entsprechende Energie. Mitten in dieser Prozedur erkannte Planck jedoch, daß er die mathematische Formel, nach der er suchte, bereits hatte. Die Gleichung für die Strahlung eines schwarzen Körpers lag, noch ehe er daranging, die Energiestückchen wieder zu einem stetigen Ganzen zu integrieren, mathematisch vor ihm, und so nahm er sie. Das war ein drastischer Schritt, der vom Standpunkt der klassischen Physik aus völlig ungerechtfertigt war.

Jeder streng klassische Physiker hätte, wenn er von Boltzmanns Gleichungen ausgegangen wäre, um eine Formel für die Strahlung eines schwarzen Körpers zu konstruieren, die Integration durchgeführt. Die Zusammenfügung der Energiestückchen hätte dann, wie Einstein später zeigen sollte, wieder zur Ultraviolett-Katastrophe geführt; Einstein zeigte sogar, daß auch jede Art, klassisch an das Problem heranzugehen, unvermeidlich in diese Katastrophe mündet. Nur weil er die Antwort, nach der er suchte, schon kannte, war Planck in der Lage, kurz vor der vollständigen, scheinbar korrekten klassischen Lösung der Gleichungen haltzumachen. Nun verlangten jedoch die Energiestückchen, die dadurch übrigblieben, nach einer Erklärung. Planck deutete diese offenkundige Aufteilung der elektromagnetischen Energie in einzelne Stückchen so, daß die elektrischen Oszillatoren innerhalb des Atoms Energie nur in Portionen von bestimmter Größe, die er Quanten nannte, aussenden oder aufnehmen konnten. Die vorhandene Energiemenge konnte also nicht unbegrenzt zerteilt werden, sondern sie konnte nur in eine endliche Zahl von Teilen unter den Resonatoren aufgeteilt werden, und die Energie eines solchen Strahlungsteilchens (E) mußte mit dessen Frequenz (bezeichnet durch den griechischen Buchstaben v) gemäß einer neuen Formel

$$E = h\,v$$

zusammenhängen, wobei h eine neue Konstante ist, die wir heute Plancksche Konstante nennen.

Was ist h?

Man versteht leicht, daß damit die Ultraviolett-Katastrophe behoben ist. Bei sehr hohen Frequenzen bedarf es einer sehr großen Energie, um ein Strahlungsquantum auszusenden, und nur wenige der Oszillatoren werden (entsprechend den statistischen Gleichungen) genug Energie haben, und folglich werden nur wenige hochenergetische Quanten ausgesendet. Bei sehr niedrigen Frequenzen (großen Wellenlängen) werden sehr viele Quanten von geringer Energie ausgesendet, aber sie haben so wenig Energie, daß sie, selbst wenn man sie zusammenrechnet, nicht viel ausmachen. Nur im mittleren Frequenzbereich gibt es eine große Zahl von Oszillatoren, die genügend Energie besitzen, um Strahlung in Portionen von mittlerer Größe auszusenden, die zusammengerechnet auch das Maximum in der Energieverteilungskurve eines schwarzen Körpers ergeben.

Doch Plancks Entdeckung, die im Dezember 1900 bekanntgegeben wurde, warf mehr Fragen auf, als sie beantwortete, und die Physiker waren nicht gerade hellauf von ihr begeistert. Plancks erste Aufsätze über die Quantentheorie sind kein Muster an Klarheit (möglicherweise ein Ausdruck der verwirrenden Weise, in der er genötigt war, die Idee der Quanten in seine geliebte Thermodynamik einzuführen), und viele, ja sogar die meisten Physiker, die von seiner Arbeit wußten, waren noch lange der Ansicht, es handele sich bloß um einen mathematischen Trick, einen Kunstgriff, um die Ultraviolett-Katastrophe wegzuzaubern, der physikalisch kaum Bedeutung hatte. Planck war ohne Zweifel in Verlegenheit. In einem Brief an Robert William Wood aus dem Jahre 1931 schrieb er im Rückblick auf seine Arbeit von 1900:»Kurz zusammengefaßt kann ich die ganze Tat als einen Akt der Verzweiflung bezeichnen . . . Eine theoretische Interpretation *mußte* daher um jeden Preis gefunden werden, und wäre er noch so hoch.«[1] Doch er wußte, daß er auf etwas sehr Bedeutsames gestoßen war, und laut Heisenberg hat Plancks Sohn später geschildert, wie sein Vater auf einem langen Spaziergang durch den Grunewald am Rande Berlins seine Arbeit beschrieb und dazu erklärte, die Entdeckung der Quanten könnte unter Umständen gleiche Bedeutung haben wie die Entdeckungen Newtons.[2]

Die Physiker waren in den ersten Jahren nach 1900 ganz von den neuen Entdeckungen gefesselt, bei denen es um atomare Strahlung ging, und im Vergleich dazu schien Plancks neuer»mathematischer Kunstgriff« zur Erklärung des Spektrums eines schwarzen Körpers nicht von überragender Bedeutung zu sein. So dauerte es denn auch bis 1918, ehe Planck für seine Arbeit den Nobelpreis erhielt, eine sehr lange Zeit, wenn man bedenkt, wie rasch die Arbeit der Curies oder die Rutherfords anerkannt worden war. (Zum Teil lag es daran, daß ein dramatischer theoretischer Durchbruch immer erst nach längerer Zeit anerkannt wird; eine neue Theorie ist nicht etwas so Konkretes wie ein neues Teilchen oder Röntgenstrahlung, sie muß sich erst eine Zeitlang bewährt haben und durch Experimente bestätigt sein, ehe sie volle Anerkennung findet). Plancks neue Konstante h hatte außerdem etwas Merkwürdiges an sich. Es ist eine sehr kleine Konstante – $6,55 \times 10^{-27}$ erg sec –, aber das ist eigentlich nicht verwunderlich, denn wenn sie sehr viel größer gewesen wäre, hätte sie sich längst bemerkbar gemacht, bevor die Physiker begannen, sich über die Strahlung des schwarzen Körpers den Kopf zu zerbrechen. Nein, das seltsame an h sind die Einheiten, in denen es gemessen wird, Energie (erg) × Zeit (sec). Solche Einheiten nennt man

»Wirkungen«, und in der klassischen Mechanik kommen sie nicht alle Tage vor – es gibt z. B. kein »Gesetz der Erhaltung der Wirkung«, das dem Gesetz der Erhaltung der Masse oder der Energie gleichkäme. Eine Wirkung hat jedoch eine besonders interessante Eigenschaft, die sie unter anderem mit der Entropie gemein hat. Eine konstante Wirkung ist absolut konstant und hat für alle Beobachter in Raum und Zeit die gleiche Größe. Sie ist eine vierdimensionale Konstante, und was das zu bedeuten hatte, wurde erst klar, als Einstein seine Relativitätstheorie enthüllte.

Da Einstein der nächste Akteur ist, der die quantenmechanische Szene betritt, ist vielleicht eine kleine Abschweifung angebracht, um die Bedeutung dieser Theorie zu erläutern. Für die Spezielle Relativitätstheorie bilden die drei Dimensionen des Raums und die Dimension der Zeit ein vierdimensionales Ganzes, das Raum-Zeit-Kontinuum. Beobachter, die sich mit unterschiedlicher Geschwindigkeit durch den Raum bewegen, erhalten von den Dingen eine unterschiedliche Ansicht; sie werden beispielsweise unterschiedlicher Meinung über die Länge eines Stabes sein, den sie im Vorüberfliegen messen. Nun kann man sich aber vorstellen, daß der Stab in vier Dimensionen existiert, und während er sich »durch« die Zeit bewegt, überstreicht er eine vierdimensionale Fläche, ein Hyperrechteck, dessen Höhe die Länge des Stabes und dessen Breite die Größe der verflossenen Zeit ist. Die »Fläche« dieses Rechtecks wird in Einheiten von Länge × Zeit gemessen, und diese Fläche erweist sich für alle Beobachter, die sie messen, als identisch, auch wenn sie über die Länge und die Zeit, die sie messen, nicht einig miteinander sind. In diesem Sinne ist auch die Wirkung (Energie × Zeit) ein vierdimensionales Äquivalent der Energie, und die Wirkung wird von allen Beobachtern als die gleiche gesehen, auch wenn sie sich über die Größe der Energie- und Zeitkomponenten der Wirkung nicht einig sind. In der speziellen Relativitätstheorie *gibt es tatsächlich* ein Gesetz der Erhaltung der Wirkung, und es ist ebenso bedeutsam wie das Gesetz der Erhaltung der Energie. Die Plancksche Konstante wirkte nur deshalb so sonderbar, weil sie *vor* der Relativitätstheorie entdeckt wurde.

Das macht vielleicht die ganzheitliche Natur der Physik deutlich. Von den drei großen Beiträgen Einsteins zur Wissenschaft, die im Jahre 1905 veröffentlicht wurden, scheint einer, nämlich der über die spezielle Relativität, sich von den anderen – über die Brownsche Bewegung und den lichtelektrischen Effekt – stark zu unterscheiden. Dennoch hängen sie im Rahmen der theoretischen Physik miteinander zusammen; und wenn auch die Relativitätstheorie großes Aufsehen erregte, so war Einsteins größter Beitrag doch seine Arbeit über die Quantentheorie, die auf Plancks Arbeit aufbaute und mit ihrer Hilfe den lichtelektrischen Effekt erklärte.

Der revolutionäre Gesichtspunkt in Plancks Arbeit aus dem Jahre 1900 war, daß sie eine Beschränkung der klassischen Physik aufzeigte. Worin diese Beschränkung besteht, ist nicht so wichtig; die bloße Tatsache, daß es Erscheinungen gibt, die nicht alleine mit Hilfe der klassischen, auf dem Werk Newtons aufbauenden Ideen erklärt werden können, war ausreichend, um eine neue Ära der Physik einzuleiten. In ihrer ursprünglichen Form war Plancks Arbeit jedoch sehr viel zurückhaltender, als es nach neueren Darstellungen vielfach den Anschein hat. Es gibt eine bestimmte Art von Abenteuergeschichten, in denen der Held am Ende jeder Episode auf wundersame Weise aus atemberaubenden Zwangssituationen entkommt, zusammengefaßt in dem Satz »Mit einem Sprung war Hans frei«. Viele populäre Darstellungen der Entstehung der Quantenmechanik lesen sich wie wissenschaftliche Abenteuer vom »Hans mit einem Sprung«: »Am Ende des 19. Jahrhunderts war die klassische Physik in eine Sackgasse geraten. Mit einem Sprung erfand Planck das Quantum, und die Physik war frei.« Weit gefehlt. Planck hatte lediglich gesagt, daß die elektrischen Oszillatoren innerhalb des Atoms quantisiert sein könnten. Er meinte, sie könnten nur Energiepäckchen von bestimmter Größe aussenden, weil irgend etwas in ihnen sie daran hinderte, »Zwischenmengen« von Strahlung aufzunehmen oder auszusenden.

Der Geldautomat meiner Londoner Bank arbeitet ganz ähnlich. Wenn ich meine Scheckkarte hineingeschoben habe, liefert die Maschine mir jeden gewünschten Geldbetrag, sofern es sich nur um ein Vielfaches von £5 handelt. Zwischenbeträge (und solche, die kleiner als £5 sind) kann der Automat nicht ausgeben, aber das heißt nicht, daß die Zwischenbeträge, beispielsweise £8,47, nicht existieren. Planck hat denn auch nicht gesagt, daß die *Strahlung* quantisiert sei, und es scheint, als sei er den tieferen Schlußfolgerungen aus der Quantentheorie stets mit einem gewissen Argwohn begegnet. Er hat später, als die Quantentheorie sich weiter-entwickelt hatte, einiges zu der von ihm begründeten Wissenschaft beigetragen, doch überwiegend war er darum bemüht, die neuen Ideen mit der klassischen Physik in Einklang zu bringen. Er hatte nicht seine Meinung geändert, vielmehr scheint er zunächst nie richtig erkannt zu haben, wie weit sich seine Gleichung für die Strahlung des schwarzen Körpers von der klassischen Physik entfernte: Er hatte die Gleichung durch eine Verknüpfung der Thermodynamik mit der Elektrodynamik gefunden, und beide waren klassische Theorien. Statt an Erweiterungen zu denken, stellte für Planck bereits sein Bemühen um einen Kompromiß zwischen den Quantenvorstellungen und der klassischen Physik eine tiefgreifende Entfernung von den klassischen Ideen dar, mit denen er groß geworden war. Er war jedenfalls in den klassischen Vorstellungen so fest verwurzelt, daß es nicht überrascht, wenn die eigentlichen Fortschritte von einer neuen Generation von Physikern kamen, die in ihrem Denken weniger festgelegt waren und weniger an alten Ideen hingen, sondern sich von den neuen Entdeckungen der atomaren Strahlung beflügeln ließen und nach neuen Antworten auf alte und neue Fragen suchten.

Einstein, das Licht und die Quanten

Einstein war im März des Jahres 1900 21 Jahre alt. Seine berühmte Stelle am Schweizer Patentamt trat er im Sommer 1902 an, und in den ersten Jahren des zwanzigsten Jahrhunderts befaßte er sich wissenschaftlich vor allem mit Problemen der Thermodynamik und der statistischen Mechanik. Seine frühen wissenschaftlichen Veröffentlichungen waren, was ihren Stil und die behandelten Probleme betrifft, ebenso traditionell wie die der Physiker der vorhergehenden Generation, Planck eingeschlossen. Doch mit der ersten Arbeit, die sich auf Plancks Ideen bezüglich des Spektrums eines schwarzen Körpers bezieht (sie erschien 1904), begann Einstein Neuland zu erschließen und einen ganz eigenen Stil für die Lösung physikalischer Rätsel zu entwickeln. Martin Klein schreibt, Einstein sei der erste gewesen, der die physikalischen Folgerungen aus Plancks Arbeit ernstnahm und sie nicht bloß als einen mathematischen Kunstgriff auffaßte.[3] Die Erkenntnis, daß die Gleichungen etwas Grundlegendes über die physikalische Realität aussagten, führte innerhalb eines Jahres zu einer einschneidenden neuen Einsicht, zum Wiederaufleben der Korpuskulartheorie des Lichts. Der andere Punkt, auf dem sowohl sein Aufsatz von 1905 als auch Plancks Arbeit aufbaute, waren die Untersuchungen des lichtelektrischen oder Fotoeffekts durch Phillipp Lenard und J. J. Thomson, die Ende des neunzehnten Jahrhunderts unabhängig voneinander arbeiteten. Lenard, 1862 in dem heute zur Tschechoslowakei gehörenden Teil Ungarns geboren, erhielt für seine Forschung über die Kathodenstrahlen 1905 den Nobelpreis für Physik. In einem seiner Experimente hatte er 1899 gezeigt, daß Kathodenstrahlen (Elektronen) durch Licht erzeugt werden können, das in einem Vakuum auf eine Metalloberfläche scheint. Irgendwie bringt die im Licht enthaltene Energie die Elektronen dazu, aus dem Metall herauszuspringen.

Lenard benutzte bei seinen Experimenten einfarbiges (monochromatisches) Licht, was bedeutet, daß alle Wellen des Lichts die gleiche Frequenz haben. Es ging ihm um die Frage, ob es von der Intensität des Lichts abhänge, daß Elektronen aus dem Metall herausgerissen werden, und er fand ein überraschendes Resultat. Wenn man helleres Licht nimmt (Lenard brachte dieselbe Lichtquelle näher an die Metalloberfläche heran, was die gleiche Wirkung hat), fällt auf jeden Quadratzentimeter der Metalloberfläche mehr Energie. Wenn ein Elektron mehr Energie erhält, müßte es schneller aus dem Metall herausgeschlagen werden und mit größerer Geschwindigkeit fortfliegen. Lenard fand jedoch, daß, solange die Wellenlänge des Lichts gleich blieb, alle ausgestoßenen Elektronen mit der gleichen Geschwindigkeit fortflogen. Rückte er das Licht näher an das Metall heran, so stieg die Zahl der ausgestoßenen Elektronen, doch jedes dieser Elektronen kam dennoch mit der gleichen Geschwindigkeit heraus wie jene, die ein schwächerer Lichtstrahl der gleichen Farbe hervorgerufen hatte. Benutzte er dagegen einen Lichtstrahl von höherer Frequenz – statt blauem oder rotem Licht beispielsweise ultraviolettes –, so flogen die Elektronen in der Tat schneller.

Das läßt sich ganz einfach erklären, vorausgesetzt, man ist bereit, die eingefleischten Vorstellungen der klassischen Physik aufzugeben und Plancks Gleichungen als physikalisch bedeutungsvoll anzuerkennen. Daß es auf diese Voraussetzungen ankommt, wird daran deutlich, daß in den fünf Jahren nach Lenards erster Arbeit über den Fotoeffekt und Plancks Einführung des Quantenbegriffs niemand diesen anscheinend einfachen Schritt tat. Im Grunde tat Einstein nichts anderes, als die Gleichung $E = h\nu$ statt auf die kleinen Oszillatoren innerhalb des Atoms auf die elektromagnetische Strahlung anzuwenden. Er sagte, Licht sei *nicht*, wie die Wissenschaftler hundert Jahre lang geglaubt hatten, eine stetige Welle, sondern trete in bestimmten Paketen, den Quanten auf. Sämtliches Licht einer bestimmten Frequenz ν, also Licht einer bestimmten Farbe, tritt in Paketen auf, die die gleiche Energie E haben. Trifft eines dieser Lichtquanten auf ein Elektron, so teilt es ihm jedes Mal die gleiche Energiemenge und damit die gleiche Geschwindigkeit mit. Intensiveres Licht bedeutet lediglich mehr Lichtquanten (heute nennen wir sie Photonen), die alle die gleiche Energie haben, doch wenn wir die Farbe des Lichts verändern, verändern wir seine Frequenz und damit die Energiemenge, die jedes Photon trägt.

Dies war die Arbeit, für die Einstein schließlich im Jahre 1921 den Nobelpreis erhielt. Wieder dauerte es längere Zeit, bis der theoretische Durchbruch volle Anerkennung fand. Die Photonenvorstellung wurde nicht sogleich akzeptiert, und wenn die Theorie auch generell mit Lenards Versuchsergebnissen übereinstimmte, so dauerte es doch über ein Jahrzehnt, ehe die exakte Vorhersage des Zusammenhangs zwischen der Geschwindigkeit der Elektronen und der Wellenlänge des Lichts überprüft und bewiesen war. Das war das Werk des amerikanischen Experimentalphysikers Robert Millikan, der dabei eine sehr präzise Messung des Wertes der Planckschen Konstante h erreichte. 1923 war es Millikan, der für diese Arbeit und für seine genauen Messungen der Größe der Ladung des Elektrons den Nobelpreis für Physik empfing.

Einstein hat also in diesem Jahr 1905 eine ganze Menge geschafft: einen Aufsatz, der ihm den Nobelpreis eintrug, einen anderen, der ein für allemal die Realität der Atome bewies, einen dritten, in dem die Theorie entworfen wurde, der er vor allem seine Bekanntheit verdankt – die Relativitätstheorie. Fast nebenbei rang er zur gleichen Zeit darum, eine andere kleine Arbeit über die Größe der Moleküle abzuschließen, die er der Universität Zürich als Doktorarbeit vorlegte. Die Doktorwürde wurde ihm im Januar 1906 verliehen. Damals war ein Doktortitel für die aktive Teilnahme an der Forschung noch nicht so entscheidend wie heute, aber es ist doch bemerkenswert, daß die drei großen Aufsätze von 1905 von einem Mann veröffentlicht wurden, der zu jener Zeit lediglich als Albert Einstein unterzeichnen konnte.

In den Jahren danach arbeitete Einstein weiter daran, das Plancksche Quant in andere Gebiete der Physik zu integrieren. So fand er, daß alte Probleme aus der Theorie der spezifischen Wärme mit dieser Idee erklärt werden konnten (die spezifische Wärme eines Stoffes ist die Wärmemenge, die erforderlich ist, um die Temperatur einer bestimmten Stoffmenge um ein Grad zu erhöhen; sie hängt von den Schwingungen der Atome innerhalb des Stoffes ab, und diese Schwingungen sind, wie sich herausstellte, quantisiert, d. h. ihre Energie tritt in $h\nu$-Paketen auf). Dies ist ein nicht ganz so glanzvoller Wissenschaftszweig, der in Darstellungen des Einsteinschen Werkes oft übersehen wird, doch fand die Quantentheorie der Materie schneller Anklang als Einsteins Quantentheorie der Strahlung und brachte viele Physiker der alten Schule allmählich zu der Überzeugung, daß die Quantenvorstellungen ernstzunehmen seien. In den Jahren bis 1911 verfeinerte Einstein seine Vorstellungen über die Quantenstrahlung; er zeigte, daß die Quantenstruktur des Lichts eine unausweichliche Folgerung der Planckschen Gleichung ist, und einer wenig aufnahmebereiten wissenschaftlichen Welt legte er dar, daß der Weg zu einem besseren Verständnis des Lichts erfordern würde, daß man die Wellentheorie und die Teilchentheorie, die seit dem siebzehnten Jahrhundert miteinander im Wettstreit gelegen hatten, miteinander verschmolz. Im Jahre 1911 wandte er sich anderen physikalischen Problemen zu. Er hatte sich davon überzeugt, daß Quanten eine Realität sind, und das genügte ihm. Jetzt galt sein Interesse dem Problem der Schwerkraft, und in den fünf Jahren bis 1916 entwickelte er seine Allgemeine Relativitätstheorie, das größte unter all seinen Werken. Erst 1923 konnte die Quantennatur des Lichts zweifelsfrei bewiesen werden, was wiederum eine neue Debatte über Teilchen und Wellen auslöste, die dazu beitrug, die Quantentheorie zu verändern und die moderne Version dieser

Theorie, die Quantenmechanik, in die Wege zu leiten. Mehr darüber wird zu gegebener Zeit berichtet werden. Ihre erste Blüte erlebte die Quantentheorie allerdings in jenem Jahrzehnt, in dem Einstein sich von diesem Thema abwandte und sich mit anderen Dingen befaßte. Diese sogenannte »ältere Quantentheorie« beruhte auf einer Verschmelzung seiner Ideen mit Rutherfords Atommodell; sie war zum großen Teil das Werk des dänischen Wissenschaftlers Niels Bohr, der mit Rutherford in Manchester gearbeitet hatte. Nachdem Bohr sein Atommodell vorgetragen hatte, konnte niemand mehr daran zweifeln, daß die Quantentheorie sich hervorragend eignete, die physikalische Welt des sehr Kleinen zu beschreiben.

4. Kapitel: Das Bohrsche Atom

Im Jahre 1912 waren die Teile des atomaren Puzzles bereitgestellt und brauchten nur noch zusammengefügt zu werden. Einstein hatte die Allgemeingültigkeit des Quantenbegriffs nachgewiesen und den Begriff der Lichtquanten oder Photonen eingeführt, der freilich noch nicht allgemein akzeptiert war. Einstein sagte, die Energie trete tatsächlich in Paketen von bestimmter Größe auf. Wenn ich das wieder auf den Vergleich mit dem Geldautomaten übertrage, so heißt das, daß die Maschine nur in Einheiten von 5 £ rechnet, weil das der kleinste existierende Nennwert ist, und nicht, weil es dem Programmierer, der die Maschine eingerichtet hat, gerade so gefiel. Rutherford hatte ein neues Bild des Atoms vorgelegt, mit einem kleinen, zentral gelegenen Kern und einer ihn umgebenden Wolke von Elektronen, obwohl auch diese Idee noch keine allgemeine Anerkennung gefunden hatte. Rutherfords Atom konnte nach den klassischen Gesetzen der Elektrodynamik jedoch einfach nicht stabil sein. Die Lösung bestand darin, das Verhalten der Elektronen innerhalb der Atome mit Hilfe von Quantenregeln zu beschreiben. Wieder kam der Durchbruch von einem jungen Forscher, der unvoreingenommen an das Problem heranging – eine in der gesamten geschichtlichen Entwicklung der Quantentheorie immer wiederkehrende Tatsache.

Niels Bohr war ein dänischer Physiker, der im Sommer 1911 seinen Doktortitel erlangt hatte und im September jenes Jahres nach Cambridge ging, um mit J. J. Thomson am Cavendish Laboratorium zu arbeiten. Er war ein sehr junger, schüchterner Forscher, der nur mangelhaft Englisch sprach; in Cambridge konnte er nur schwer eine Nische für sich finden, doch bei einem Besuch in Manchester lernte er Rutherford kennen, der für ihn und seine Arbeit sehr aufgeschlossen war. So zog Bohr im März 1912 nach

Manchester um und begann, mit Rutherfords Gruppe zu arbeiten, wobei er sich besonders mit dem Rätsel des Atombaus befaßte.[1] Nach sechs Monaten kehrte er nach Kopenhagen zurück und blieb bis 1916 mit Rutherford verbunden (1914–1916 Dozent für theoretische Physik in Manchester).

Springende Elektronen

Bohr besaß ein eigentümliches Genie, und genau das war erforderlich, damit die Atomphysik in den folgenden zehn bis fünfzehn Jahren Fortschritte machen konnte. Es machte ihm nichts aus, wenn er nicht alle Einzelheiten durch eine vollständige Theorie erklären konnte; er war vielmehr bereit, verschiedene Ideen zu einem »Gedankenmodell« zusammenzufügen, das wenigstens grob mit den Beobachtungen realer Atome übereinstimmte. Hatte er von dem, was vorging, erst einmal eine ungefähre Idee, so konnte er mit ihr herumbasteln, bis die Teile noch besser zueinander paßten, bis er auf diese Weise zu einem vollständigeren Bild gelangte. In diesem Sinne griff er die Vorstellung vom Atom als einem winzigen Sonnensystem auf, bei dem sich die Elektronen gemäß den Gesetzen der klassischen Mechanik und des Elektromagnetismus auf Umlaufbahnen bewegen; daß die Elektronen diese Bahnen nicht verließen, um sich unter Abgabe von Strahlung immer mehr auf Spiralenbahnen dem Kern zu nähern, erklärte er damit, daß sie Energie nur in ganzen Stücken – ganzen Quanten –, und nicht als von der klassischen Theorie geforderter stetiger Strahlung aussenden konnten. Die »stabilen« Bahnen der Elektronen entsprachen bestimmten, festgelegten Energiebeträgen, die jeweils ein Vielfaches des elementaren Quantums waren, doch Zwischenbahnen gab es nicht, denn sie hätten gebrochene Energiebeträge vorausgesetzt. Wenn man den Vergleich mit dem Sonnensystem weitertreibt als erlaubt ist, so könnte man sagen, daß die Bahnen der Erde und des Mars um die Sonne stabil sind, daß es aber irgendwo dazwischen so etwas wie eine stabile Bahn nicht gibt.

Was Bohr tat, durfte eigentlich nicht funktionieren. Die ganze Idee der Umlaufbahn stützt sich auf die klassische Physik; die

Vorstellung von Elektronenzuständen, die bestimmten Energiebeträgen entsprechen – später nannte man sie Energieniveaus –, stammt aus der Quantentheorie. Aus Bruchstücken der klassischen Theorie und Bruchstücken der Quantentheorie ein Modell des Atoms zusammenzuschustern, konnte den Aufbau der Atome nicht wirklich verständlich machen, aber es lieferte Bohr doch ein Arbeitsmodell, an dem er weitermachen konnte. Wie wir heute wissen, war sein Modell praktisch in jeder Hinsicht falsch, doch es bildete einen Übergang zu einer echten Quantentheorie des Atoms und war insofern von unschätzbarem Wert. Leider hat sich das Modell, weil es klassische und Quantenideen auf so übersichtliche und einfache Weise miteinander verbindet und das verführerische Bild vom Atom als einem Miniatur-Sonnensystem aufgreift, länger als erwünscht nicht nur in populären Darstellungen behauptet, sondern auch in vielen Schul- und sogar Hochschullehrbüchern. Falls Sie in der Schule irgend etwas über Atome gelernt haben, dann hat es sich ganz bestimmt um Bohrs Modell gehandelt, ob es nun im Unterricht bei diesem Namen genannt wurde oder nicht. Ich will nicht sagen, daß Sie alles, was Sie gehört haben, vergessen sollten, aber Sie sollten bereit sein, sich zeigen zu lassen, daß es nicht die ganze Wahrheit war. Die Vorstellung von Elektronen, die als kleine »Planeten« um den Kern kreisen, *sollten* Sie allerdings vergessen – das war die Vorstellung, die Bohr zunächst übernommen hatte, aber sie ist wirklich irreführend. Ein Elektron ist einfach etwas, das sich außerhalb des Kerns befindet und einen bestimmten Energiebetrag sowie andere Eigenschaften besitzt. Es bewegt sich, wie wir sehen werden, auf eine geheimnisvolle Weise.

Was der Arbeit Bohrs im Jahre 1913 den ersten großen Triumph eintrug, war die Tatsache, daß sie das Spektrum des Lichts von Wasserstoff, dem einfachsten Atom, zu erklären vermochte. Die Wissenschaft der Spektroskopie geht bis in die Anfänge des 19. Jahrhunderts zurück, als William Wollaston im Spektrum des Sonnenlichts dunkle Linien entdeckte, doch als ein Instrument zur Erforschung des Atombaus kam sie erst mit Bohrs Werk zur Geltung. Ebenso wie Bohr die klassische Theorie mit der Quantentheorie verknüpfte, um Fortschritte zu erzielen, müssen wir jetzt von Einsteins Vorstellungen über die Lichtquanten einen Schritt zurücktun, um einzusehen, wie die Spektroskopie funktioniert.

Dabei hat es keinen Sinn, sich unter Licht etwas anderes vorzustellen als eine elektromagnetische Welle.[2] Weißes Licht setzt sich, wie Newton nachwies, aus allen Farben des Regenbogens, dem Spektrum, zusammen. Jede Farbe entspricht einer anderen Wellenlänge des Lichts, und wenn wir mit Hilfe eines gläsernen Prismas das weiße Licht in seine farbigen Bestandteile aufspreizen, dann tun wir nichts anderes, als das Spektrum so auszufächern, daß die Wellen von unterschiedlicher Frequenz auf einem Schirm oder einer fotografischen Platte nebeneinander zu liegen kommen. Am kurzwelligen Ende des optischen Spektrums liegen das blaue und das violette Licht, am langwelligen Ende das rote, doch an beiden Enden geht das Spektrum weit über den Bereich der Farben, die wir mit unseren Augen wahrnehmen können, hinaus. Das Spektrum, das bei dieser Brechung des Sonnenlichts sichtbar wird, ist an ganz bestimmten Stellen, die ganz bestimmten Frequenzen entsprechen, durch sehr scharfe dunkle Linien gekennzeichnet. Ohne zu wissen, wie diese Linien im einzelnen entstehen, haben Forscher wie Joseph Fraunhofer, Robert Bunsen (dessen Name in den gebräuchlichen Laborbrennern verewigt ist) und Gustav Kirchhoff im 19. Jahrhundert experimentell gezeigt, daß jedes Element seine eigenen Spektrallinien hat. Wenn ein Element (wie etwa Natrium) in der Flamme eines Bunsenbrenners erhitzt wird, erzeugt es Licht von einer charakteristischen Farbe (in diesem Falle Gelb), weil eine starke Strahlung in Gestalt einer hellen Linie oder mehrerer Linien in einem bestimmten Teil des Spektrums ausgesendet wird. Dringt weißes Licht durch eine Flüssigkeit oder ein Gas, in dem dieses Element, und sei es auch als Bestandteil einer chemischen Verbindung mit anderen Elementen, vorkommt, so zeigt das Spektrum bei den für dieses Element charakteristischen Frequenzen ebenfalls die dunklen Absorptionslinien, die man beim Sonnenlicht beobachtet.

Damit waren die dunklen Linien im Sonnenspektrum erklärt. Sie waren auf kühlere Materiewolken in der Sonnenatmosphäre zurückzuführen, die einen Teil der Strahlung, die von der sehr viel heißeren Sonnenoberfläche ausging, im Bereich charakteristischer Frequenzen absorbierten. Die Chemiker hatten mit diesem Verfahren ein brauchbares Hilfsmittel, um die in einer Verbindung enthaltenen Elemente zu identifizieren. Wirft man etwa Tafelsalz ins Feuer, so entsteht eine Flamme mit der charakteristischen natriumgelben Farbe (die uns heute außerdem von den natriumgelben Straßenlampen vertraut ist). Im Laboratorium wird, um das charakteristische Spektrum zu beobachten, ein Draht in die zu untersuchende Substanz getaucht und in die Flamme eines Bunsenbrenners gehalten. Jedes Element ergibt ein anderes Linienmuster, das sich, wenn auch mit unterschiedlicher Intensität, gleichbleibt, wenn sich die Temperatur der Flamme ändert. Die Tatsache, daß die Spektrallinien so scharf sind, zeigt, daß jedes Atom des Elements genau auf der gleichen Frequenz aussendet oder absorbiert, und keines aus der Reihe tanzt. Die Spektralanalytiker haben, indem sie das Spektrum des Sonnenlichts mit solchen Flammproben verglichen, die meisten Linien im Sonnenspektrum aufgeklärt und auf das Vorhandensein von Elementen zurückgeführt, die wir von der Erde kennen. Bei einer berühmt gewordenen Umkehrung dieses Verfahrens hat der englische Astronom Norman Lockyer (der Begründer der wissenschaftlichen Zeitschrift *Nature*) im Sonnenspektrum Linien entdeckt, die mit dem Spektrum keines der bekannten Elemente zu erklären waren, und er hat sie auf ein bis dahin unbekanntes Element zurückgeführt, das er Helium nannte. Als dann nach Jahrzehnten auf der Erde Helium gefunden wurde, zeigte sich, daß es genau jenes Spektrum hat, das mit den im Sonnenspektrum gefundenen Linien übereinstimmt.

Mit Hilfe der Spektroskopie können Astronomen ferne Sterne und Galaxien untersuchen und feststellen, woraus sie bestehen. Mit der gleichen Methode können Atomphysiker heute den inneren Aufbau des Atoms erkunden.

Ein besonders einfaches Spektrum weist der Wasserstoff auf, was, wie wir heute wissen, daran liegt, daß Wasserstoff das einfachste Element ist: Jedes Atom enthält als Kern nur ein positiv geladenes Proton und ein mit ihm verbundenes negativ geladenes Elektron. Die Linien im Spektrum des Wasserstoffs, die für seinen unverwechselbaren Fingerabdruck sorgen, gehören zu der sogenannten Balmer-Serie, benannt nach Johann Jakob Balmer, einem Schweizer Lehrer, der im Jahre 1885, in dem zufällig auch Niels Bohr geboren wurde, eine Formel aufstellte, welche dieses Muster beschrieb. Balmers Formel stellt zwischen den Frequenzen, bei denen die Linien im Wasserstoffspektrum auftreten, einen Zusammenhang dar. Ausgehend von der Frequenz der ersten Wasserstofflinie im roten Bereich des Spektrums, ergibt Balmers Formel die Frequenz der nächsten Wasserstofflinie im grünen Bereich; ausgehend von der grünen Linie ergibt diese Formel die Frequenz der nächsten Linie im Violetten, und so weiter.[3] Balmer wußte, als er seine Formel aufstellte, nur von vier Wasserstofflinien im sichtbaren Spektrum, doch andere Linien, die bereits entdeckt waren, paßten genau zu ihr; als man im Ultravioletten und im Infraroten weitere Wasserstofflinien identifizierte, fügten auch sie sich in diese einfache numerische Beziehung. Offensichtlich verriet die Balmer-Formel etwas Wichtiges über die Struktur des Wasserstoffatoms. Aber was?

Zu der Zeit, als Bohr auftrat, war Balmers Formel unter Physikern allgemein bekannt, war sie Bestandteil jeder Physikvorlesung, aber sie ging eben in einem Wust von komplizierten Daten über Spektren unter, und Bohr war kein Fachmann für Spektralanalyse. Als er daran ging, den Bau des Wasserstoffatoms zu enträtseln, kam er nicht gleich darauf, daß die Balmer-Serie ein naheliegender Schlüssel war, mit dessen Hilfe sich das Geheimnis enthüllen ließ. Erst als ein Kollege, der sich auf Spektroskopie spezialisiert hatte, ihm darlegte, wie einfach die Formel Balmers im Grunde war (unabhängig von der Kompliziertheit der Spektren anderer Atome), erkannte er rasch ihren Wert. Zu jener Zeit – Anfang 1913 – war Bohr bereits überzeugt, daß die Lösung des Rätsels zum Teil darin bestehen würde, die Plancksche Konstante h in die das Atom beschreibenden Gleichungen einzuführen. Rutherfords Atommodell enthielt nur zwei fundamentale Größen, die Ladung des Elektrons e und die Massen der beteiligten Teilchen. Aus einer Mischung von Masse und Ladung erhält man, gleichgültig, wie sehr man auch mit den entsprechenden Zahlen jongliert, keine Zahl, welche die Dimensionen der Länge hat, und so besaß Rutherfords Modell keine »natürliche« Größeneinheit. Wenn man dem Gemisch jedoch eine Wirkung wie h hinzufügt, ist es möglich, eine Zahl zu konstruieren, welche die Dimension der Länge hat und zur Not als ein Anhaltspunkt genommen werden kann, der etwas über die Größe des Atoms verrät. Der Ausdruck

h^2/me^2 entspricht numerisch einer Länge von etwa 20×10^{-8} cm, was ziemlich gut mit den Eigenschaften von Atomen zusammenpaßt, die man aus Streuungsexperimenten und anderen Untersuchungen erschlossen hatte. Für Bohr war klar, daß h in die Theorie der Atome hineingehörte. Die Balmer-Serie zeigte ihm, wo sie genau hingehörte. Wie kann ein Atom eine sehr scharfe Spektrallinie hervorrufen? Indem es Energie mit einer ganz exakten Frequenz ν aussendet oder absorbiert. Die Energie ist mit der Frequenz durch die Plancksche Konstante verknüpft ($E = h\nu$), und wenn ein Elektron in einem Atom ein Energiequant h aussendet, muß die Energie des Elektrons sich um genau den entsprechenden Betrag E ändern. Die Elektronen, die den Kern eines Atoms »auf einer Bahn« umkreisen, würden, so erklärte Bohr, auf ihrem Platz bleiben, weil sie nicht stetig Energie abgeben könnten; sondern sie würden, nach diesem Bild, nur ein ganzes Energiequant – ein Photon – aussenden (oder absorbieren) können und dabei von einem Energieniveau (einer Bahn, nach dem alten Bild) auf das andere springen. Diese scheinbar einfache Vorstellung bedeutete in Wirklichkeit einen tiefen Bruch mit den klassischen Vorstellungen. Es ist, als würde der Mars aus seiner Bahn verschwinden, unverzüglich in der Bahn der Erde wieder auftauchen und dabei einen Energiestrom (in diesem Falle wäre es Gravitationsstrahlung) in den Raum strahlen. Man sieht sofort, daß die Vorstellung vom Atom als einem Sonnensystem das Geschehen nicht zu erklären vermag und daß man sich besser an die Vorstellung hält, daß die Elektronen sich innerhalb des Atoms in unterschiedlichen Energiezuständen befinden, die den verschiedenen Energieniveaus entsprechen.

Ein Sprung aus einem Zustand in den anderen kann in beiden Richtungen erfolgen, die Energieleiter hinauf oder hinunter. Wenn ein Atom Licht absorbiert, wird das Quant $h\nu$ benutzt, um das Elektron auf ein anderes Energieniveau (eine höhere Sprosse der Leiter) zu heben; wenn das Elektron dann in seinen Grundzustand zurückfällt, wird genau die gleiche Energie $h\nu$ ausgesendet. Die geheimnisvolle Konstante $36,456 \times 10^{-5}$ in Balmers Formel ließ sich ohne weiteres mit Hilfe der Planckschen Konstante umschreiben, und das bedeutete, daß Bohr die möglichen, »erlaubten« Energieniveaus des einzelnen Elektrons im Wasserstoffatom berechnen konnte. Und die gemessene Frequenz der Spektrallinien konnte nun so gedeutet werden, daß sie die Differenz zwischen den einzelnen Energieniveaus enthüllte.[4]

Das Wasserstoffatom ist aufgeklärt

Nachdem Bohr seine Arbeit mit Rutherford erörtert hatte, veröffentlichte er im Laufe des Jahres 1913 in einer Reihe von Aufsätzen seine Theorie des Atoms. Sie bewährte sich gut, was das Wasserstoffatom anging, und es sah so aus, als ließe sie sich weiterentwickeln, um auch die Spektren komplizierterer Atome zu erklären. Im September nahm Bohr am 83. Jahreskongreß der »British Association for the Advancement of Science« teil und schilderte seine Arbeit vor einem Publikum, zu dem viele der bedeutendsten Atomphysiker jener Zeit gehörten. Sein Vortrag wurde im großen und ganzen wohlwollend aufgenommen, und Sir James Jeans nannte ihn ingeniös, anregend und überzeugend. J. J. Thomson gehörte zu jenen, die sich nicht überzeugen ließen, aber dank dieses Kongresses hatten auch Wissenschaftler, die der neuen Theorie nichts abgewinnen konnten, zumindest von Bohr und seiner Arbeit über Atome gehört.

Dreizehn Jahre nach Plancks verzweifeltem Schritt, das Quant in die Theorie des Lichts einzubeziehen, führte Bohr das Quant in die Theorie des Atoms ein. Bis zum Entstehen einer richtigen Quantentheorie sollten jedoch noch weitere dreizehn Jahre vergehen. In dieser Zeit vollzog sich der Fortschritt quälend langsam – für zwei Schritte nach vorn mußte man einen Schritt zurück gehen, und manchmal mußte man auch für jeden Schritt, der scheinbar in die richtige Richtung führte, wieder zwei Schritte zurück tun. Bohrs Atom war ein Mischmasch: Quantenvorstellungen vermengten sich darin mit Vorstellungen aus der klassischen Physik, und es kam auf die genaue Mischung gar nicht an, wenn sie nur geeignet erschien, die Dinge zusammenzuschustern und das Modell am Leben zu erhalten. Das Modell »erlaubte« sehr viel mehr Spektrallinien, als man im Licht von verschiedenen Atomen tatsächlich beobachten kann, und es mußten willkürliche Regeln eingebracht werden, nach denen gewisse Übergänge zwischen den verschiedenen Energiezuständen innerhalb des Atoms »verboten« waren. Um den Beobachtungen Rechnung zu tragen, wurden dem Atom ad hoc neue Eigenschaften – Quantenzahlen – zugeschrieben, ohne eine gesicherte theoretische Begründung, warum diese Quantenzahlen erforderlich oder einige Übergänge verboten waren. Zu alledem wurde die europäische Welt ein Jahr, nachdem Bohr sein Atommodell vorgestellt hatte, durch den Ausbruch des Ersten Weltkrieges auseinandergerissen.

Das Jahr 1914 bedeutete in der Wissenschaft wie in allen anderen Lebensbereichen einen tiefen Bruch. Der Krieg unterband die bis dahin ungehinderten Reisemöglichkeiten der Forscher von einem Land ins andere, und seit dem Ersten Weltkrieg fällt es manchen Wissenschaftlern in manchen Ländern bis heute schwer, sich mit ihren Kollegen in der ganzen Welt auszutauschen. Der Krieg hatte außerdem direkte Auswirkungen auf die wissenschaftliche Forschung in den großen Zentren, in denen die Physik in den ersten Jahren des 20. Jahrhunderts so große Fortschritte gemacht hatte. In den kriegführenden Ländern verließen die jungen Männer die Laboratorien und zogen ins Feld, während ältere Professoren wie Rutherford zusehen mußten, wie es weiterging; viele dieser jungen Männer – jene Generation, die nach 1913 die Ideen Bohrs hätten aufgreifen und übernehmen müssen – fielen im Kampf. Auch die Arbeit der Wissenschaftler in den neutralen Ländern war beeinträchtigt, wenngleich einige von dem Mißgeschick anderer profitiert haben mögen. Bohr selbst wurde in Manchester zum Physikdozenten ernannt; in Göttingen führte der Niederländer Peter Debye mit Hilfe von Röntgenstrahlen wichtige Untersuchungen über die Struktur von Kristallen durch. Holland und Dänemark waren in der Tat so etwas wie wissenschaftliche Oasen geblieben, und Bohr kehrte 1916 nach Dänemark zurück, um in Kopenhagen Professor für theoretische Physik zu werden und dann später, im Jahre 1920, das nach ihm benannte Forschungsinstitut zu gründen. Von einem deutschen Forscher wie Arnold Sommerfeld (einem der Physiker, die Bohrs Atommodell so sehr verbesserten, daß es gelegentlich als das »Bohr-Sommerfeld-Modell« bezeichnet wird) konnten Nachrichten ins neutrale Dänemark und dann von Bohr weiter zu Rutherford in England gelangen. Es wurden weiterhin Fortschritte gemacht, aber es war nicht dasselbe wie früher.

Nach dem Krieg wurden Wissenschaftler aus Deutschland und Österreich viele Jahre lang nicht zu internationalen Konferenzen eingeladen; Rußland befand sich in einer revolutionären Umwälzung; die Wissenschaft hatte etwas von ihrem Internationalismus und eine ganze Generation junger Männer verloren. Die Quantentheorie in der von Bohr erreichten Zwischenstation, seinem Mischmasch-Atom (das, zugegeben, durch die emsigen Bemühungen vieler Forscher zu einem bemerkenswert funktionstüchtigen, wenn auch wackligen Apparat verfeinert worden war) aufzugreifen und in Gestalt der Quantenmechanik zur vollen Blüte zu bringen, wurde Angelegenheit einer ganz neuen Generation. Die Namen aus dieser Generation – Werner Heisenberg, Paul Dirac, Wolfgang Pauli, Pascual Jordan und andere – hallen in der ganzen modernen Physik wider. Sie gehörten der ersten Quanten-Generation an; sie waren in den Jahren nach Plancks großem Beitrag geboren und aufgewachsen (Pauli im Jahre 1900, Heisenberg 1901, Dirac und Jordan 1902) und traten in den 20er Jahren in die wissenschaftliche Forschung ein. Sie brauchten nicht tief verwurzelte Anschauungen der klassischen Physik zu überwinden und sie waren nicht in dem Maße wie ein so glänzender Wissenschaftler wie Bohr darauf angewiesen, durch Halbherzigkeiten in ihren Theorien des Atoms einen Hauch von klassischen Vorstellungen zu retten. Es ist ganz eigentümlich und wahrscheinlich kein Zufall, daß von Plancks Entdeckung der Gleichung für die schwarze Strahlung bis zur Blüte der Quantenmechanik genau sechsundzwanzig Jahre vergingen, eben jene Zeit, die eine Generation von neuen Physikern braucht, um sich zu Forschern zu entwickeln. Diese Generation übernahm jedoch, abgesehen von der Planckschen Konstante selbst, von ihren noch immer aktiven Vorgängern zwei große Vermächtnisse. Das eine war Bohrs Atom, das einen unmißverständlichen Hinweis gab, daß in jede befriedigende Theorie der atomaren Prozesse Quantenvorstellungen einbezogen werden *mußten*, das andere stammte von dem einen großen Wissenschaftler der Zeit, den die Vorstellungen der klassischen Physik offenbar nicht gelähmt hatten, der die Ausnahme von allen Regeln war: Im Jahre 1916, als der Krieg sich auf dem Höhepunkt befand, führte der in Deutschland arbeitende Einstein den Wahrscheinlichkeitsbegriff in die Atomtheorie ein. Für ihn war es ein Notbehelf, ein weiterer Beitrag zu dem Mischmasch, der dafür sorgte, daß Bohrs Atom annähernd so funktionierte, wie man es an realen Atomen beobachtete. Dieser Notbehelf überdauerte jedoch das Bohrsche Atom und wurde zur Grundlage der eigentlichen Quantentheorie, auch wenn Einstein ihn später ironisch abgeleugnet hat mit seiner berühmten Bemerkung:»Gott würfelt nicht.«

Ein Zufallselement: Gottes Würfel

In den ersten Jahren nach 1900 hatten Rutherford und sein Kollege Frederick Soddy das Wesen der Radioaktivität erforscht und dabei eine merkwürdige und fundamentale Eigenschaft des Atoms oder vielmehr seines Kerns entdeckt. Der radioaktive »Zerfall«, wie man ihn später nannte, mußte mit einer fundamentalen Veränderung des einzelnen Atoms einhergehen (dabei zerbricht, wie wir heute wissen, der Kern und Teile des Kerns werden ausgestoßen), doch schien er von äußeren Einflüssen völlig unberührt zu sein. Ob man die Atome erhitzt oder abkühlt, ob man sie in ein Vakuum oder einen Eimer Wasser bringt, der Prozeß des radioaktiven Zerfalls geht ungestört weiter. Offenbar ließ sich nicht genau vorhersagen, wann ein bestimmtes Atom einer Substanz zerfallen und dabei ein Alpha- oder Beta-Teilchen und Gammastrahlen aussenden würde, doch zeigten die Experimente, daß bei einer großen Zahl radioaktiver Atome des gleichen Elements immer ein bestimmter Anteil innerhalb einer bestimmten Zeit zerfiel. Insbesondere gibt es für jedes radioaktive Element eine charakteristische Zeit, die sogenannte Halbwertszeit, innerhalb derer genau die Hälfte der Atome einer Stichprobe zerfällt. Radium hat zum Beispiel eine Halbwertszeit von 1600 Jahren, eine radioaktive Form des Kohlenstoffs, der Kohlenstoff-14 hat eine Halbwertszeit von etwas unter 6000 Jahren, wodurch er sich für die archäologische Datierung eignet, und radioaktives Kalium zerfällt mit einer Halbwertszeit von 1,3 Milliarden Jahren.

Ohne zu wissen, warum aus einer riesigen Anzahl von Atomen das eine zerfällt, seine Nachbarn aber nicht, wurde nach einem Vorschlag des Wieners Egon von Schweidler diese Entdeckung zur Grundlage einer statistischen Theorie des radioaktiven Zerfalls gemacht, einer Theorie, die sich statistischer Verfahren bediente, wie sie auch von Versicherungsgesellschaften benutzt werden, die wohl wissen, daß einige der von ihnen Versicherten in jungen Jahren sterben und deren Erben weit mehr von der Versicherung erhalten werden, als an Prämien gezahlt wurde, was aber durch andere Kunden ausgeglichen wird, die lange leben und entsprechend hohe Prämien einzahlen. Die Buchhalter brauchen nicht zu wissen, welcher Kunde wann sterben wird; die Sterbetafeln erlauben ihnen, für eine ausgeglichene Bilanz zu sorgen. Genauso können Physiker dank statistischer Tabellen den radioaktiven Zerfall bilanzieren, vorausgesetzt, sie haben es mit großen Mengen von Atomen zu tun.

Ein sonderbares Merkmal dieses Verhaltens besteht darin, daß die Radioaktivität aus einer Stichprobe radioaktiven Materials nie ganz verschwindet. Von den Millionen von vorhandenen Atomen zerfällt die Hälfte innerhalb einer bestimmten Zeit. Innerhalb der nächsten Halbwertszeit – das ist genau die gleiche Zeitspanne – zerfällt die Hälfte des Restes, und so weiter. Die Zahl der in der Stichprobe übrig bleibenden radioaktiven Atome wird kleiner und kleiner, geht immer mehr auf Null zu, aber jeder Schritt auf Null zu bringt sie nur zur Hälfte dort hin.

Die Pioniere der radioaktiven Forschung stellten sich damals vor, daß irgendwann jemand genau herausfinden würde, woran es lag, daß ein bestimmtes Atom zerfällt, und daß diese Entdeckung die statistische Natur des Prozesses erklären würde. Als Einstein die statistischen Verfahren in das Bohrsche Modell übernahm, um Einzelheiten der atomaren Spektren zu erklären, ging auch er davon aus, daß die Notwendigkeit von statistischen Tabellen durch künftige Entdeckungen aufgehoben würde. Sie täuschten sich alle.

Die Energieniveaus eines Atoms oder eines Elektrons in dem Atom kann man sich als eine Treppe vorstellen. Der Abstand zwischen den Stufen ist, was die Energie betrifft, nicht gleich; die oberen Stufen liegen näher beieinander als die unteren. Bohr zeigte, daß im Falle des Wasserstoffs, des einfachsten Atoms, die Energieniveaus durch eine Treppe dargestellt werden konnten, bei der die Tiefe der einzelnen Stufen vom oberen Treppenende aus proportional $1/n^2$ ist, wobei n die Nummer der jeweiligen Stufe ist, von unten aus gerechnet. Der Übergang von der ersten zur zweiten

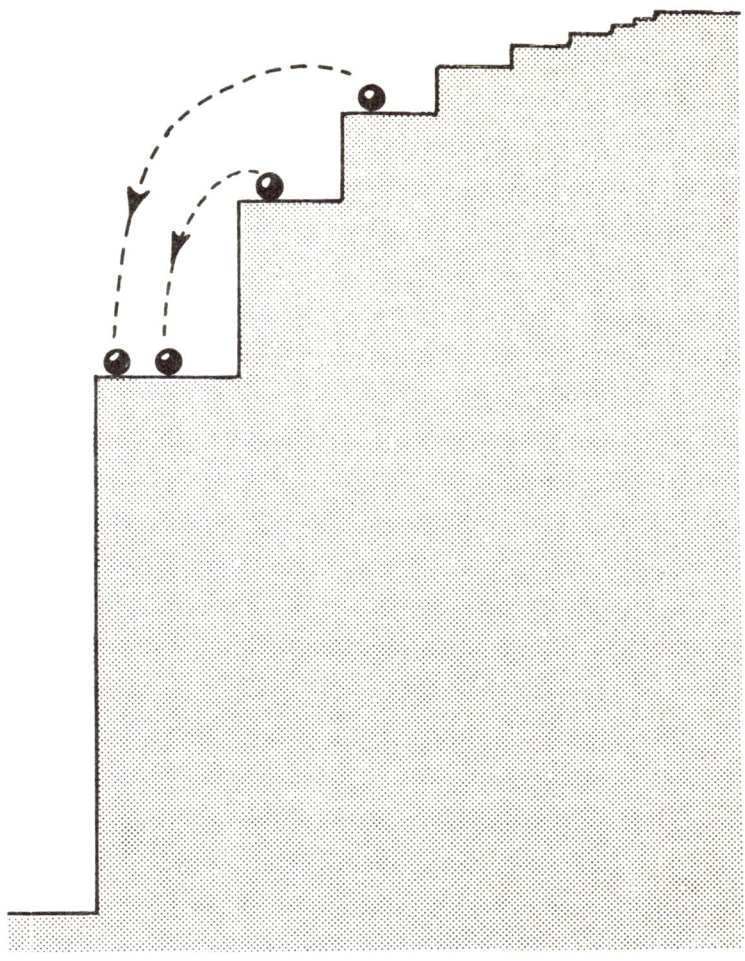

Abbildung 4.1 *Die Energieniveaus in einem einfachen Atom wie Wasser-stoff kann man mit einer Reihe von Stufen von unterschiedlicher Höhe vergleichen. Ein Ball auf verschiedenen Stufen stellt ein Elektron auf unter-schiedlichen Energieniveaus des Atoms dar. Wenn er auf eine tiefere Stufe fällt, wird ein bestimmter Energiebetrag freigesetzt, der beim Wasserstoff z. B. für die Linien der Balmer-Serie im Spektrum verantwortlich ist. Es gibt keine Zwischen-Linien, weil es keine Zwischen-»Stufen« gibt, auf de-nen das Elektron »verweilen« kann.*

Stufe dieser Treppe setzt voraus, daß ein Elektron genau die Energiemenge $h\,v$ aufnimmt, die erforderlich ist, um diese Stufe hinauf zu kommen; wenn das Elektron wieder auf die erste Stufe zurückfällt (den »Grundzustand« des Atoms), gibt es die gleiche Energiemenge wieder ab. Eine geringere Energiemenge kann ein Elektron im Grundzustand auf keinen Fall aufnehmen, weil es keine »Zwischenstufe« gibt, auf der es ausruhen kann, und ein Elektron auf der zweiten Stufe kann auf keinen Fall weniger als dieses Energiequantum abgeben, weil es außer in den Grundzustand nirgendwohin zurückspringen kann. Weil es viele Stufen gibt, auf denen das Elektron verweilen kann, und weil es von jeder Stufe zu jeder anderen Stufe hinauf- oder hinabspringen kann, weist das Spektrum des jeweiligen Elements viele Linien auf. Jede Linie entspricht einem Übergang zwischen Stufen, zwischen Energieniveaus mit unterschiedlichen Quantenzahlen. Alle Übergänge, die beispielsweise im Grundzustand enden, erzeugen eine Familie von Spektrallinien ähnlich der Balmer-Serie; alle Übergänge von höheren Stufen, die auf der zweiten Stufe enden, entsprechen einer anderen Familie von Linien und so weiter.[5] In einem heißen Gas prallen Atome ständig aufeinander, so daß die Elektronen zu hohen Energieniveaus angeregt werden und dann, wenn sie zurückfallen, helle Spektrallinien ausstrahlen. Wenn Licht durch ein kühles Gas wandert, werden die Elektronen im Grundzustand auf höhere Energien gebracht, absorbieren dabei Licht und hinterlassen im Spektrum dunkle Linien. Wenn das Bohrsche Atommodell überhaupt etwas bedeutete, dann mußte diese Erklärung der Energieabgabe heißer Atome mit dem Gesetz übereinstimmen. Das Spektrum der Hohlraumstrahlung konnte dann nichts anderes sein, als die zusammengefaßte Wirkung einer Vielzahl von Atomen, die Energie abgeben, während die Elektronen von einem Energieniveau auf das andere sprangen.

Einstein hatte 1916 seine Allgemeine Relativitätstheorie abgeschlossen und wandte sich erneut der Quantentheorie zu (verglichen mit der Arbeit an seinem Meisterwerk mag ihm das wie eine Erholung vorgekommen sein). Wahrscheinlich hatte ihn der Erfolg des Bohrschen Atommodells ermutigt, und außerdem begann sich zu dieser Zeit seine eigene Version der Korpuskulartheorie des Lichts endlich ein bißchen durchzusetzen. Robert Andrews Millikan, ein amerikanischer Physiker, war einer der entschiedensten Gegner von Einsteins Deutung des Photoeffekts gewesen, als diese Deutung im Jahre 1905 erstmals erschienen war. Im Laufe von zehn Jahren überprüfte er diese Idee immer wieder in einer Reihe von hervorragenden Experimenten, mit denen er Einstein anfangs widerlegen wollte, bis er 1914 schließlich einen direkten experimentellen Beweis dafür lieferte, daß Einsteins Erklärung des Fotoeffekts durch Lichtquanten oder Photonen richtig war. Dabei gewann er eine sehr genaue experimentelle Bestimmung des Wertes von h, und um das Maß der Ironie voll zu machen, erhielt er 1923 den Nobelpreis für diese Arbeit und seine Messung der Ladung des Elektrons.

Einstein erkannte, daß der Rückfall eines Atoms aus einem »angeregten« Energiezustand, bei dem ein Elektron auf einem hohen Energieniveau ist, in einen Zustand geringerer Energie, bei dem das Elektron auf einem niedrigeren Energieniveau ist, sehr große Ähnlichkeit mit dem radioaktiven Zerfall eines Atoms hatte. Die statistischen Verfahren, die Boltzmann entwickelt hatte (um das Verhalten von Ansammlungen von Atomen zu berechnen), wandte er auf einzelne Energiezustände an und berechnete so die Wahrscheinlichkeit, daß ein bestimmtes Atom sich in einem der Quantenzahl n entsprechenden Energiezustand befindet, und er benutzte die statistischen »Sterbetafeln« der Radioaktivität, um die Wahrscheinlichkeit zu berechnen, daß ein Atom im Zustand n in einen anderen Energiezustand mit geringerer Energie (also mit einer niedrigeren Quantenzahl) »zurückfallen« wird. Das alles führte auf klare und einfache Weise zu Plancks Formel für die Strahlung des schwarzen Körpers, und es war restlos aus quantentheoretischen Überlegungen abgeleitet. Bald konnte Bohr sich Einsteins statistische Überlegungen zu Nutze machen und sein Atommodell erweitern, indem er die Erklärung übernahm, daß einige Linien des Spektrums ausgeprägter sind als andere, weil einige Übergänge zwischen Energiezuständen wahrscheinlicher sind als andere. Warum das so war, konnte er nicht erklären, aber darüber machte sich damals niemand allzu großes Kopfzerbrechen.

Einstein war wie alle, die sich damals mit Radioaktivität befaßten, der Überzeugung, daß die Wahrscheinlichkeitstabellen nicht das letzte Wort seien und daß man durch weitere Forschungen herausfinden würde, *warum* ein bestimmter Übergang sich genau zu einem bestimmten Zeitpunkt, nicht aber zu einem anderen vollzog. In dieser Hinsicht begann sich jedoch die Quantentheorie von den klassischen Vorstellungen freizumachen, und es ist denn auch nie ein »tieferer Grund« dafür gefunden worden, daß ein radioaktiver Zerfall oder ein atomarer Energieübergang sich zu einem bestimmten Zeitpunkt vollzieht. Es hat tatsächlich den Anschein, als vollzögen sich diese Veränderungen ganz zufällig, auf einer statistischen Grundlage, und das wirft bereits fundamentale philosophische Fragen auf.

In der klassischen Welt hat alles seine Ursache. Man kann die Ursache eines Ereignisses zeitlich zurückverfolgen und die Ursache der Ursache finden, und weiter die Ursache dieser Ursache, bis zurück zum Urknall (falls man Kosmologe ist) oder, falls man das religiöse Modell vorzieht, bis zum Moment der Schöpfung. Eine solche direkte Kausalität beginnt jedoch in der Welt des Quants zu verschwinden, sobald wir den radioaktiven Zerfall und die atomaren Übergänge betrachten. Es ist nicht so, daß ein Elektron zu einem bestimmten Zeitpunkt aus einem bestimmten Grund von einem Energieniveau auf ein anderes übergeht. Ein niedrigeres Energieniveau ist für das Atom in einem statistischen Sinne wünschenswerter, und deshalb ist es ziemlich wahrscheinlich (die Wahrscheinlichkeit läßt sich sogar quantifizieren), daß das Elektron früher oder später diesen Übergang machen wird. Man kann jedoch nicht sagen, wann genau der Übergang stattfinden wird. Das Elektron wird von keiner äußeren Kraft angestoßen, und es gibt keine innere Uhr, die den Zeitpunkt des Sprungs festlegt. Es vollzieht sich einfach ohne besonderen Grund, eher jetzt als zu einem anderen Zeitpunkt.

Das stellt an sich noch keinen dramatischen Bruch mit der strengen Kausalität dar, aber im 19. Jahrhundert hätten sich viele Wissenschaftler bei diesem Gedanken geschüttelt; ich kann mir jedoch nicht vorstellen, daß ein Leser dieses Buches sich deswegen größere Sorgen macht. Dabei ist dies bloß die Spitze eines Eisbergs, der erste Anhaltspunkt, der darauf hindeutet, wie seltsam die Quantenwelt wirklich ist, und man sollte ihn beachten, auch wenn seine Bedeutung damals nicht richtig erkannt wurde. Dieser Hinweis kam im Jahre 1916, und zwar von Einstein.

Atomare Größenordnungen

Es wäre ermüdend, wenn wir hier alle Verbesserungen, die bis zum Jahre 1926 an Bohrs Atommodell vorgenommen wurden, im einzelnen aufzählen würden, und es wäre noch ermüdender, wenn wir erst danach enthüllen würden, daß diese tastende Suche nach der Wahrheit gleichwohl in die Irre ging. Das Bohrsche Atom hat jedoch in Lehrbüchern und allgemeinverständlichen Darstellungen eine so dominierende Stellung, daß es nicht ignoriert werden kann, und es ist ja auch fast das letzte Atommodell, das mit den Vorstellungen, die wir aus dem Alltag gewohnt sind, überhaupt noch irgend etwas zu tun hat. Es war gezeigt worden, daß das unteilbare Billardkugel-Atom der alten Griechen nicht bloß teilbar war, sondern zudem noch überwiegend aus leerem Raum bestand, in dem seltsame Teilchen sich seltsam verhielten. Bohr lieferte eine Deutung, die einige dieser seltsamen Vorgänge in einen Zusammenhang rückte, der etwas mit unseren Alltagserfahrungen zu tun hatte. In einer gewissen Hinsicht wäre es wohl besser, wenn wir alle gewohnten Vorstellungen aufgeben würden, bevor wir uns ganz in die Welt des Quantums stürzen, doch den meisten scheint wohler zu sein, wenn sie vor diesem Sprung eine Pause einlegen und das Bohrsche Modell betrachten. Wir legen deshalb auf dem halben Wege zwischen der klassischen Physik und der späteren Quantentheorie eine Atempause ein und ruhen uns eine Weile aus, bevor wir uns in unbekanntes Gebiet begeben. Dabei wollen wir aber nicht unsere Zeit und unsere Kraft damit vertun, alle Irrtümer und Halbwahrheiten nachzuzeichnen, aus denen sich bis zum Jahre 1926 das Bohrsche Modell des Atoms und seines Kerns wie ein Fleckerlteppich entwickelte; ich ziehe es vor, das Bohrsche Atom aus der heutigen Sicht zu beschreiben, die Vorstellungen Bohrs und seiner Kollegen in einer Art modernen Synthese zu schildern und dabei auch einige der Puzzleteile einzubeziehen, die in Wirklichkeit erst sehr viel später eingefügt wurden.

Atome sind sehr klein. Die Loschmidtsche (international: Avogadrosche) Zahl gibt die Anzahl der Wasserstoffatome an, die in einem Gramm dieses Gases enthalten sind. Wasserstoffgas gehört jedoch nicht zu den Dingen, mit denen wir aus dem Alltag vertraut sind, und um eine gewisse Vorstellung davon zu bekommen, wie klein Atome wirklich sind, stellen wir uns besser ein Stück Kohlenstoff vor, den wir in Form von Steinkohle, als Diamant oder als Ruß kennen. Da das einzelne Kohlenstoffatom zwölfmal so schwer ist wie ein Wasserstoffatom, wiegt die gleiche Zahl von Atomen, die beim Wasserstoff ein Gramm wiegt, beim Kohlenstoff zwölf Gramm. Das ist eine uns vertraute Größenordnung. In dieser Menge Kohlenstoff sind entsprechend der Avogadroschen Zahl 6×10^{23} Atome enthalten (eine 6, gefolgt von 23 Nullen). Wie können wir uns diese Zahl veranschaulichen? Bei großen Zahlen sagt man oft, sie seien »astronomisch«, und da viele astronomische Zahlen in der Tat groß sind, sollten wir versuchen, eine vergleichbar große Zahl in der Astronomie zu finden.

Das Alter des Universums beträgt nach Ansicht der Astronomen ungefähr 15 Milliarden Jahre, 15×10^9 Jahre. 10^{23} ist eindeutig sehr viel größer als 10^9. Wir können das Alter des Universums durch eine noch größere Zahl ausdrücken, indem wir die kleinste Zeiteinheit nehmen, mit der wir wahrscheinlich vertraut sind, die Sekunde. Das Jahr hat 365 Tage, der Tag 24 Stunden, die Stunde 3600 Sekunden. Ein Jahr zählt abgerundet 32 Millionen Sekunden, etwa 3×10^7 Sekunden. 15 Milliarden Jahre sind demnach 45×10^{16} Sekunden, nach der Regel, daß Zahlen wie 10^9 und 10^7 multipliziert werden, indem man die Exponenten addiert, so daß sich 10^{16} ergibt. Das Alter des Universums beträgt also, wiederum abgerundet, 5×10^{17} Sekunden.

Von 6×10^{23} ist das immer noch weit entfernt – um sechs Zehnerpotenzen. Man könnte meinen, das falle gar nicht ins Gewicht, wenn man schon mit dreiundzwanzig Zehnerpotenzen jongliert, aber was bedeutet es wirklich? Wenn wir 6×10^{23} durch 5×10^{17} teilen, indem wir die Exponenten subtrahieren, erhalten wir etwas mehr als 1×10^6, eine Million. Stellen wir uns vor, daß ein übernatürliches Wesen zuschaut, wie sich unser Universum seit dem Urknall der Schöpfung entwickelt. Dieses Wesen ist mit zwölf Gramm reinen Kohlenstoffs und einer so feinen Pinzette ausgestattet, daß es einzelne Kohlenstoffatome aus dem Haufen herauspicken kann. Mit dem Augenblick beginnend, als der Urknall einsetzte, aus dem unser Universum hervorgegangen ist, entnimmt das Wesen dem Haufen in jeder Sekunde ein Kohlenstoffatom und wirft es fort. Bis jetzt sind dann 5×10^{17} Atome beseitigt worden;

wie groß ist der verbleibende Anteil? Nach all dieser Aktivität, nach fünfzehn Milliarden Jahren stetiger Arbeit, hat das übernatürliche Wesen gerade *ein Millionstel* der Kohlenstoffatome beseitigt, und der verbleibende Haufen ist *immer noch* millionenmal größer als das, was weggenommen wurde.

Nun haben Sie vielleicht eine gewisse Vorstellung davon, wie klein ein Atom ist. Das Erstaunliche ist nicht, daß Bohrs Atommodell eine grobe Näherung ist oder daß die Regeln der Alltagsphysik nicht für Atome gelten. Das Phantastische ist, daß wir von Atomen überhaupt etwas verstehen und daß wir tatsächlich Wege finden, um die Kluft zwischen der klassischen Newtonschen Physik und der atomaren Quantenphysik zu überbrücken.

Soweit es überhaupt möglich ist, sich von etwas so Winzigem eine physikalische Vorstellung zu machen, sieht das Atom folgendermaßen aus. Ein winziger Kern im Zentrum ist, wie Rutherford gezeigt hat, von einer Hülle von Elektronen umgeben, die ihn wie Bienen umschwirren. Zunächst nahm man an, der Kern bestehe lediglich aus Protonen, die jeweils eine positive Ladung tragen, die genauso groß ist wie die negative Ladung eines Elektrons, so daß eine gleiche Anzahl von Protonen und Elektronen dafür sorgt, daß das Atom elektrisch neutral ist; später stellte sich heraus, daß es noch ein fundamentales atomares Teilchen gibt, das dem Proton sehr ähnlich ist, aber keine elektrische Ladung trägt. Es ist das Neutron, und außer der einfachsten Form von Wasserstoff enthalten die Kerne aller Atome sowohl Neutronen als auch Protonen. Tatsächlich ist aber im neutralen Atom die Anzahl der Protonen und der Elektronen gleich. Die Anzahl der Protonen im Kern entscheidet darüber, zu welchem Element ein Atom gehört; die Anzahl der Elektronen in der Hülle (sie ist genauso groß wie die Anzahl der Protonen) bestimmt das chemische Verhalten dieses Atoms und dieses Elements. Atome mit der gleichen Anzahl von Protonen und Elektronen können jedoch eine unterschiedliche Anzahl von Neutronen aufweisen, und daher gibt es von manchen chemischen Elementen verschiedene Abarten, die sogenannten Isotopen. Diese Bezeichnung, im Jahre 1913 von Soddy geprägt, stammt aus dem Griechischen und bedeutet »gleicher Platz«, weil man entdeckt hatte, daß Atome von unterschiedlichem Gewicht innerhalb des Systems der chemischen Eigenschaften, des periodischen Systems der Elemente, den gleichen Platz einnehmen konnten. Für diese Erforschung der Isotopen erhielt Soddy 1921 den Nobelpreis für Chemie.

Das einfachste Isotop des einfachsten Elements ist die am häufigsten vorkommende Form von Wasserstoff, bei der ein Proton von einem Elektron begleitet ist. Beim Deuterium besteht jedes Atom aus einem Proton und einem Neutron, begleitet von einem Elektron, doch das chemische Verhalten ist das gleiche wie beim gewöhnlichen Wasserstoff. Da Neutronen und Protonen etwa die gleiche Masse haben und beide jeweils etwa 2000mal so massiv sind wie ein Elektron, macht die Gesamtzahl der Protonen und Neutronen in einem Kern bis auf einen geringen Bruchteil die gesamte Masse des Atoms aus. Sie wird gewöhnlich durch die Zahl A, das Atomgewicht oder die sogenannte Massenzahl, ausgedrückt. Die Zahl der Protonen im Kern, von der die Eigenschaften des Elements abhängen, bezeichnet man als Ordnungszahl oder Kernladungszahl Z. Die Einheit, in der das Atomgewicht oder die Masse gemessen wird, ist logischerweise die atomare Masseneinheit und sie ist definiert als ein Zwölftel der Masse jenes Kohlenstoffisotops, das im Kern sechs Neutronen und sechs Protonen enthält. Dieses Isotop heißt Kohlenstoff-12 oder kurz ^{12}C; andere Isotopen sind ^{13}C und ^{14}C, die im Kern sieben beziehungsweise acht Neutronen enthalten.

Je massiver ein Kern ist (je mehr Protonen er enthält), um so größer ist die Vielfalt der Isotopen. Zinn beispielsweise hat im Kern fünfzig Protonen ($Z = 50$) und zehn stabile Isotopen mit Atomgewichten zwischen $A = 112$ (62 Neutronen) und $A = 124$ (74 Neutronen). Stabile Kerne weisen (mit Ausnahme des einfachsten Wasserstoffatoms) immer mindestens ebensoviele Neutronen wie Protonen auf; die neutralen Neutronen helfen die positiven Protonen, die eine Tendenz haben, einander abzustoßen, zusammenzuhalten. Radioaktivität ist eine Erscheinung von instabilen Isotopen, die sich in eine stabile Form verwandeln und dabei Strahlung aussenden. Ein Beta-Strahl ist ein Elektron, das ausgestoßen wird, wenn ein Neutron sich in ein Proton verwandelt; ein Alpha-Teilchen ist ein eigenständiger Atomkern aus zwei Protonen und zwei Neutronen (der Kern von Helium-4), der ausgestoßen wird, wenn ein instabiler Kern seinen inneren Aufbau korri-

giert; sehr massive instabile Kerne spalten sich (unter Neutronen-
beschuß) in dem mittlerweile gut erforschten Prozeß der Kern-
oder Atomspaltung in zwei oder mehr leichtere, stabile Kerne auf,
wobei aus dem Gebräu außerdem Alpha- und Beta-Teilchen hervorgehen. Das alles vollzieht sich in einem Volumen, das fast unvorstellbar kleiner ist als die bereits unvorstellbar kleine Größe
des Atoms selbst. Ein durchschnittliches Atom hat einen Durchmesser von etwa 10^{-10} m; der Kern ist mit einem Radius von
10^{-15} m wiederum 10^5 mal kleiner als das Atom. Da das Volumen
der Radius hoch drei ist, müssen wir den Exponenten mit drei
multiplizieren, und so ergibt sich, daß das Volumen des Kerns
10^{15} mal kleiner ist als das Volumen des Atoms.

Erklärung des chemischen Verhaltens

Die Elektronenhülle bildet die Außenfläche des Atoms, durch die
es in Wechselwirkung mit anderen Atomen tritt. Was so tief im
Inneren der Elektronenwolke begraben ist, ist weitgehend bedeutungslos – was ein anderes Atom »sieht« oder »fühlt«, sind die
Elektronen selbst, und es sind die Wechselwirkungen zwischen den
Elektronenhüllen, die das chemische Verhalten bestimmen. Dadurch, daß es die allgemeinen Eigenschaften der Elektronenhülle
erklärte, stellte das Bohrsche Atommodell die Chemie auf eine
wissenschaftliche Grundlage. Es war den Chemikern bereits bekannt, daß einige Elemente einander in ihren chemischen Eigenschaften sehr ähnlich sind, obwohl sie ein unterschiedliches Atomgewicht hatten. Wenn man die Elemente nach ihrem Atomgewicht
(und zumal unter Berücksichtigung der verschiedenen Isotopen) in
einer Tabelle anordnet, ergeben sich zwischen diesen ähnlichen
Elementen regelmäßige Intervalle, so daß z. B. für jeweils acht
Elemente mit aufeinander folgender Ordnungs- oder Kernladungszahl ein regelmäßig wiederkehrendes Muster entsteht. Deshalb heißt die Tabelle, in der die Elemente nach ähnlichen Eigenschaften zusammengefaßt sind, auch »Periodisches System«.

Im Juni 1922 kam Bohr für eine Reihe von Vorträgen über
Quantentheorie und Atombau an die Universität Göttingen. Göttingen war damals im Begriff, unter der Leitung von James Franck

und Max Born (der 1921 zum Professor für theoretische Physik berufen worden war) eines der drei führenden Zentren zu werden, an denen man die Quantenmechanik bis zur Vollständigkeit entwickelte. Born war 1882 als Sohn eines Anatomieprofessors der Universität Breslau geboren, und in den ersten Jahren des 20. Jahrhunderts, als Plancks Ideen erstmals auf sich aufmerksam machten, war er Student. Zunächst studierte er Mathematik, und erst nachdem er 1906 seinen Doktortitel erlangt hatte, wandte er sich der Physik zu (und arbeitete eine Zeitlang am Cavendish-Laboratorium). Das erwies sich, wie wir noch sehen werden, als eine ideale Vorbildung für die kommenden Jahre. Born war mit der Relativitätstheorie vertraut, und seine Arbeiten zeichneten sich durch mathematische Strenge aus – in auffälligem Gegensatz zu den zusammengeflickten theoretischen Gebäuden Bohrs, die sich zwar auf brillante Einsichten und physikalische Intuition stützten, doch anderen oft Schwierigkeiten bereiteten, den mathematischen Details zu folgen. Für das neue Verständnis des Atoms hatten beide Arten genialer Begabung wesentliche Bedeutung.

Bohrs Vorträge im Juni 1922 waren ein großes Ereignis für die Erneuerung der deutschen Physik nach dem Krieg und auch in der Geschichte der Quantentheorie. Wissenschaftler aus ganz Deutschland wohnten ihnen bei, und man nannte sie (mit einer Anspielung auf die berühmten »Händel-Festspiele« in Göttingen) »Bohr-Festspiele«. In diesen Vorträgen präsentierte Bohr, nachdem er den Boden dafür sorgfältig vorbereitet hatte, die erste Theorie, die das periodische System der Elemente zu erklären vermochte, eine theoretische Erklärung, die praktisch unverändert bis heute Bestand hat. Bohrs Idee beruht auf der Vorstellung, daß dem Kern des Atoms immer mehr Elektronen hinzugefügt werden. Unabhängig von der Ordnungszahl des Kerns würde das erste Elektron einen Energiezustand annehmen, der dem Grundzustand des Wasserstoffs entspricht. Das nächste Elektron würde einen ähnlichen Energiezustand annehmen und ein ähnliches äußeres Erscheinungsbild ergeben wie das Helium-Atom, das zwei Elektronen besitzt. Für weitere Elektronen würde jedoch, wie Bohr sagte, auf diesem Niveau kein Platz mehr sein, und wenn man nun das nächste Elektron hinzufügte, würde es einen anderen Energiezustand annehmen müssen. Bei einem Atom, das im Kern drei Protonen und außerhalb des Kerns drei Elektronen aufweist, müßten daher zwei der Elektronen enger an den Kern gebunden sein, und eins würde übrigbleiben; es müßte sich chemisch ähnlich wie ein Atom mit einem Elektron (Wasserstoff) verhalten. Das Element mit der Ordnungszahl $Z = 3$ ist Lithium, und tatsächlich zeigt Lithium eine gewisse Ähnlichkeit mit Wasserstoff. Das nächste Element im periodischen System, das ähnliche Eigenschaften wie Lithium hat, ist Natrium, das mit der Ordnungszahl $Z = 11$ acht Stellen hinter Lithium kommt. Es müsse daher, so Bohr, unter den Energieniveaus außerhalb der beiden inneren Elektronen acht freie Plätze geben, und wenn man diese fortlaufend mit Elektronen besetzte, müßte das elfte wiederum einen anderen Energiezustand annehmen, der noch weniger eng an den Kern gebunden wäre, und wiederum den Anschein eines Atoms erwecken, das nur ein Elektron besitzt.

Diese Energiezustände nennt man »Schalen«, und Bohrs Erklärung des periodischen Systems verlangte, daß diese Schalen mit zunehmender Ordnungszahl nach und nach mit Elektronen aufgefüllt werden. Man kann sich diese Schalen wie übereinanderliegende Zwiebelschalen vorstellen; für das chemische Verhalten kommt es auf die Anzahl der Elektronen in der äußersten Atomschale an. Was weiter innen vor sich geht, ist für die Wechselwirkung des Atoms mit anderen Atomen von untergeordneter Bedeutung.

Bohr ging die einzelnen Elektronenschalen von innen nach außen durch, bezog alle Erkenntnisse der Spektroskopie ein und erklärte so die Beziehungen zwischen den Elementen des periodischen Systems durch den Atomaufbau. Er hatte keine Ahnung, warum eine Schale mit acht Elektronen voll (»geschlossen«) war, doch für seine Zuhörer bestand kein Zweifel mehr, daß er die wesentliche Wahrheit entdeckt hatte. Heisenberg sagte später, daß Bohr »nichts mathematisch bewiesen hatte . . . Er wußte einfach, daß dies mehr oder weniger der Zusammenhang war.«[6] Einstein bemerkte in seinen »autobiographischen Notizen« 1949 zum Gelingen von Bohrs auf der Quantentheorie beruhender Arbeit: »Daß diese schwankende und widerspruchsvolle Grundlage hinreichte, um einen Mann mit dem einzigartigen Instinkt und Feingefühl Bohrs in den Stand zu setzen, die hauptsächlichen Gesetze

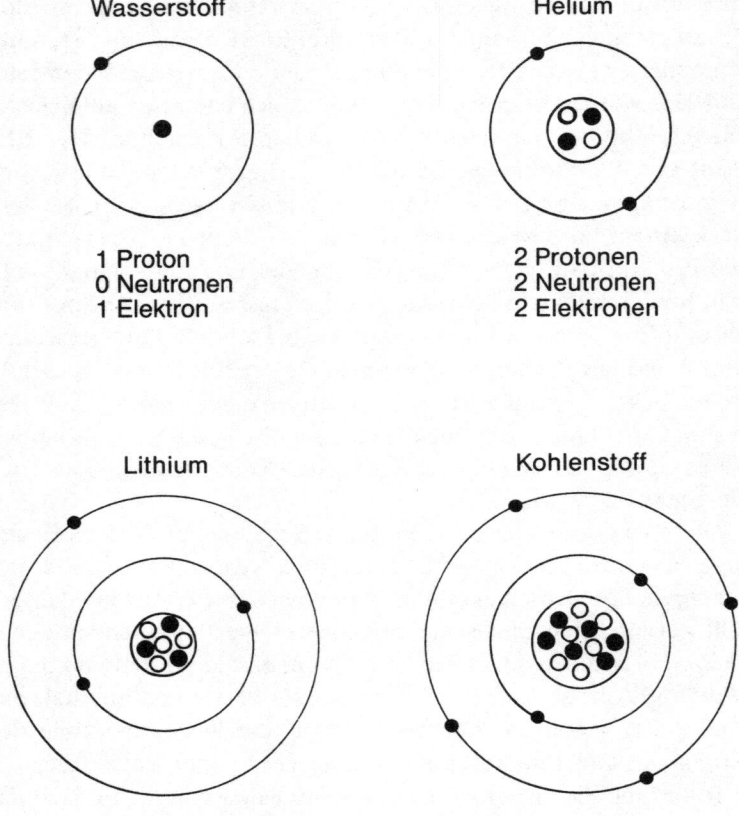

Wasserstoff

1 Proton
0 Neutronen
1 Elektron

Helium

2 Protonen
2 Neutronen
2 Elektronen

Lithium

3 Protonen
4 Neutronen
3 Elektronen

Kohlenstoff

6 Protonen
6 Neutronen
6 Elektronen

Abbildung 4.2 *Die Atome einiger der einfachsten Elemente lassen sich für viele Zwecke darstellen als ein Kern, der auf Schalen, die den Stufen der Energieniveau-Treppe entsprechen, von Elektronen umgeben ist. Die Quantenregeln lassen auf der untersten Stufe nur zwei Elektronen zu, und so muß Lithium, das drei Elektronen hat, eines auf die nächste Stufe der Energieleiter setzen. Diese zweite Schale hat »Raum« für acht Elektronen, und daher hat Kohlenstoff eine Schale, die genau zur Hälfte besetzt ist; das ist der Grund für seine interessanten chemischen Eigenschaften als Grundstoff des Lebens.*

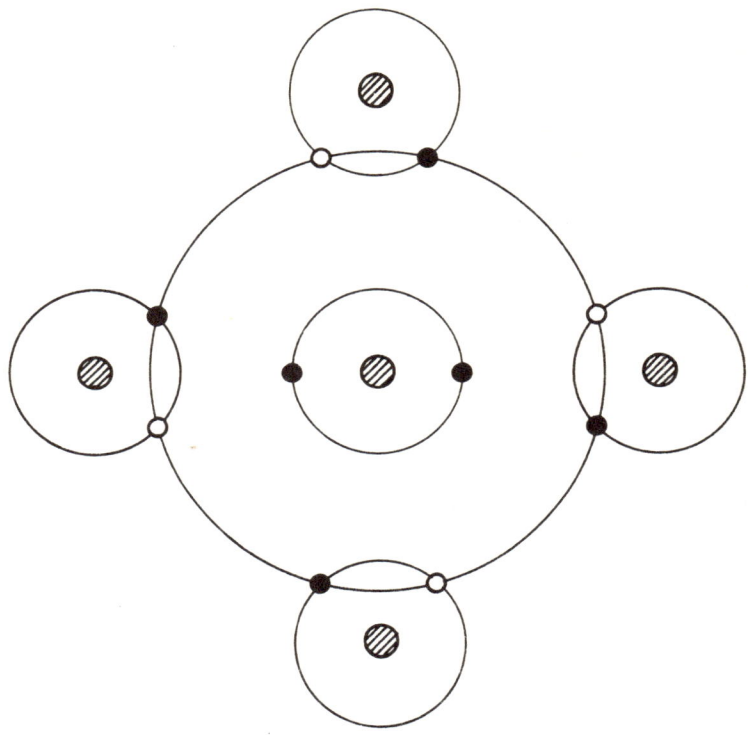

Abbildung 4.3 *Wenn sich ein Kohlenstoffatom mit vier Wasserstoffatomen verbindet, werden die Elektronen in der Weise zum gemeinsamen Besitz, daß die Wasserstoffatome die Illusion haben, eine (mit zwei Elektronen) vollständig besetzte innerste Schale zu besitzen, und das Kohlenstoffatom in seiner zweiten Schale acht Elektronen »wahrnimmt«. Dies ist eine sehr stabile Konfiguration.*

der Spektrallinien und der Elektronenhüllen der Atome nebst deren Bedeutung für die Chemie aufzufinden, erschien mir wie ein Wunder – und erscheint mir auch heute noch als ein Wunder. Dies ist höchste Musikalität auf dem Gebiete des Gedankens.«[7]

Die Chemie beschäftigt sich damit, wie Atome reagieren und sich zu Molekülen verbinden. Warum reagiert Kohlenstoff mit Wasserstoff in der Weise, daß vier Atome Wasserstoff sich mit einem Kohlenstoffatom zu einem Molekül Methan verbinden? Wie kommt es, daß Wasserstoff in Form von Molekülen aus je zwei

Atomen auftritt, Helium-Atome aber keine Moleküle bilden? Auf diese und ähnliche Fragen gab das Schalenmodell eine verblüffend einfache Antwort. Das Wasserstoff-Atom hat ein Elektron, Helium dagegen zwei. Die »innerste« Schale wäre voll, wenn sie zwei Elektronen enthielte, und (aus einem unbekannten Grund) sind gefüllte Schalen stabiler – Atome »haben lieber« gefüllte Schalen. Wenn sich zwei Wasserstoffatome zu einem Molekül verbinden, teilen sie sich ihre beiden Elektronen in der Weise, daß jedes den Vorzug einer geschlossenen Schale genießt. Helium, das bereits eine volle Schale hat, ist an einem solchen Vorschlag nicht interessiert und verschmäht es, chemisch mit irgend etwas anderem zu reagieren.

Kohlenstoff hat im Kern sechs Protonen und außen sechs Elektronen. Zwei davon befinden sich auf der inneren, geschlossenen Schale, so daß vier auf der nächsten Schale liegen, die halb leer ist. Vier Wasserstoffatome können Anspruch erheben, sich in jeweils eines der vier äußeren Kohlenstoffelektronen zu teilen, und bringen ihr eigenes Elektron in das Geschäft ein. Am Ende hat jedes Wasserstoffatom eine scheinbar geschlossene Schale aus zwei inneren Elektronen, jedes Kohlenstoffatom eine scheinbar geschlossene zweite Schale aus acht Elektronen.

Atome verbinden sich, wie Bohr sagte, möglichst eng, um eine geschlossene äußere Schale zu bilden. In manchen Fällen, so beim Wasserstoffmolekül, stellt man sich das am besten so vor, daß zwei Kerne sich in ein Elektronenpaar teilen; in anderen Fällen stellt man sich beser vor, daß ein Atom, das in seiner äußeren Schale ein überzähliges Elektron hat (etwa Natrium), dieses Elektron an ein Atom abgibt, dessen äußere Schale sieben Elektronen und eine Leerstelle aufweist (in diesem Falle könnte es Chlor sein). Jedes Atom ist zufrieden: Das Natrium verliert ein Elektron, dafür wird aber eine tiefere, jedoch gefüllte Schale »sichtbar«, und das Chlor, das ein Elektron hinzugewinnt, füllt seine äußere Schale auf. Im Endergebnis ist jedoch das Natriumatom durch den Verlust einer negativen Ladungseinheit zu einem positiv geladenen Ion geworden, während das Chloratom zu einem negativen Ion geworden ist. Da entgegengesetzte Ladungen sich anziehen, kleben die beiden zusammen und bilden ein elektronisch neutrales Molekül von Natriumchlorid, gewöhnliches Kochsalz.

Auf diese Weise kann man alle chemischen Reaktionen erklären: Die Atome, darum bemüht, die Stabilität von gefüllten Elektronenschalen zu erreichen, teilen Elektronen miteinander oder tauschen sie aus. Die Übergänge der äußeren Elektronen in einen anderen Energiezustand liefern die charakteristischen Spektrallinien, an denen jedes Element wie an einem Fingerabdruck zu erkennen ist, doch die Energieübergänge auf tieferen Schalen (bei denen es daher um sehr viel mehr Energie geht, im Röntgenbereich des Spektrums) müßten bei allen Elementen gleich sein, und so ist es in der Tat. Wie alle gut bewährten Theorien wurde Bohrs Modell durch eine erfolgreiche Vorhersage bestätigt. Im periodischen System der Elemente gab es auch 1922 noch einige Lücken, die den unentdeckten Elementen mit den Ordnungszahlen 43, 61, 72, 75, 85 und 87 entsprachen. Bohrs Modell sagte voraus, welche Eigenschaften diese »fehlenden« Elemente im einzelnen haben würden, und deutete insbesondere an, daß Element 72 ähnliche Eigenschaften haben müßte wie Zirkonium, eine Vorhersage, die im Widerspruch zu Aussagen stand, die man auf der Grundlage anderer Atommodelle gemacht hatte. Innerhalb eines halben Jah-

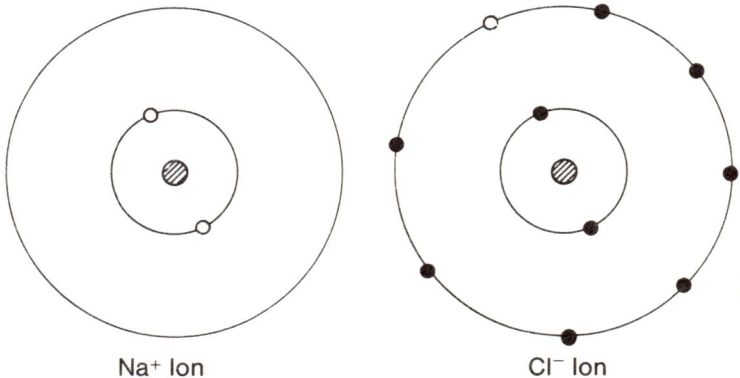

Na⁺ Ion   Cl⁻ Ion

Abbildung 4.4 *Ein Natriumatom erreicht, indem es sein einsames äußeres Elektron abgibt, eine wünschenswerte quantenmechanische Konfiguration und behält eine positive Ladung zurück. Durch Aufnahme eines zusätzlichen Elektrons füllt Chlor seine äußere Schale zu acht Elektronen auf und gewinnt eine negative Ladung. Elektrostatische Kräfte halten danach die geladenen Ionen zusammen, so daß sie Moleküle und Kristalle des Kochsalzes (NaCl) bilden.*

res kam die Bestätigung mit der Entdeckung des Elements 72, Hafnium, das, wie sich zeigte, Spektraleigenschaften besaß, die genau mit den von Bohr vorhergesagten übereinstimmten. Dies war der Höhepunkt der alten Quantentheorie, die dann binnen drei Jahren hinweggefegt wurde. Was jedoch die Chemie anbelangt, braucht man nur wenig mehr als die Vorstellung, daß Elektronen als winzige Teilchen auf Schalen, die »am liebsten« voll (oder leer, aber vorzugsweise nichts dazwischen) wären, die Atomkerne umkreisen.[8] Und wenn man an der Physik der Gase interessiert ist, braucht man nur wenig mehr als die Vorstellung, daß Atome harte, unzerstörbare Billardkugeln sind. Wenn es um alltägliche Probleme geht, wird die Physik des 19. Jahrhunderts ausreichen, bei chemischen Problemen wird man in der Regel mit der Physik des Jahres 1923 auskommen, und mit der Physik der 30er Jahre kommen wir etwa so weit, wie Menschen auf der Suche nach letzten Wahrheiten bis jetzt gegangen sind. In fünfzig Jahren hat es keinen großen Durchbruch gegeben, der mit der Quantenrevolution vergleichbar wäre, und in dieser ganzen Zeit war der Rest der Naturwissenschaft damit beschäftigt, die Erkenntnisse einer Handvoll genialer Männer aufzuarbeiten. Diese Aufholperiode ging zu Ende, als Anfang der 80er Jahre in Paris von Aspect der erste direkte experimentelle Beweis geliefert wurde, daß noch die seltsamsten Aspekte der Quantenmechanik eine wörtlich zu nehmende Beschreibung des Geschehens in der realen Welt sind. Jetzt sind wir so weit, daß wir entdecken, wie seltsam die Welt der Quanten wirklich ist.

Zweiter Teil
Die Quantenmechanik

*»Wissenschaft, das ist entweder
Physik oder Briefmarkensammeln.«*

ERNEST RUTHERFORD
1871–1937

5. Kapitel: Photonen und Elektronen

Planck und Bohr hatten wohl den Weg aufgezeigt, der zu einer von der klassischen Mechanik abweichenden Physik des sehr Kleinen führt, doch die Quantentheorie, wie wir sie heute kennen, begann eigentlich erst, als man Einsteins Auffassung vom Lichtquant akzeptierte und einsah, daß das Licht *sowohl* im Sinne von Teilchen *als auch* von Wellen beschrieben werden mußte. Zwar hatte Einstein die Lichtquanten schon in seinem Aufsatz von 1905 über den Photoeffekt eingeführt, doch erst 1923 fand diese Idee größere Anerkennung. Einstein selbst hielt sich zurück, denn er war sich der revolutionären Folgerungen aus seiner Arbeit wohl bewußt, und 1911 erklärte er den Teilnehmern des ersten Solvay-Kongresses: »Ich betone den provisorischen Charakter dieses Konzepts, das offenbar mit den experimentell verifizierten Folgen der Wellentheorie unvereinbar ist.«[1]

Millikan hat zwar schon 1915 bewiesen, daß Einsteins Gleichung für den Photoeffekt stimmte, aber es schien dennoch unzumutbar zu sein, die Realität von Lichtteilchen anzuerkennen, und im Rückblick auf seine damalige Überprüfung dieser Gleichung sagte Millikan in den vierziger Jahren: »Ich war gezwungen, 1915 festzustellen, daß sie trotz ihrer Unzumutbarkeit eindeutig verifiziert worden war . . . sie schien gegen alles zu verstoßen, was wir über die Interferenz von Licht wußten.« 1915 hatte er sich deutlicher ausgedrückt. Nachdem er ausgeführt hatte, daß Einsteins Gleichung für den Photoeffekt experimentell verifiziert worden sei, fuhr er fort: »Die semikorpuskulare Theorie, durch die Einstein zu dieser Gleichung gelangte, scheint gegenwärtig vollkommen unhaltbar zu sein.« Dies wurde, wie gesagt, 1915 geschrieben; 1918 bemerkte Rutherford, daß es für den Zusammenhang zwischen Energie und Frequenz, den Einstein 13 Jahre zuvor mit seiner Hypothese von den Lichtquanten erklärt hatte,»keine physikalische Erklärung« zu geben scheine. Nicht, daß Rutherford Einsteins Vorschlag nicht gekannt hätte; er hatte ihn einfach nicht überzeugt. Schließlich ergaben alle Experimente, mit denen die Wellentheorie des Lichts überprüft werden sollte, daß Licht aus Wellen bestand, und wie könnte es da aus Teilchen bestehen?[2]

Lichtteilchen

Im Jahre 1909, etwa zu der Zeit, als er seine Stelle im Patentamt aufgab und seine erste akademische Stelle als Dozent in Zürich antrat, machte Einstein einen kleinen, aber bedeutsamen Schritt vorwärts, indem er erstmals von »sehr wenig ausgedehnten Komplexen von der Energie $h\nu$« sprach. In der klassischen Mechanik werden Teilchen wie die Elektronen durch »punktförmige« Objekte dargestellt, und das ist himmelweit entfernt von einer Beschreibung im Sinne von Wellen, mal abgesehen davon, daß die Frequenz der Strahlung, ν, uns etwas über die Energie sagt. »Deshalb ist es meine Meinung«, sagte Einstein 1909, »daß die nächste Phase der Entwicklung der theoretischen Physik uns eine Theorie des Lichts bringen wird, welche sich als eine Art Verschmelzung von Undulations- und Emissionstheorie des Lichtes auffassen läßt.«

Diese Bemerkung, von der man damals kaum Notiz nahm, trifft den Kern der modernen Quantentheorie. In den späteren zwanziger Jahren gab Bohr dieser neuen Grundlage der Physik im »Komplementaritätsprinzip« Ausdruck, nach dem die Wellen- und Teilchentheorie des (in diesem Falle) Lichts einander nicht ausschließen, sondern komplementär sind. Für eine vollständige Beschreibung bedarf es *beider* Konzepte, und das wird unübersehbar deutlich in der Notwendigkeit, die Energie des Licht»teilchens« an seiner Frequenz oder Wellenlänge zu messen.

Einstein ließ es jedoch bei diesen Bemerkungen bewenden, denn anschließend wandte er sich der Entwicklung seiner Allgemeinen Relativitätstheorie zu. Als er sich im Jahre 1916 erneut in die quantentheoretische Auseinandersetzung einschaltete, geschah es von einem anderen Denkansatz aus. Wie wir gesehen haben, hatten seine statistischen Überlegungen dazu beigetragen, das Bild des Bohrschen Atoms zu klären und Plancks Beschreibung der Strahlung eines schwarzen Körpers zu verbessern. Durch seine Berechnungen der Aufnahme oder Abgabe von Strahlung durch Materie wurde auch geklärt, wie der Impuls von der Strahlung auf die Materie übertragen wird, vorausgesetzt, jedes Strahlungsquant hv trägt einen Impuls hv/c. Einstein griff dabei auf einen anderen von den drei großen Aufsätzen aus dem Jahre 1905 zurück, den über die Brownsche Bewegung. Nicht nur Pollenkörner werden von den Atomen eines Gases oder einer Flüssigkeit umhergestoßen, so daß ihre Bewegung einen Beweis für die Realität der Atome darstellt, sondern auch die Atome selbst werden von den »Teilchen« der schwarzen Strahlung umhergestoßen. Diese »Brownsche Bewegung« der Atome und Moleküle konnte nicht direkt beobachtet werden, aber das Stoßen ruft statistische Effekte hervor, die an solchen Eigenschaften wie dem Druck eines Gases gemessen werden konnten. Die statistischen Effekte waren es, was Einstein mit Hilfe von impulsgeladenen Teilchen der schwarzen Strahlung erklärte.

Der Ausdruck für den Impuls eines Licht»teilchens« läßt sich jedoch sehr einfach direkt aus der speziellen Relativitätstheorie herleiten. Der Zusammenhang zwischen der Energie (E), dem Impuls (p) und der Ruhemasse (m) eines Teilchens ergibt sich in der Relativitätstheorie aus der einfachen Gleichung

$$E^2 = m^2c^4 + p^2c^2$$

Da das Lichtteilchen keine Ruhemasse hat, reduziert sich diese Gleichung ganz schnell auf

$$E^2 = p^2c^2$$

oder einfach $p = E/c$. Man wird vielleicht überrascht sein, daß Einstein so lange gebraucht hat, um das herauszufinden, aber schließlich hatten ihn damals andere Dinge beschäftigt, beispielsweise die allgemeine Relativitätstheorie. Nachdem er jedoch den Zusammenhang hergestellt hatte, wurde die Sache durch die Übereinstimmung zwischen den statistischen Argumenten und der Relativitätstheorie sehr viel überzeugender. (Man kann auch umgekehrt argumentieren: Da die Statistik zeigt, daß $p = E/c$ ist, ergibt sich dann aus den relativistischen Gleichungen, daß das Lichtteilchen keine Ruhemasse hat.)

Es war diese Arbeit, die Einstein selbst zu der Überzeugung kommen ließ, daß Lichtquanten real seien. Die Bezeichnung »Photon« für das Lichtteilchen wurde erst 1926 (von Gilbert Lewis in Berkeley, Kalifornien) eingeführt, und in die Sprache der Wissenschaft ging sie erst nach dem fünften Solvay-Kongreß ein, der 1927 unter dem Thema »Elektronen und Photonen« stattfand. 1917 war Einstein zwar der einzige gewesen, der an die Realität dessen, was wir heute Photonen nennen, glaubte, doch ist es jetzt wohl angebracht, diese Bezeichnung hier einzuführen. Erst nach weiteren sechs Jahren erzielte der amerikanische Physiker Arthur Compton einen unanfechtbaren, direkten experimentellen Beweis für die Realität der Photonen.

Compton hatte seit 1913 mit Röntgenstrahlen gearbeitet. Er wirkte an verschiedenen amerikanischen Universitäten und war auch Gast am Cavendish Laboratorium in England. Eine Reihe von Experimenten in den frühen zwanziger Jahren brachte ihn zu dem unausweichlichen Schluß, daß die Wechselwirkung zwischen Röntgenstrahlung und Elektronen nur erklärt werden konnte, wenn man die Röntgenstrahlen in gewisser Hinsicht als Teilchen auffaßte, als Photonen. Bei den entscheidenden Experimenten ging es um die Streuung der Röntgenstrahlung am Elektron oder – im Sinne der Teilchenauffassung – um die Wechselwirkung zwischen Photon und Elektron bei einem Zusammenprall. Wenn ein Röntgen-Photon auf ein Elektron trifft, nimmt das Elektron Energie und Impuls auf und fliegt unter einem Winkel fort. Das Photon verliert seinerseits Energie und Impuls und fliegt unter einem anderen Winkel fort, der sich aus den einfachen Gesetzen der Teilchenphysik errechnen läßt. Der Zusammenstoß gleicht der Einwirkung einer sich bewegenden Billardkugel auf eine ruhende Kugel, und in der gleichen Weise vollzieht sich die Übertragung des Impulses. Beim Photon bedeutet der Energieverlust jedoch, daß sich die Frequenz der Strahlung ändert, und zwar um den Betrag hv, der an das Elektron abgegeben wird. Um dieses Ergebnis vollständig zu erklären, bedarf es beider Beschreibungen – im Sinne des Teilchens und im Sinne der Welle. Compton stellte bei seinen Experimenten fest, daß die Wechselwirkung genau der Beschreibung im Sinne von Teilchen entsprach: Die Streuwinkel, die Veränderung der Wellenlänge und der Rückstoß des Elektrons – das alles paßte vollkommen mit der Vorstellung zusammen, daß Röntgenstrahlen in Gestalt von Teilchen mit der Energie *hv* auftreten. Diesen Prozeß bezeichnet man heute als Comptoneffekt, und 1927 erhielt Compton für diese Forschung den Nobelpreis.[3] Seit 1923 war die Realität von Photonen im Sinne von Teilchen, die sowohl Energie als auch Impuls tragen, zweifelsfrei erwiesen. (Eine Zeitlang bemühte Bohr sich noch heftig um eine andere Erklärung für den Comptoneffekt; ihm leuchtete nicht sofort ein, daß man für eine befriedigende Theorie des Lichts sowohl die Teilchen- als auch die Wellenbeschreibung brauchte, und er sah in der Teilchentheorie eine Konkurrenz der Wellentheorie, die er in sein Atommodell einbezogen hatte). Alle Beweise, die für die Wellennatur des Lichts sprachen, blieben davon allerdings unberührt. Wie Einstein im Jahre 1924 sagte, »gibt es jetzt also zwei Theorien des Lichts, die beide unverzichtbar sind . . . ohne eine logische Verknüpfung«.

Die Verknüpfung zwischen diesen beiden Theorien bildete die Grundlage für die Entwicklung der Quantenmechanik in den nächsten, sehr turbulenten Jahren. An vielen verschiedenen Fronten wurden gleichzeitig Fortschritte erzielt, und die neuen Ideen und Entdeckungen stellten sich nicht säuberlich geordnet in der Reihenfolge ein, in der man sie für den Aufbau der neuen Physik benötigt hätte. Um eine verständliche Schilderung zu geben, muß ich die Vorgänge geordneter darstellen, als die Wissenschaft zu jener Zeit war, und das läßt sich dadurch erreichen, daß ich zunächst die einschlägigen Begriffe erläutere, ehe ich die Quantenmechanik selbst beschreibe, auch wenn es sich in Wirklichkeit so verhielt, daß man zunächst begann, die Theorie der Quantenmechanik zu entwickeln, noch ehe man einige dieser Begriffe verstanden hatte. Man hatte noch nicht einmal die vollen Konsequenzen des Teilchen-Welle-Dualismus erkannt, als die Quantenmechanik Gestalt anzunehmen begann, doch in einer logischen Darstellung der Quantentheorie muß auf die Entdeckung der Doppelnatur des Lichts als nächster Schritt die Entdeckung der Doppelnatur der Materie folgen.

Die Entdeckung ging auf eine Anregung des französischen Adligen Louis de Broglie zurück. Es klingt so einfach, aber es traf den Kern der Sache. »Wenn Lichtwellen sich auch wie Teilchen verhalten«, mag de Broglie sich gedacht haben, »warum sollten dann Elektronen sich nicht auch wie Wellen verhalten?« Hätte er es bei dieser Überlegung bewenden lassen, dann würden wir ihn natürlich nicht als einen Begründer der Quantentheorie kennen, und er hätte auch nicht 1929 den Nobelpreis erhalten. Als müßige Spekulation war die Überlegung nicht viel wert, denn ähnliche Spekulationen waren über Röntgenstrahlen schon lange vor Comptons Experimenten geäußert worden; der große Physiker (und ebenfalls Nobelpreisträger) W. H. Bragg hatte schon 1912 über den damaligen Stand der Physik der Röntgenstrahlen gesagt: »Das Problem wird, wie mir scheint, nicht darin bestehen, zwischen zwei Theorien der Röntgenstrahlen zu entscheiden, sondern . . . eine Theorie zu finden, welche die Fähigkeiten beider aufweist.«[4] Die große Leistung de Broglies bestand darin, daß er die Idee des Teilchen-Welle-Dualismus aufgegriffen und mathematisch durchgeführt hat, daß er beschrieb, wie »Materiewellen« sich verhalten müßten, und daß er Möglichkeiten nannte, wie man sie eventuell beobachten könnte. Als relativ junges Mitglied in der Gemeinschaft der theoretischen Physiker hatte de Broglie einen großen Vorteil, denn sein älterer Bruder Maurice, ein angesehener Experimentalphysiker, lenkte ihn auf die Entdeckungen hin. Louis de Broglie hat später erklärt, Maurice habe ihm gegenüber in Gesprächen nachdrücklich »die Bedeutung und unleugbare Realität der dualistischen Aspekte von Teilchen und Welle« betont. Die Zeit war einfach reif für diese Idee, und Louis de Broglie hatte das Glück, daß er mit dabei war, als eine konzeptionell einfache Intuition noch imstande war, die theoretische Physik tiefgreifend zu verändern. Ganz sicher hat er aber aus seiner plötzlichen Intuition das Beste gemacht.

De Broglie wurde 1892 geboren. Nach der Familientradition war er für eine Karriere im Staatsdienst bestimmt, doch als er sich im Jahre 1910 an der Universität von Paris einschrieb, entzündete sich sein Interesse an der Naturwissenschaft, speziell der Quantentheorie, einer Welt, die ihm teilweise von seinem Bruder (17 Jahre älter als er) erschlossen worden war; der Bruder, der 1908 promoviert worden war, gab als einer der wissenschaftlichen Sekretäre des ersten Solvay-Kongresses Neuigkeiten an Louis weiter. 1913, nach wenigen Jahren, wurde sein Physikstudium jedoch unterbrochen, denn er wurde zum Wehrdienst eingezogen, der eigentlich nicht lange gedauert hätte, sich dann aber wegen des Ersten Weltkrieges bis 1919 hinzog. Als er nach dem Krieg den Faden wieder aufnahm, wandte sich de Broglie erneut dem Studium der Quantentheorie zu, und er begann in der Richtung zu arbeiten, die ihn zu der Entdeckung führen sollte, daß Teilchen- und Wellentheorie im Grunde eins sind. Der Durchbruch kam 1923, als er drei Aufsätze über die Natur der Lichtquanten in der französischen Akademiezeitschrift *Comptes Rendus* veröffentlichte und eine englische Zusammenfassung seiner Arbeit verfaßte, die im Februar 1924 im *Philosophical Magazine* erschien. Nachdem diese kurzen Beiträge keine große Wirkung zeigten, ging de Broglie sofort daran, seine Ideen zu ordnen und sie in einer vollständigeren Fassung als Doktorarbeit vorzulegen. Im November 1924 fand sein Examen an der Sorbonne statt, und die Doktorarbeit wurde Anfang 1925 in den *Annales de Physique* veröffentlicht. In dieser Fassung wurde die Grundlage seiner Arbeit deutlicher, und sie führte zu einem der bedeutenderen Fortschritte der Physik in den zwanziger Jahren.

In seiner Dissertation ging de Broglie von den beiden Gleichungen aus, die Einstein für die Lichtquanten abgeleitet hatte:

$$E = h\nu; \ p = h\nu/c.$$

In diesen beiden Gleichungen stehen links Eigenschaften, die zu den Teilchen »gehören« (Energie und Impuls), rechts Eigenschaften, die zu den Wellen »gehören« (die Frequenz). Er erklärte, daß Experimente, mit denen ein für allemal geklärt werden sollte, ob das Licht nun Welle oder Teilchen sei, deshalb scheitern müßten, weil beide Verhaltensweisen unauflöslich miteinander verschränkt seien: Um auch nur den Impuls, eine Teilcheneigenschaft, zu messen, müsse man die Frequenz, eine Welleneigenschaft, kennen. Dieser Dualismus gelte jedoch nicht allein für die Photonen. Von den Elektronen glaubte man damals, sie seien liebe, manierliche Teilchen, einmal abgesehen von der merkwürdigen Eigenschaft, daß sie innerhalb des Atoms unterschiedliche Energiestufen einnahmen. De Broglie erkannte jedoch, daß auch die Tatsache, daß Elektronen nur in »Bahnen« vorkamen, die durch ganze Zahlen charakterisiert waren, irgendwie nach einer Welleneigenschaft aussah. »Die einzigen Phänome, bei denen in der Physik ganze Zahlen vorkommen, waren die Erscheinungen der Interferenz und der normalen Schwingungsformen«, schrieb er in seiner Dissertation. »Diese Tatsache brachte mich auf die Idee, daß auch Elektronen nicht einfach als Korpuskeln aufzufassen seien, sondern daß ihnen Periodizität zugeschrieben werden müsse.«

»Normale Schwingungsformen« (oder »Schwingungsmoden«) – das sind ganz einfach die Schwingungen, die die Töne einer Violinensaite oder eine Schallwelle in einer Orgelpfeife entstehen lassen. Eine straff gespannte Saite kann etwa in der Weise schwingen, daß die beiden Enden befestigt sind, während die Mitte hin- und herzuckt. Wenn man die Mitte der Saite berührt, werden die beiden Hälften in der gleichen Weise schwingen, während der Mittelpunkt in Ruhe ist – und diese höhere »Mode« von Schwingung entspricht ebenfalls einem höheren Ton, einem Oberton der ganzen, unberührten Saite. Bei der ersten »Mode« beträgt die Wellenlänge das Doppelte der zweiten, und die schwingende Saite kann höhere »Moden« der Schwingung, die jeweils höheren Tönen entsprechen, erzeugen, immer vorausgesetzt, daß die Länge der Saite ein ganzzahliges Vielfaches der Wellenlänge (1, 2, 3, 4 usw.) ist. Nur bestimmte Wellen mit bestimmten Frequenzen – sogenannte »stehende Wellen« – passen zu der Saite.

Dies ist in der Tat etwas Ähnliches wie bei den Elektronen, die in den Atomen in Zustände, die den Quantenenergiestufen 1, 2, 3, 4 usw. entsprechen, »hineinpassen«. Statt einer gedehnten geraden Saite stelle man sich eine Saite vor, die zu einem Kreis gebogen ist, einer »Bahn« um das Atom. Auf dieser Saite kann ohne weiteres eine stehende Welle umgehen, vorausgesetzt, die Länge des Umfangs ist ein ganzzahliges Vielfaches der Wellenlänge. Eine Welle, die nicht in diesem Sinne genau zu der Saite »paßt«, würde nämlich instabil sein und verschwinden, da sie sich mit sich selbst überlagert (interferiert). Damit die Saite – ebenso wie der Vergleich – nicht platzt, muß der Kopf der Schlange stets Berührung mit dem Schwanz halten. Könnte dies die Erklärung für die Quantelung der Energiezustände im Atom sein, so daß jeder Zustand einer in Resonanz befindlichen Elektronenwelle auch einer bestimmten Frequenz entspricht? Wie so viele Analogien, die auf dem Bohrschen Atommodell beruhen, ja, wie eigentlich alle physikalischen Bilder des Atoms ist auch diese Vorstellung weit von der Wirklichkeit entfernt, aber sie trug zu einem besseren Verständnis der Welt der Quanten bei.

Elektronenwellen

De Broglie dachte, die Wellen seien mit Teilchen verknüpft und ein Teilchen wie das Photon werde eigentlich auf seinem Wege durch die Welle, an die es gebunden ist, geleitet. Er gab daher eine gründliche mathematische Beschreibung des Verhaltens von Licht, die sowohl die Ergebnisse von Wellen- als auch von Teilchenexperimenten einbezog. Den Prüfern, die de Broglies Doktorarbeit begutachtet hatten, gefiel die mathematische Behandlung, aber sie glaubten nicht, daß der Idee, mit einem Teilchen wie dem Elektron sei eine entsprechende Welle verbunden, irgendeine physikalische Bedeutung entsprach – für sie war das bloß ein merkwürdiges Ergebnis des mathematischen Verfahrens. Damit war de Broglie nicht einverstanden. Als einer der Prüfer ihn fragte, ob er sich ein Experiment vorstellen könne, mit dem die Materiewellen sich entdecken ließen, erwiderte er, daß es möglich sein müsse, die entsprechenden Beobachtungen zu machen, wenn man einen Elektronenstrahl an einem Kristall beugen würde. Wie bei der Beugung von Licht würden bei dem Experiment die Elektronenwellen nicht an nur zwei, sondern an einer Anordnung von Spalten gebeugt; die Lücken zwischen den regelmäßig angeordneten Atomen des Kristalls stellten ein Gitter von »Spalten« dar, die schmal genug seien, um die hochfrequenten (kurze Wellenlänge, verglichen mit Licht oder sogar Röntgenstrahlen) Elektronenwellen zu beugen.

De Broglie wußte, nach welcher Wellenlänge er suchen mußte, denn durch Verknüpfung von Einsteins beiden Gleichungen für die Lichtteilchen hatte er die ganz einfache Beziehung $p = h\nu/c$ erhalten, der wir bereits begegnet sind. Da die Wellenlänge mit der Frequenz durch die Gleichung $\lambda = c/\nu$ verknüpft ist, bedeutet das:

$p\lambda = h$, oder im Klartext: Der Impuls, multipliziert mit der Wellenlänge, ergibt die Plancksche Konstante. Je kleiner die Wellenlänge, umso größer der Impuls des entsprechenden Teilchens, so daß die Elektronen mit ihrer geringen Masse und ihrem entsprechend geringen Impuls die »wellenähnlichsten« aller damals bekannten Teilchen sein mußten. Beugungseffekte treten wie beim Licht oder bei Wellen der Meeresoberfläche nur dann auf, wenn die Welle durch ein Loch geht, das sehr viel kleiner ist als ihre Wellenlänge, und das bedeutet für Elektronen, daß das Loch wirklich sehr klein sein muß, etwa von der Größe der Lücke zwischen den Atomen eines Kristalls.

Was de Broglie nicht wußte, war, daß Effekte, die sich am besten als Beugung von Elektronen erklären lassen, schon beobachtet worden waren, als man Elektronenstrahlen benutzt hatte, um Kristalle zu untersuchen. In den Jahren 1922 und 1923, als de Broglie dabei war, seine Ideen zu formulieren, hatten zwei amerikanische Physiker, Clinton Davisson und sein Kollege Charles Kunsman, tatsächlich dieses eigentümliche Verhalten der Elektronen, die Streuung an Kristallen, beobachtet. De Broglie, der von alledem nichts ahnte, versuchte Experimentatoren dazu zu bewegen, daß sie die Elektronenwellen-Hypothese überprüften. Unterdessen hatte Paul Langevin, de Broglies Doktorvater, eine Kopie der Arbeit an Einstein geschickt, der darin, kaum überraschend, weit mehr als einen mathematischen Trick oder eine Analogie sah und begriff, daß Materiewellen etwas Reales sein müssen. Er gab die Nachricht weiter an Max Born in Göttingen. Dort äußerte der Leiter des Instituts für Experimentalphysik, James Franck, daß Davissons Experimente »die Existenz des erwarteten Effekts bereits bewiesen haben«![5]

Davisson und Kunsman hatten wie andere Physiker angenommen, der Streueffekt werde durch Strukturen innerhalb der Atome hervorgerufen, die von Elektronen bombardiert werden, nicht durch die Natur der Elektronen selbst. Walter Elsasser, einer von Borns Studenten, veröffentlichte 1925 eine kurze Notiz, in der die Ergebnisse dieser Experimente mit Elektronenwellen erklärt wurden, doch die Experimentalphysiker ließen sich von dieser Umdeutung dieser Resultate durch einen Theoretiker nicht beeindrucken, schon gar nicht von einem unbekannten Studenten von

21 Jahren. Noch 1925 war die Idee der Materiewellen trotz der vorliegenden experimentellen Beweise nicht mehr als eine nebelhafte Vorstellung. Erst als Erwin Schrödinger mit einer neuen Theorie des Atombaus hervortrat, die de Broglies Idee einbezog, aber weit darüber hinaus ging, hielten die Experimentatoren es für dringend geboten, die Hypothese von Elektronenwellen durch Beugungsversuche zu überprüfen. Als sie 1927 damit fertig waren, zeigte sich, daß de Broglie völlig recht gehabt hatte: Elektronen werden an Kristallgittern gebeugt, so als wären sie eine Art von Welle. Es waren zwei Gruppen, die unabhängig voneinander 1927 die Entdeckung machten, Davisson und ein neuer Mitarbeiter, Lester Germer, in den USA, sowie George Thomson (der Sohn von J. J. Thomson) und der Forschungsassistent Alexander Reid, die in England ein anderes Verfahren benutzten. Davisson büßte dadurch, daß er Elsassers Berechnungen nicht geglaubt hatte, die Chance des ungeteilten Ruhms ein; er empfing 1937 den Nobelpreis zusammen mit Thomson für ihre 1927 unabhängig voneinander durchgeführten Forschungen. Darin steckt jedoch eine hübsche historische Fußnote, die auch Davisson geschätzt haben muß, und die den Grundzug der Quantentheorie schon resümiert.

1906 hatte J. J. Thomson den Nobelpreis für den Beweis erhalten, daß Elektronen Teilchen sind; 1937 erlebte er, wie sein Sohn den Nobelpreis für den Beweis erhielt, daß Elektronen Wellen sind. Beide, Vater und Sohn, hatten recht, und beide hatten die Auszeichnung vollauf verdient. Elektronen sind Teilchen *und* Elektronen sind Wellen. Von 1928 an waren die experimentellen Beweise für de Broglies Welle-Teilchen-Dualismus erdrückend. Später fand man, daß auch andere Teilchen, darunter das Proton und das Neutron,[6] Welleneigenschaften besitzen, also auch die der Beugung, und in einer Reihe von schönen Experimenten in den späten siebziger und achtziger Jahren haben Tony Klein und seine Mitarbeiter an der Universität Melbourne einige der klassischen Experimente wiederholt, durch die im 19. Jahrhundert die Wellentheorie des Lichts bewiesen worden war, wobei sie aber statt eines Lichtstrahls einen Neutronenstrahl benutzten.[7]

Der vollständige Bruch mit der klassischen Physik tritt mit der Erkenntnis ein, daß nicht nur Photonen und Elektronen, sondern alle »Teilchen« und alle »Wellen« im Grunde eine Mischung von Welle und Teilchen sind. Wie es sich nun einmal trifft, dominiert in unserer Alltagswelt ganz und gar die Teilchenkomponente, wenn wir beispielsweise die Mischung bei einem Fußball oder einem Haus betrachten. Dennoch ist gemäß der Beziehung $p\lambda = h$ der Wellenaspekt da, wenn er auch völlig bedeutungslos ist. In der Welt des sehr Kleinen, wo der Teilchen- und der Wellenaspekt der Realität gleichermaßen bedeutsam sind, verhalten sich die Dinge nicht so, daß wir sie aufgrund unserer Erfahrung mit der Alltagswelt verstehen könnten. Nicht nur, daß Bohrs Atom mit seinen Elektronen-»Bahnen« ein falsches Bild gibt – *alle* Bilder sind falsch, und es gibt keine physikalische Analogie, die uns verständlich machen würde, was in den Atomen geschieht. Atome verhalten sich eben wie Atome, und damit basta.

Sir Arthur Eddington hat die Situation in seinem Buch *Das Weltbild der Physik,* das 1929 erschien, glänzend zusammengefaßt. »Wir können keinerlei vertrautes Vorstellungsbild um das Elektron weben«, schrieb er. Worauf unsere Theorie hinauslaufe, sei ungefähr das: »Irgend etwas Unbekanntes tut etwas, doch wir wissen nicht, was.« »Dies klingt nicht gerade erhellend«, bemerkte er dazu und fuhr fort: »Etwas Ähnliches habe ich an anderer Stelle gelesen:

Die glittigen Tobs
Drehn und wibbeln in der Walle.«

Nun wissen wir zwar nicht, *was* Elektronen im Atom tun, doch der springende Punkt ist, daß wir wissen, daß die Zahl der Elektronen von Bedeutung ist. Man braucht nur einige Zahlen einzuführen, und aus dem Kauderwelsch wird Wissenschaft: »Acht glittige Tobs wibbeln in der Sauerstoffwalle; sieben in der Stickstoffwalle ... wenn eines dieser Tobs entschlüpft, so kleidet sich der Sauerstoff gewissermaßen in das Gewand des Stickstoffs und muß ihm in manchen Dingen ähnlich werden.«

Dies ist keine scherzhafte Bemerkung. Man könnte, wie Eddington vor über 50 Jahren darlegte, alle Fundamentalgrößen der

Physik in Kauderwelsch übersetzen, vorausgesetzt, die Zahlen blieben unverändert. Vom Sinn ginge nichts verloren, ja, man könnte sich sogar einen großen Gewinn davon versprechen, wenn wir darauf verzichten würden, die Atome instinktiv mit harten Kugeln und die Elektronen mit winzigen Teilchen gleichzusetzen.

Daß ein solcher Verzicht von Vorteil wäre, wird an der Konfusion deutlich, die es um jene Eigenschaft des Elektrons gibt, die man »Spin« nennt: Sie hat mit dem Verhalten eines Kinderkreisels (»spinning top«; Anm. d. Ü.) oder mit der Rotation, die die Erde um ihre eigene Achse ausführt, während sie die Sonne umkreist, nichts zu tun.

Eine der rätselhaften Erscheinungen der atomaren Spektroskopie, die mit dem Bohrschen Atommodell nicht zu erklären waren, ist die Aufspaltung von Spektrallinien, die »eigentlich« als einzelne Linien auftreten sollten, in einer Vielzahl dicht nebeneinanderliegender Linien, sogenannte Multipletts. Da jede Spektrallinie mit einem Übergang von einem Energiezustand in einen anderen zusammenhängt, verrät uns die Anzahl der Linien im Spektrum, wieviele Energiezustände es in dem Atom gibt – wieviele »Stufen« die Quantentreppe aufweist und wie hoch die einzelnen Stufen sind. In den frühen zwanziger Jahren trugen die Physiker, die sich mit den Spektren befaßten, für die Multiplett-Struktur mehrere denkbare Erklärungen vor. Als die beste stellte sich die von Wolfgang Pauli heraus, die darin bestand, dem Elektron vier verschiedene Quantenzahlen zuzuschreiben. Das war Anfang 1925, als die Physiker sich das Elektron immer noch als ein Teilchen vorstellten und seine Quanteneigenschaften mit Begriffen zu erklären versuchten, die uns aus der Alltagswelt vertraut sind. Drei dieser Zahlen waren bereits im Bohrschen Modell berücksichtigt, und man meinte, sie beschreiben den Bahnimpuls eines Elektrons (die Geschwindigkeit, mit der es sich auf seiner Bahn bewegt), die Form der Bahn und ihre Orientierung. Um die beobachtete Aufspaltung der Spektrallinien zu erklären, mußte man die vierte Zahl mit einer anderen Eigenschaft des Elektrons in Verbindung bringen, einer Eigenschaft, die nur in zwei Spielarten auftrat.

Man begriff sehr rasch, daß Paulis vierte Quantenzahl den Drehimpuls (Spin) des Elektrons beschrieb, von dem man sich vorstellen konnte, daß er entweder nach oben oder nach unten gerichtet war, so daß sich eine hübsche zweiwertige Quantenzahl ergab. Der erste, der diese Deutung vorschlug, war Ralph Kronig, ein junger Physiker, der gleich nach seiner Promotion an der Columbia University auf Besuch in Europa war.[8] Nach seiner Deutung hatte das Elektron in der quantenmechanischen Einheit ($h/2\pi$) einen Eigendrehimpuls von 1/2, und dieser Drehimpuls konnte entweder parallel oder antiparallel zum Magnetfeld des Atoms ausgerichtet sein.[9] Zu seiner Überraschung trat Pauli selbst dieser Ansicht energisch entgegen, vor allem, weil sie nicht mit der Auffassung zu vereinbaren war, daß das Elektron innerhalb der relativistischen Theorie als Teilchen verstanden wurde. So wie ein Elektron, das sich in einer Bahn um den Kern bewegt, nach der klassischen elektromagnetischen Theorie,»eigentlich« nicht stabil sein konnte, konnte ein Elektron, das sich um sich selbst dreht, nach der Relativitätstheorie »eigentlich« nicht stabil sein. Pauli hätte wohl etwas aufgeschlossener sein können, doch wie die Dinge lagen, ließ Kronig seine Deutung fallen und veröffentlichte sie nicht. Es verging jedoch kein Jahr, bis George Uhlenbeck und Samuel Goudsmit vom Institut für theoretische Physik in Leiden auf die gleiche Idee kamen; sie veröffentlichten sie Ende 1925 in der deutschen Zeitschrift *Die Naturwissenschaften* und Anfang 1926 in der englischen Zeitschrift *Nature*.

Die Theorie von dem sich drehenden Elektron wurde rasch so weit verfeinert, daß man die störende Aufspaltung der Spektrallinien vollständig erklären konnte, und im März 1926 war auch Pauli überzeugt. Aber was hat man sich unter diesem Spin vorzustellen? Wenn man diesen Begriff in der normalen Sprache zu erklären versucht, entgleitet er einem, wie so viele quantentheoretische Begriffe. In einer (einigermaßen zutreffenden)»Erklärung« heißt es beispielsweise, daß der Elektronenspin nicht der Umdrehung eines Kinderkreisels gleiche, weil das Elektron sich *zweimal* drehen muß, um wieder an den Ausgangspunkt zurückzukommen. Ein weiteres Problem ist, wie eine Elektronenwelle sich überhaupt »drehen« kann. Niemand war glücklicher als Pauli, als Bohr im Jahre 1932 beweisen konnte, daß der Elektronenspin durch ein klassisches Experiment wie etwa die Ablenkung von Elektronenstrahlen durch Magnetfelder nicht gemessen werden könne. Das ist eine Eigenschaft, die nur bei quantenmechanischen Wechselwirkungen auftritt, wie sie etwa die Aufspaltung der Spektrallinien hervorrufen, und sie hat im klassischen Bezugsrahmen überhaupt keine Bedeutung. Pauli und seine Kollegen hätten das Atom in den zwanziger Jahren vielleicht sehr viel leichter verstanden, wenn sie sich zunächst nicht eine Eigendrehung (»Spin«), sondern ein »Wibbeln« vorgestellt hätten.

Leider ist es bei dem Ausdruck *Spin* geblieben, und man wird in der Quantenphysik wohl kaum mit einer Kampagne für die Abschaffung klassischer Ausdrücke rechnen können. Doch von nun an sollten Sie, wenn Sie in einem ungewohnten Zusammenhang über ein vertrautes Wort stolpern, erst einmal versuchen, es in Kauderwelsch zu übersetzen – es wirkt dann vielleicht nicht mehr so furchterregend. *Niemand* versteht, was »wirklich« in den Atomen vor sich geht, doch Paulis vier Quantenzahlen erklären in der Tat einige ganz bedeutsame Erscheinungen bei der Einfügung der »glittigen Tobs« in die verschiedenen »Wallen«.

Pauli und das Ausschließungsprinzip

Unter den bemerkenswerten Wissenschaftlern, die die Quantentheorie schufen, war Wolfgang Pauli einer der bemerkenswertesten. 1900 in Wien geboren, schrieb er sich 1918 an der Universität München ein, aber er stand bereits in dem Ruf eines frühreifen mathematischen Genies und brachte eine fertige Abhandlung über die allgemeine Relativitätstheorie mit, die sogleich Einsteins Interesse weckte« und im Januar 1919 veröffentlicht wurde. Nachdem er sich an der Universität und am Institut für theoretische Physik sowie durch eigene Lektüre physikalische Kenntnisse erworben hatte, kannte er sich in der Relativitätstheorie so gut aus, daß sein Lehrer Arnold Sommerfeld ihm 1920 die Aufgabe übertrug, für ein maßgebliches mathematisches Standardwerk einen größeren Übersichtsartikel zu dieser Theorie zu verfassen. Dieser meisterhafte Artikel des 21jährigen Studenten machte ihn in der ganzen wissenschaftlichen Gemeinschaft berühmt und trug ihm höchstes Lob von einem Mann wie Max Born ein, zu dem er 1921 als Assistent nach Göttingen ging. Dort hielt es ihn nicht lange, und er zog weiter, zunächst nach Hamburg und dann zu Bohr nach Dänemark. Born konnte den Verlust jedoch verschmerzen, denn sein neuer Assistent Werner Heisenberg war ebenso begabt und spielte in der Entwicklung der Quantentheorie eine maßgebliche Rolle.[10] Noch bevor seine vierte Quantenzahl als »Spin« bezeichnet wurde, hatte Pauli 1925 mit Hilfe der vier Zahlen eines der großen Rätsel des Bohrschen Atommodells lösen können. Beim Wasserstoff befindet sich das einzelne Elektron natürlicherweise im untersten zugänglichen Energiezustand, am Fußpunkt der Quantentreppe. Wenn es – etwa durch einen Zusammenstoß – angeregt wird, kann es vorkommen, daß es auf eine höhere Stufe der Treppe springt, um dann wieder in den Grundzustand zurückzufallen und dabei ein Strahlungsquant auszusenden. Wenn jedoch bei Atomen mit größerer Masse weitere Elektronen in das System eintreten, fallen sie nicht alle in den Grundzustand zurück, sondern verteilen sich über die einzelnen Stufen der Treppe. Bohr hatte davon gesprochen, daß die Elektronen sich auf »Schalen« um den Kern herum befinden und daß »neue« Elektronen in die Schale gehen, die die geringste Energie hat, bis sie voll ist, um dann die nächsthöhere Schale aufzufüllen usw. Auf diese Weise hat er das periodische System der Elemente aufgebaut und zahlreiche Rätsel der Chemie geklärt. Er erklärte jedoch nicht, wie oder warum eine Schale voll wurde, warum die erste Schale nur zwei, die nächste aber acht Elektronen enthalten konnte, usw.

Jede der Bohrschen Elektronenschalen entsprach bestimmten Werten der Quantenzahlen, und Pauli erkannte 1925, als er dem Elektron seine vierte Quantenzahl zuwies, daß die Anzahl der Elektronen in jeder vollen Schale exakt der Anzahl der *unterschiedlichen* Werte der zu dieser Schale gehörenden Quantenzahlen entsprach. Er formulierte das Prinzip, das wir heute als Paulisches Ausschließungsprinzip bezeichnen, demzufolge niemals zwei Elektronen für ihre Quantenzahlen die gleichen Werte haben können, und auf diese Weise konnte er erklären, wie sich die Schalen der Atome bei zunehmender Kernladungszahl auffüllen.

Das Ausschließungsprinzip und die Entdeckung des Elektronenspins waren im Grunde ihrer Zeit voraus und wurden erst in den späten zwanziger Jahren vollständig in die neue Physik integriert – d. h. erst nachdem die neue Physik selbst erdacht worden war. Bei dem stürmischen Fortschritt, den die Physik in den Jahren

1925 und 1926 machte, wird die Bedeutung des Ausschließungsprinzips bisweilen übersehen, doch in Wirklichkeit ist es ebenso grundlegend und hat ebenso weitreichende Konsequenzen wie die Relativität, und es kommt in vielen Bereichen der Physik zum Tragen. Das Pauli-Prinzip, wie es auch genannt wird, gilt, wie sich zeigt, für *alle* Teilchen, die einen halbzahligen Spin haben – (1/2) $h/2\pi$, (3/2)$h/2\pi$, (5/2)$h/2\pi$ usw. Teilchen, die (wie die Photonen) keinen Spin beziehungsweise einen ganzzahligen Spin ($h/2\pi$, 2$h/2\pi$, 3$h/2\pi$ usw.) haben, verhalten sich völlig anders und folgen anderen Regeln. Die Regeln, denen die Teilchen mit halbzahligem Spin gehorchen, nennt man Fermi-Dirac-Statistik, nach Enrico Fermi und Paul Dirac, die sie 1926 entwickelten. Man nennt solche Teilchen »Fermionen«. Die Regeln, denen Teilchen mit ganzzahligem Spin gehorchen, nennt man Bose-Einstein-Statistik, nach den beiden Männern, die sie 1924 einführten, und die Teilchen nennt man »Bosonen«.

Die Bose-Einstein-Statistik wurde ebenfalls um 1924/25 entwickelt, während all der Aufregung über de Broglies Materiewellen, den Comptoneffekt und den Elektronenspin. Sie ist Einsteins letzter großer Beitrag zur Quantentheorie (eigentlich sogar seine letzte große wissenschaftliche Arbeit), und sie stellt ebenfalls einen völligen Bruch mit den klassischen Vorstellungen dar. Satyendra Nath Bose, 1894 in Kalkutta geboren, war 1924 außerplanmäßiger Professor für Physik an der damals neugegründeten Universität von Dakka. Er verfolgte aus der Ferne die Arbeiten von Planck, Einstein, Bohr und Sommerfeld. Ihm fiel auf, daß das Plancksche Strahlungsgesetz noch immer keine ausreichende Begründung hatte. Also ging er daran, das Gesetz für die Strahlung des schwarzen Körpers auf eine neue Weise abzuleiten, nämlich von der Annahme ausgehend, daß das Licht in Form von Photonen – wie man heute sagt – auftritt. Mit der Annahme masseloser Teilchen, die einer bestimmten Abzählung oder Statistik gehorchen, gelangte er zu einer ganz einfachen Ableitung des Gesetzes, und er schickte eine englische Fassung seiner Arbeit an Einstein, mit der Bitte, er möge sie zur Veröffentlichung an die *Zeitschrift für Physik* weiterleiten. Einstein war von der Arbeit so beeindruckt, daß er sie persönlich ins Deutsche übertrug und sie mit einer nachdrücklichen Empfehlung einreichte, so daß sie im

August 1924 erschien. Bose schied bei seinem Vorgehen alle Überreste der klassischen Theorie aus, er leitete das Plancksche Gesetz aus einer Kombination von Lichtquanten, die er als masselose relativistische Teilchen auffaßte, und statistischen Methoden ab, und befreite so die Quantentheorie endgültig von ihren klassischen Vorläufern. Die Strahlung konnte jetzt wie ein Quantengas behandelt werden, und bei der Statistik ging es nicht mehr darum, Wellenfrequenzen zu zählen, sondern es wurden Teilchen gezählt.

Einstein entwickelte die Statistik weiter und übertrug sie auf den damals noch hypothetischen Fall einer Menge von Atomen (eines Gases oder einer Flüssigkeit), die den gleichen Regeln gehorchen. Wie sich später herausstellte, gilt diese Statistik nicht für reale Gase bei Raumtemperatur, aber sie vermag genau die sonderbaren Eigenschaften von supraflüssigem Helium zu erklären, einer Flüssigkeit, die fast bis auf den absoluten Nullpunkt der Temperatur, $-273\,^{\circ}C$, abgekühlt wurde. Als 1926 noch die Fermi-Dirac-Statistik dazukam, brauchten die Physiker einige Zeit, bis sie auseinanderhalten konnten, welche Regeln für welches Gas oder welche Teilchenansammlung galten, und bis sie die Bedeutung des halbzahligen Spins erkannten.

Die Feinheiten brauchen uns hier nicht zu interessieren, aber wichtig ist die Unterscheidung zwischen Fermionen und Bosonen, und sie ist einfach zu verstehen. Vor einigen Jahren war ich in einem Stück, in dem der Komiker Spike Milligan die Hauptrolle spielte. Kurz bevor das Stück anfing, trat der großartige Schauspieler persönlich vor den Vorhang und warf einen betrübten Blick auf die Handvoll unbesetzter, teurer Plätze im vorderen Teil des Saales.»Jetzt werden sie diese Plätze sowieso nicht mehr verkaufen«, sagte er,»da macht es nichts, wenn Sie alle aufrücken, damit ich Sie sehen kann.« Das Publikum folgte seiner Anregung, alle rückten vor, und nun waren alle Plätze in Nähe der Bühne besetzt, während die Handvoll unbesetzter Plätze nun hinten war. Wir verhielten uns wie nette, wohlerzogene Fermionen, jeder nahm genau einen Platz (einen Quantenzustand) ein, und wir füllten die Plätze auf, beginnend mit dem erstrebenswertesten »Grundzustand« in der Nähe der Bühne.

Ganz anders die Zuhörer bei einem Konzert von Bruce Springsteen, das ich vor kurzem besuchte. Hier waren alle Plätze besetzt, doch zwischen der ersten Sitzreihe und der Bühne war eine schmale Gasse. Als die Bühnenbeleuchtung anging und die Band den ersten Akkord von »Born to Run« anschlug, riß es alle Zuhörer aus ihren Sitzen, sie wogten nach vorn und drängten sich vor der Bühne. All diese »Teilchen« drängten sich ununterscheidbar in den gleichen »Energiezustand« – und das ist der Unterschied zwischen Fermionen und Bosonen. Fermionen gehorchen dem Ausschließungsprinzip, Bosonen nicht.

Alle »materiellen« Teilchen, die wir normalerweise kennen – Elektronen, Protonen und Neutronen –, sind Fermionen, und ohne das Ausschließungsprinzip gäbe es nicht die Vielzahl der chemischen Elemente und all die Merkmale, die unsere physikalische Welt ausmachen. Bosonen sind eher geisterhafte Teilchen, wie etwa die Photonen. Das Gesetz der Strahlungsverteilung des schwarzen Körpers ist ein direktes Ergebnis davon, daß alle Photonen versuchen, in den gleichen Energiezustand zu gelangen. Unter geeigneten Bedingungen können Heliumatome die Eigenschaften von Bosonen nachahmen und supraflüssig werden, denn jedes Atom von ^{4}He enthält zwei Protonen und zwei Neutronen, und der halbzahlige Spin seiner Elektronen addiert sich gerade zu Null. Fermionen haben außerdem die Eigenschaft, daß sie sich bei Wechselwirkungen zwischen Teilchen erhalten – es ist unmöglich, die Gesamtzahl der Elektronen im Universum zu erhöhen –, während Bosonen, wie jeder, der schon einmal das Licht eingeschaltet hat, weiß, in ungeheuren Mengen erzeugt werden können.

Was dann?

Aus der Sicht der 80er Jahre erscheint alles in der Quantentheorie einigermaßen geordnet und aufgeräumt, doch um 1925 befand sie sich in einem heillosen Durcheinander. Der Fortschritt vollzog sich nicht auf einer breiten Straße, sondern viele einzelne Forscher schlugen sich auf getrennten Wegen durch den Dschungel. Die Spitzenleute wußten das nur zu gut und gaben ihrer Besorgnis öffentlich Ausdruck; der große Sprung nach vorn sollte jedoch, von einer Ausnahme abgesehen, von der neuen Generation kommen, die nach dem Ersten Weltkrieg in die Forschung eingetreten und vielleicht deshalb für neue Ideen aufgeschlossen war. Im Jahre 1924 bemerkte Max Born:»Vorläufig hat man nur wenige und undeutliche Hinweise über die Art der Abweichungen, die zur Erklärung der Atomeigenschaften an den klassischen Gesetzen angebracht werden müssen«, und in seinen 1925 erschienenen Vorlesungen zur Atomtheorie versprach er einen weiteren Band, in dem die Theorie abgeschlossen werden sollte, einen Band, der, wie er meinte,»vielleicht noch manche Jahre ungeschrieben bleiben wird«.[11]

Heisenberg hatte sich erfolglos bemüht, den Aufbau des Heliumatoms zu berechnen, und äußerte Anfang 1923 zu Pauli:»Es ist ein Jammer!«– eine Wendung, die Pauli in einem Brief an Sommerfeld im Juli jenes Jahres wiederholte:»Mit der Theorie . . . und überhaupt mit den Atomen mit mehr als einem Elektron ist es momentan ein großer Jammer!« Im Mai 1925 schrieb Pauli an Kronig:»Die Physik ist momentan wieder einmal sehr verfahren.« Und Bohr selbst war 1925 über die vielen Probleme, mit denen sein Atommodell behaftet war, ähnlich verzweifelt. Wilhelm Wien, dessen Gesetz für die Strahlung des schwarzen Körpers eines der Sprungbretter gewesen war, von denen aus Planck ins Dunkle gesprungen war, schrieb noch im Juni 1926 an Schrödinger vom »Sumpf von ganzen und halben Quantendiskontinuitäten und willkürlichem Heranziehen der klassischen Theorie«. Alle, die in der Quantentheorie einen großen Namen hatten, waren sich der Probleme bewußt – und alle, die in der Quantentheorie einen großen Namen hatten, waren bis auf einen (Henri Poincaré) im Jahre 1925 noch am Leben; Lorentz, Planck, J. J. Thomson, Bohr, Einstein und Born waren noch immer aktiv in der Forschung, während Pauli, Heisenberg, Dirac und andere gerade anfingen, sich einen Namen zu machen. Die beiden großen Autoritäten waren Einstein und Bohr, doch hatten sich ihre wissenschaftlichen Auffassungen bis 1925 deutlich auseinanderentwickelt. Erstens war Bohr einer der entschiedensten Gegner der Lichtquanten; als Einstein dann über die Rolle der Wahrscheinlichkeit in der Quantentheorie besorgt zu werden begann, wurde Bohr ihr großer Anhänger. Die statistischen Methoden (die – eine Ironie – Einstein selbst eingeführt hatte) wurden zum Eckstein der Quantentheorie, aber schon 1920 schrieb Einstein an Born:»Das mit der Kausalität plagt auch mich viel. (...) Ich muß gestehen, daß mir da der Mut einer Überzeugung fehlt.« Der Dialog zwischen Einstein und Bohr über dieses Thema wurde 35 Jahre lang bis zu Einsteins Tod fortgeführt.[12] Max Jammer beschreibt die Situation zu Beginn des Jahres 1925 als »einen beklagenswerten Mischmasch von Hypothesen, Prinzipien, Theoremen und Berechnungsvorschriften«.[13] Jedes Problem, das in der Quantenphysik auftauchte, mußte zuerst mit Hilfe der klassischen Physik »gelöst« werden, und anschließend wurde die Lösung durch vorsichtiges Einführen der Quantenzahlen überarbeitet, wobei man sich mehr auf begnadete Vermutungen als auf kühle Überlegungen stützte. Die Quantentheorie war weder eigenständig noch frei von logischen Widersprüchen, sondern sie schmarotzte auf der klassischen Physik, wie eine exotische Blüte ohne Wurzeln. Kein Wunder, daß Born glaubte, es würde Jahre dauern, bevor er seinen zweiten, abschließenden Band über Atomphysik schreiben könnte. Und doch scheint es ganz zu der seltsamen Geschichte der Quanten zu passen, daß der erstaunten wissenschaftlichen Gemeinschaft wenige Monate nach den verworrenen Anfängen des Jahres 1925 nicht nur eine, sondern zwei vollständige, eigenständige, logische und wohlbegründete Quantentheorien vorgelegt wurden.

6. Kapitel: Matrizen und Wellen

Werner Heisenberg wurde am 5. Dezember 1901 in Würzburg geboren. Im Herbst 1920 schrieb er sich an der Universität München ein, um bei Arnold Sommerfeld zu studieren, einem der führenden Physiker jener Zeit, der an der Entwicklung des Bohrschen Atommodells eng beteiligt gewesen war. Heisenberg wurde sogleich in die Forschungen zur Quantentheorie einbezogen und mit der Aufgabe betraut, Quantenzahlen zu finden, mit denen die Aufspaltung der Spektrallinien in Paare oder Dubletts erklärt werden könnte. Er fand die Antwort in wenigen Wochen: Das ganze Linienmuster ließ sich mit Hilfe von halbzahligen Quantenzahlen erklären. Der junge, unvoreingenommene Student hatte die einfachste Lösung für das Problem gefunden, doch seine Kollegen und sein Doktorvater Sommerfeld waren entsetzt. Für Sommerfeld, der ganz von dem Bohrschen Modell durchdrungen war, galten ganzzahlige Werte der Quantenzahlen als feststehende Lehrmeinung, und die Spekulationen des jungen Studenten wurden rasch für nichtig erklärt. Die Experten befürchteten, mit der Einführung von halbzahligen Werten in die Gleichungen würde Viertel-Zahlen, schließlich Achtel- und Sechzehntel-Zahlen der Weg bereitet, und auf diese Weise würde die fundamentale Basis der Quantentheorie zerstört. Doch sie täuschten sich.

Alfred Landé, ein älterer und angesehener Physiker, kam einige Monate später auf die gleiche Idee und veröffentlichte sie; später zeigte sich, daß die halbzahligen Quantenzahlen für die ausgebaute Quantentheorie von entscheidender Bedeutung sind und in der Beschreibung der als Spin bezeichneten Elektroneneigenschaft eine wichtige Rolle spielen. Objekte, die einen ganzzahligen (in Einheiten von $h/2\pi$) oder – wie die Photonen – keinen Spin haben, gehorchen der Bose-Einstein-Statistik, die mit halbzahligem Spin

(1/2 oder 3/2 usw.) der Fermi-Dirac-Statistik. Der halbzahlige Spin des Elektrons steht in einem direkten Zusammenhang mit dem Aufbau des Atoms und dem periodischen System der Elemente. Es ist gleichwohl richtig, daß Quantenzahlen sich nur um ganzzahlige Beträge *ändern,* doch ein Sprung von 1/2 zu 3/2 oder von 5/2 zu 9/2 ist ebenso erlaubt wie ein Sprung von 1 nach 2 oder von 7 nach 12. Heisenberg war damit eine Gelegenheit entgangen, für eine neue Idee in der Quantentheorie Anerkennung zu finden; doch – und das ist der springende Punkt dabei – so wie es eine Generation zuvor junger Männer bedurft hatte, um die erste Quantentheorie zu entwickeln, war es nun, in den 20er Jahren, wieder an der Zeit, daß junge Geister, die nicht von Vorstellungen belastet waren, die nach »allgemeiner Auffassung« richtig sein mußten, den nächsten Schritt nach vorn taten. Daß Heisenberg bei dieser Gelegenheit die Anerkennung, »der Erste« gewesen zu sein, versagt blieb, machte er in den nächsten Jahren durch seine Arbeit mehr als wett.

Nachdem er an den berühmten »Bohr-Festspielen« in Göttingen und dann als Nachfolger Paulis als Assistent bei Born gearbeitet hatte, kehrte Heisenberg nach München zurück und erwarb 1923, noch nicht ganz 22 Jahre alt, seinen Doktorgrad. Heisenberg ging im Herbst 1923 wieder nach Göttingen und habilitierte sich dort im Juli 1924. Anschließend arbeitete er mehrere Monate mit Bohr in Kopenhagen, und 1925 war der frühvollendete mathematische Physiker besser als irgendein anderer gerüstet, die widerspruchsfreie Quantentheorie zu finden, die nach Ansicht aller Physiker irgendwann gefunden werden mußte, von der aber niemand annahm, daß sie so rasch gefunden würde.

Heisenbergs Durchbruch beruhte auf einem Gedanken, den er bei den Göttingern aufgeschnappt hatte – niemand kann genau sagen, wer ihn als erster geäußert hat –, daß nämlich eine physikalische Theorie nur von solchen Dingen handeln sollte, die sich tatsächlich in Experimenten beobachten lassen. Das klingt trivial, ist aber in Wirklichkeit eine sehr tiefe Erkenntnis. Ein Experiment, bei dem man beispielsweise Elektronen in Atomen »beobachtet«, zeigt uns nicht das Bild von kleinen harten Kugeln, die auf Bahnen den Kern umkreisen – die *Bahn* läßt sich unter keinen Umständen beobachten, und aus den beobachteten Spektrallinien können wir nur entnehmen, was mit Elektronen geschieht, wenn sie sich aus einem Energiezustand (oder, in Bohrs Sprache, aus einer Bahn) in die andere begeben. Bei allen beobachtbaren Merkmalen von Atomen und Elektronen geht es um *zwei* Zustände, und der Begriff der Bahn ist etwas, was man den Beobachtungen anheftet, indem man eine Analogie vom Verhalten der Dinge in unserer Alltagserfahrung zieht (man erinnere sich an die ›glittigen Tobs‹). Heisenberg streifte die hemmenden Analogien zur Alltagserfahrung ab und arbeitete intensiv an der Entwicklung von mathematischen Formeln, mit denen nicht ein »Zustand« eines Atoms oder Elektrons, sondern die Zusammenhänge zwischen *Paaren* von Zuständen beschrieben werden.

Durchbruch auf Helgoland

Es ist oft erzählt worden, wie Heisenberg im Mai 1925 durch ein schweres Heufieber außer Gefecht gesetzt wurde und sich zur Erholung auf die felsige Insel Helgoland begab, wo er dann gründlich darüber nachdachte, was man bis dahin in diesem Sinne über das Quantenverhalten wußte. Auf der Insel durch nichts abgelenkt und von seinem Heufieber befreit, konnte sich Heisenberg intensiv mit den Problemen auseinandersetzen. In seinen autobiografischen Notizen *Der Teil und das Ganze* hat er geschildert, was er empfand, als seine Berechnungen sich schließlich als stimmig erwiesen und er um 3.00 Uhr morgens »an der mathematischen Widerspruchsfreiheit und Geschlossenheit der damit angedeuteten Quantenmechanik nicht mehr zweifeln (konnte). Im ersten Augenblick war ich zutiefst erschrocken. Ich hatte das Gefühl, durch die Oberfläche der atomaren Erscheinungen hindurch auf einen tief darunter liegenden Grund von merkwürdiger innerer Schönheit zu schauen, und es wurde mir fast schwindlig bei dem Gedanken, daß ich nun dieser Fülle von mathematischen Strukturen nachgehen sollte, die die Natur dort unten vor mir ausgebreitet hatte.«[1]

Wieder in Göttingen, überarbeitete Heisenberg seine Berechnungen drei Wochen lang, um sie in eine für die Veröffentlichung geeignete Form zu bringen, und schickte zunächst eine Kopie an seinen alten Freund Pauli, um seine Meinung zu hören. Pauli war begeistert, aber Heisenberg war von seinen Anstrengungen erschöpft und noch nicht sicher, ob die Arbeit für eine Veröffentlichung reif war. Er überließ sie Born, der damit nach eigenem Ermessen verfahren sollte, und begab sich im Juli 1925 zu einer Reihe von Vorträgen nach Leiden und Cambridge. Es ist eine Ironie, daß er es vorzog, seinen dortigen Zuhörern nichts von seiner neuen Arbeit zu berichten; sie erfuhren später auf anderen Wegen davon.

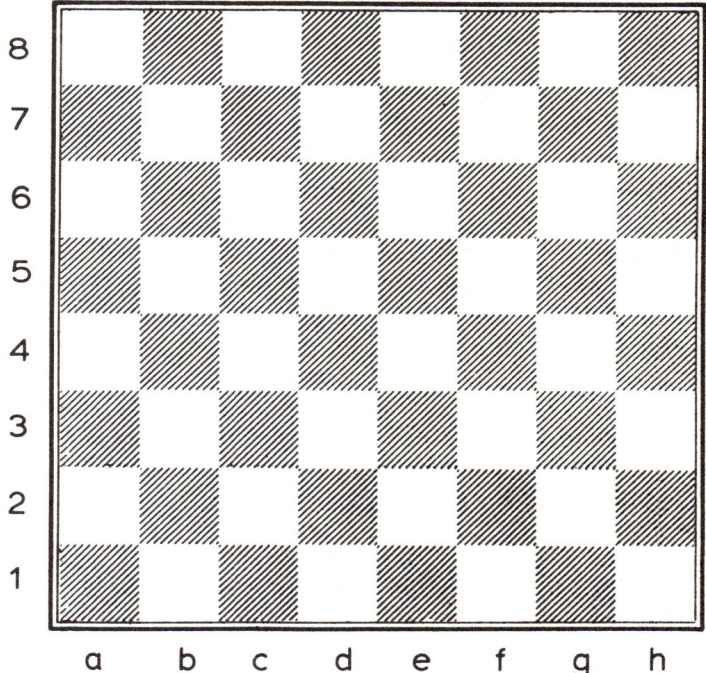

Abbildung 6.1 *Jedes Feld eines Schachbretts kann mit Hilfe einer Paarkombination aus Buchstaben und Zahlen identifiziert werden. Quantenmechanische Zustände werden ebenfalls durch Zahlenpaare definiert.*

Born war von der Arbeit ganz angetan und schickte sie an die *Zeitschrift für Physik.* Ihm war sogleich klar, worauf Heisenberg da gestoßen war. Zwei Zustände eines Atoms ließen sich mathematisch nicht mit gewöhnlichen Zahlen darstellen, sondern mach-

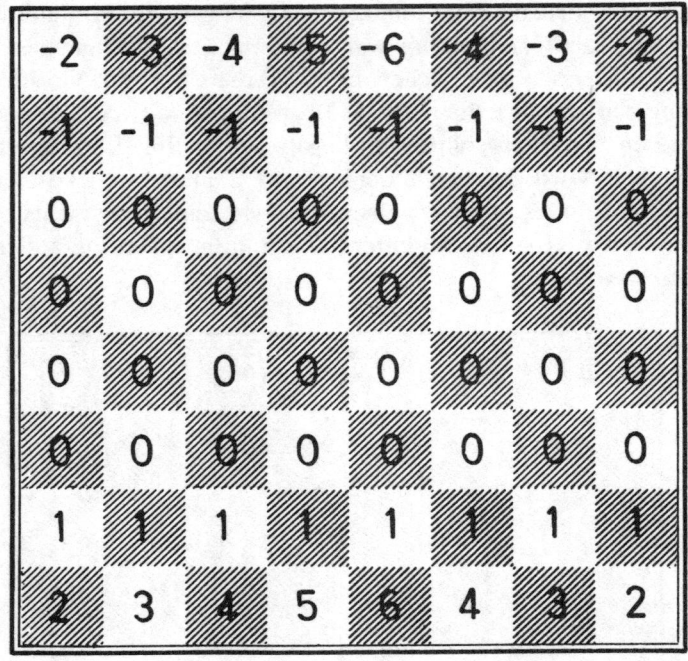

Abbildung 6.2 Der »Zustand« jedes Feldes auf dem Schachbrett ist durch die Figur bestimmt, die es besetzt. In der hier gewählten Schreibweise wird ein Bauer mit 1 bezeichnet, ein Turm mit 2 usw.; positive Zahlen entsprechen den weißen, negative den schwarzen Figuren. Eine Veränderung im Zustand des gesamten Bretts können wir mit einem Ausdruck wie »Bauer nach Dame vier« oder durch die algebraische Bezeichnung e2–e4 beschreiben. Quantenübergänge beschreibt man in einer ähnlichen Weise durch Zusammenfassung von paarigen (Anfangs- und End-) Zuständen. In beiden Fällen haben wir keinen Anhaltspunkt dafür, wie sich der Übergang von einem Zustand zum anderen vollzieht, was beim Zug des Springers und beim Rochieren am deutlichsten wird. Wir könnten uns in der Schach-Analogie vorstellen, daß die kleinste mögliche Veränderung auf dem Brett, e2–e3, der Zufuhr eines Energiequantums, ν , entspricht; der »Übergang« e3–e2 würde dann der Freisetzung dieses Energiequantums entsprechen. Die Analogie ist unzutreffend, macht aber deutlich, daß man ein und dasselbe Ereignis auf unterschiedliche Weise beschreiben kann. Heisenberg, Dirac und Schrödinger fanden für ein und dasselbe Quantenereignis unterschiedliche mathematische Beschreibungsweisen.

ten erforderlich, daß die Zahlen in einer bestimmten Weise – Heisenberg hatte gemeint, als Tabellen – angeordnet würden. Den besten Vergleich bietet ein Schachbrett. Es enthält 64 Quadrate, und jedes Quadrat läßt sich durch eine Zahl von 1 bis 64 kennzeichnen. Schachspieler ziehen allerdings eine andere Schreibweise vor: Die »Spalten« werden von links nach rechts mit den Kleinbuchstaben a, b, c, d, e, f, g und h, die »Reihen« von unten nach oben mit den Zahlen 1, 2, 3, 4, 5, 6, 7 und 8 gekennzeichnet. Jedes Quadrat kann jetzt durch ein unverwechselbares Paar von Kennzeichen identifiziert werden: a 1 ist das Ausgangsquadrat eines Turms, b 2 ist das Ausgangsquadrat eines Bauern usw. Heisenbergs Tabellen enthielten wie bei einem Schachbrett zweidimensionale Anordnungen von Zahlen, weil es in seinen Berechnungen um zwei Zustände und ihre Wechselwirkungen ging. Bei diesen Berechnungen mußten beispielsweise zwei solcher Zahlengruppen oder Anordnungen miteinander multipliziert werden, und Heisenberg hatte sich die entsprechenden mathematischen Kunstgriffe mühsam erarbeitet. Dabei war er aber zu einem sehr merkwürdigen Resultat gelangt, das ihn sehr stutzig werden ließ, einer der Gründe, warum er mit der Veröffentlichung zögerte. Multipliziert man zwei dieser Anordnungen miteinander, so hängt das Ergebnis davon ab, in welcher Reihenfolge man die Multiplikation ausführt.

Das ist in der Tat merkwürdig. Es ist, als wäre 2×3 nicht dasselbe wie 3×2, oder algebraisch ausgedrückt: $a \times b \neq b \times a$.

Born machte diese Merkwürdigkeit Tag und Nacht zu schaffen. Er war überzeugt, daß etwas Grundsätzliches dahintersteckte. Plötzlich ging ihm ein Licht auf. Die von Heisenberg so mühsam konstruierten mathematischen Anordnungen und Zahlentabellen waren für Mathematiker nichts Neues; es gab ein entwickeltes Verfahren, mit solchen Zahlen zu rechnen, nämlich die Matrizenrechnung, die Born zu Beginn des Jahrhunderts als Student in Breslau kennengelernt hatte. Daß er sich mehr als zwanzig Jahre später dieses entlegenen Zweigs der Mathematik erinnerte, ist eigentlich nicht erstaunlich, denn Matrizen haben eine fundamentale Eigenschaft, die auf Studenten beim ersten Mal stets einen tiefen Eindruck macht: Das Ergebnis der Multiplikation von Matrizen hängt von der Reihenfolge ab, in der man die Multiplikation durchführt, oder mathematisch ausgedrückt, Matrizen vertauschen nicht.

Quantenmathematik

Im Sommer 1925 entwickelte Born zusammen mit Pascual Jordan die Anfänge dessen, was wir heute als Matrizenmechanik bezeichnen, und als Heisenberg im September wieder nach Kopenhagen kam, blieb er brieflich mit ihnen in Verbindung. Gemeinsam schufen sie eine umfassende wissenschaftliche Arbeit über die Quantenmechanik. Weit klarer und ausdrücklicher, als Heisenberg es in seiner Originalarbeit getan hatte, betonten die Autoren in dieser Arbeit die fundamentale Bedeutung der Nichtvertauschbarkeit der Quantenvariablen. Born hatte schon in seiner zusammen mit Jordan verfaßten Arbeit die Beziehung $pq - pq = h/2\pi i$ gefunden, wo p und q Matrizen sind, die Quantenvariablen darstellen, das quantentheoretische Gegenstück zu den klassischen Variablen Impuls und Lage. In der neuen Gleichung kommt die Plancksche Konstante zusammen mit i vor, der Quadratwurzel aus minus Eins; die Göttinger betonten in ihrer als »Dreimännerarbeit« berühmt gewordenen Abhandlung, dies sei die »fundamentale quantenmechanische Beziehung«. Aber welche physikalische Bedeutung kam ihr zu? Die Plancksche Konstante war inzwischen hinreichend bekannt, und die Physiker kannten Gleichungen mit i (ein Hinweis auf das, was kommen sollte, wenn sie es nur erkannt hätten; denn bei solchen Gleichungen geht es im allgemeinen um Schwingungen oder Wellen). Mit Matrizen wußten jedoch die meisten Mathematiker und Physiker 1925 nichts anzufangen, und die Nichtvertauschbarkeit erschien ihnen ebenso merkwürdig, wie ihren Vorgängern im Jahre 1900 auf den ersten Blick das von Planck eingeführte Wirkungsquantum h vorgekommen war. Für den, der mit dieser Rechenart umgehen konnte, waren die Ergebnisse dramatisch. Die Gleichungen der Newtonschen Mechanik wurden durch ähnliche Gleichungen ersetzt, die Matrizen enthielten, und »es war«, wie Heisenberg sagt, »ein sehr merkwürdiges Erlebnis, viele von den alten Ergebnissen der Newtonschen Mechanik, wie z. B. die Erhaltung der Energie, auch in dem neuen Formalismus wiederzufinden«.[2] Die Matrizenmechanik *enthielt*, anders gesagt, die Newtonsche Mechanik, so wie Einsteins relativistische Gleichungen die Newtonschen Gleichungen als einen Sonderfall enthalten. Leider verstanden nur wenige den mathematischen Formalismus und die meisten Physiker erkannten nicht sofort, wie bedeutend der Durchbruch war, den Heisenberg und die Göttinger erreicht hatten. Es gab allerdings eine Ausnahme, und zwar in Cambridge, England.

Paul Dirac, am 8. August 1902 geboren, war einige Monate jünger als Heisenberg. Er gilt allgemein als der einzige englische Theoretiker, der an Bedeutung Newton gleichkommt, und er entwickelte die vollständige Form dessen, was wir heute als Quantenmechanik bezeichnen. Der theoretischen Physik wandte er sich jedoch erst zu, nachdem er 1921 an der Universität Bristol ein Ingenieurstudium absolviert hatte. Nachdem er als Ingenieur keine Stelle finden konnte, bot man ihm ein Stipendium für ein Studium der Mathematik in Cambridge an, das er jedoch nicht annehmen konnte, weil es ihm an Geld fehlte. Er blieb in Bristol, wohnte weiter bei seinen Eltern und bewältigte dort, dank seines Ingenieurdiploms, den dreijährigen Mathematikkurs in nur zwei Jahren, so daß er ihn 1923 mit einem »Bachelor of Arts« in angewandter Mathematik abschließen konnte. Jetzt konnte er endlich nach Cambridge gehen und, unterstützt durch ein Stipendium des Ministeriums für wissenschaftliche und industrielle Forschung, eine Forschungstätigkeit aufnehmen – und erst als er in Cambridge war, hörte er zum erstenmal etwas von der Quantentheorie.

Dirac war also ein unbekannter und relativ unerfahrener Forschungsstudent, als er im Juli 1925 Heisenbergs Vortrag in Cambridge hörte. Öffentlich sprach Heisenberg damals nicht von seiner neuesten Arbeit, aber er erwähnte sie gegenüber Ralph Fowler, Diracs Doktorvater, und so kam es, daß er Fowler Mitte August, bevor die Arbeit in der *Zeitschrift für Physik* erschien, eine Korrekturfahne zukommen ließ. Fowler reichte die Arbeit weiter an Dirac, der sie demnach vor sich hatte, bevor irgend jemand außerhalb Göttingens (mit Ausnahme von Heisenbergs Freund Pauli) Gelegenheit hatte, die neue Theorie zu studieren. Heisenberg wies in dieser ersten Arbeit zwar auf die Nichtvertauschbarkeit der quantenmechanischen Variablen – der Matrizen – hin, baute den Gedanken aber nicht weiter aus, sondern versuchte ihn zu umgehen. Dirac setzte sich mit den Gleichungen auseinander und erkannte rasch, daß die bloße Tatsache, daß $a \times b$ ungleich $b \times a$ ist, von *fundamentaler* Bedeutung war. Im Unterschied zu Heisenberg kannte Dirac bereits mathematische Größen, die sich so verhalten, und innerhalb weniger Wochen konnte er Heisenbergs Gleichungen im Sinne eines mathematischen Teilgebietes (das u. a. William Hamilton ein Jahrhundert zuvor entwickelt hatte) umformulieren. Die Hamiltonschen Gleichungen der Mechanik, die sich in der neuen Quantentheorie, welche ganz auf Elektronenbahnen verzichtete, als so brauchbar erwiesen, waren – und das ist eine der köstlichsten Ironien der Wissenschaftsgeschichte – im 19. Jahrhundert hauptsächlich benützt worden, um in einem System wie dem Sonnensystem, das mehrere wechselwirkende Planeten enthält, die Berechnung der *Bahnen* von Körpern zu ermöglichen.

Dirac entdeckte also unabhängig von der Göttinger Gruppe, daß die Gleichungen der Quantenmechanik die gleiche mathematische Struktur aufwiesen wie die Gleichungen der klassischen Mechanik und daß die klassische Mechanik in der Quantenmechanik als ein Sonderfall enthalten ist, der großen Quantenzahlen beziehungsweise der Gleichsetzung der Planckschen Konstante mit Null entspricht. Eigenständig entwickelte Dirac ein weiteres Verfahren, die Dynamik mathematisch auszudrücken, und zwar eine spezielle Form der Algebra, die er Quantenalgebra nannte, in der Quantenvariablen oder »q-Zahlen« addiert und multipliziert werden. Diese q-Zahlen sind merkwürdige Ungeheuer, nicht zuletzt deshalb, weil es in dieser von Dirac entwickelten mathematischen Welt unmöglich ist zu sagen, welche von zwei Zahlen a und b größer ist – die Vorstellung, daß eine Zahl größer oder kleiner als eine andere ist, hat in dieser Algebra keinen Platz. Doch die Regeln dieses mathematischen Systems paßten wiederum exakt mit den beobachteten Verhaltensweisen atomarer Prozesse zusammen. Man kann sogar sagen, daß die Quantenalgebra die Matrizenmechanik in sich enthält, aber darüber hinaus viel mehr leistet.

Fowler erkannte sofort die Bedeutung von Diracs Arbeit, und auf sein Drängen hin wurde sie bereits im Dezember 1925 in den *Proceedings of the Royal Society* veröffentlicht. Ein wesentlicher Bestandteil der neuen Theorie waren die halbzahligen Quantenzahlen, die Heisenberg einige Jahre zuvor Kummer gemacht hatten. Heisenberg, dem Dirac eine Kopie des Manuskripts der Arbeit schickte, sparte nicht mit Lob: »Ich habe Ihre außerordentlich schöne Arbeit über Quantenmechanik mit größtem Interesse gelesen, und es kann kein Zweifel daran bestehen, daß Ihre sämtlichen Resultate stimmen . . . (die Arbeit ist) wirklich besser geschrieben und konzentrierter als unsere Versuche hier.«[3] In der ersten Jahreshälfte von 1926 führte Dirac seine Arbeit in einer Reihe von vier definitiven Artikeln aus, und das Ganze bildete zusammen eine Dissertation, für die er zu Recht mit dem Doktortitel belohnt wurde. Unterdessen hatte Pauli mit Hilfe von Matrizenmethoden richtig die Balmer-Serie für das Wasserstoffatom vorausgesagt, und bis zum Ende 1925 war außerdem klar geworden, daß man die Aufspaltung einiger Spektrallinien in Dubletts tatsächlich am besten damit erklären konnte, daß man dem Elektron die neue Eigenschaft namens Spin zuschrieb. Die Teile passen wirklich sehr gut zusammen, und die verschiedenen mathematischen Werkzeuge, die von den einzelnen Vertretern der Matrizenmechanik benutzt wurden, stellten offenbar nur verschiedene Aspekte der gleichen Realität dar.[4]

Zur Verdeutlichung dessen können wir wieder das Schachspiel heranziehen. Das Spiel läßt sich in unterschiedlicher Weise auf einer Druckseite beschreiben. Man kann ein »Schachbrett« abbilden, auf dem die Positionen aller Figuren markiert sind; doch wenn wir auf diese Weise ein ganzes Spiel dokumentieren wollten, würden wir sehr viel Platz brauchen. Man kann die Züge der einzelnen Figuren auch so beschreiben: »Damenbauer-Eröffnung«. Benutzt man aber die bündigste algebraische Notierung, so wird aus diesem Zug einfach »d2=d4«. Drei verschiedene Beschreibungen liefern die gleiche Information über ein Ergebnis, den Übergang eines Bauern aus einem »Zustand« in einen anderen (und dabei wissen wir, genau wie in der Welt der Quanten, *nichts* darüber, wie der Bauer aus einem Zustand in den anderen gelangt ist, ein Umstand, der noch deutlicher wird, wenn wir den Zug des Springers betrachten). Mit den verschiedenen Formulierungen der Quantenmechanik verhält es sich genauso. Diracs Quantenalgebra ist die eleganteste und im mathematischen Sinne die »schönste« Formulierung; die Matrizenmethoden, die Born und seine Mitarbeiter im Anschluß an Heisenberg entwickelten, sind umständlicher, aber nichtsdestoweniger gültig.[5]

Einige der eindrucksvollsten Resultate ergaben sich, als Dirac versuchte, die Relativitätstheorie in seine Quantenmechanik einzubeziehen. Mit der Vorstellung, daß Licht in Form von Teilchen (Photonen) auftritt, kam Dirac sehr gut zurecht, und als er die Zeit mit allem, was dazugehört, als q-Zahl in seine Gleichungen einbezog, stellte er zu seiner großen Freude fest, daß dies unausweichlich zu der »Vorhersage« führte, daß ein Atom einen Rückstoß erfahren muß, wenn es Licht aussendet, wie es ja auch der Fall sein mußte, wenn Licht ein Teilchen mit einem eigenen Impuls war, und er entwickelte daraufhin eine quantenmechanische Deutung des Comptoneffekts. Diracs Überlegungen bestanden aus zwei Teilen, einmal den rechnerischen Manipulationen mit den q-Zahlen und zum anderen der Interpretation der Gleichungen im Sinne dessen, was man unter Umständen physikalisch beobachten würde. Dieses Vorgehen entspricht genau der Art und Weise, wie die Natur »die Berechnung zu machen« scheint, um uns dann ein beobachtetes Ereignis – etwa einen Elektronenübergang – zu präsentieren; statt aber diese Idee in den Jahren nach 1926 bis zum Ende durchzuführen, wurden die Physiker leider von der Quantenalgebra fortgelockt, weil noch ein weiteres mathematisches Verfahren entdeckt worden war, mit dem die alten Probleme der Quantentheorie gelöst werden konnten: die Wellenmechanik. Die Matrizenmechanik und die Quantenalgebra waren von dem Bild ausgegangen, daß ein Elektron als Teilchen aus einem Quantenzustand in einen anderen übergeht. Doch was war mit de Broglies Anregung, daß man sich Elektronen und andere Teilchen auch als Wellen vorstellen müsse?

Schrödingers Theorie

Während die Matrizenmechanik und die Quantenalgebra ohne größeres Aufsehen ihr Debüt auf der wissenschaftlichen Szene gaben, herrschte im Bereich der Quantentheorie eine Fülle von sonstigen Aktivitäten. Es schien, als hätte es in der europäischen Wissenschaft seit langem gegärt, als sei sie voll von Ideen, deren Zeit nun gekommen war, und jetzt traten – nicht unbedingt in einer logischen Reihenfolge – diese Ideen hier und da zutage, und viele wurden fast gleichzeitig von verschiedenen Forschern »entdeckt«. Ende 1924 war de Broglies Theorie der Elektronenwellen bereits auf der Szene erschienen, doch die maßgeblichen Experimente, die den Beweis für die Wellennatur des Elektrons lieferten, waren noch nicht durchgeführt worden. Von hier aus kam es, ganz unabhängig von der Arbeit Heisenbergs und seiner Kollegen, zu einer anderen Entdeckung, nämlich einer Quantenmechanik, die auf der Wellenvorstellung basierte.

Die Idee stammte von de Broglie, und sie nahm den Weg über Einstein. Wahrscheinlich wäre die Arbeit de Broglies noch jahrelang verkannt worden, und man hätte in ihr lediglich eine bizarre mathematische Schrulle gesehen, wenn Einstein nicht auf sie aufmerksam geworden wäre. Einstein war es, der Born von der Idee berichtete und dadurch eine Kette von experimentellen Untersuchungen auslöste, die schließlich die Realität der Elektronenwellen nachwiesen. Und in einer im Februar 1925 erschienenen Abhandlung Einsteins las Erwin Schrödinger, was Einstein von der Arbeit de Broglies hielt:»Ich glaube, daß es um mehr als eine bloße Analogie geht.« Die Physiker hingen damals an jedem Wort Einsteins, und dieser kurze Wink des großen Mannes genügte für Schrödinger, um einmal näher zu prüfen, was sich ergab, wenn er de Broglies Idee ernstnahm.

Unter den Physikern, die die neue Quantentheorie entwickelten, ist Schrödinger eine Ausnahmeerscheinung. 1887 geboren, war er fast 39 Jahre alt, als er seinen bedeutendsten Beitrag zur Wissenschaft abschloß – für eine originelle wissenschaftliche Leistung von diesem Gewicht ein recht fortgeschrittenes Alter. Seinen Doktortitel hatte er schon 1910 erworben, seit 1921 war er Professor der Physik in Zürich, eine Stütze der soliden Wissenschaft, von der man nicht gerade revolutionäre neue Ideen erwartete. Sein Beitrag zur Quantentheorie entsprach jedoch, wie man sehen wird, weitgehend dem, was man von einem Angehörigen der älteren Generation in der Mitte der 20er Jahre hätte erwarten können. Während die Göttinger und in noch stärkerem Maße Dirac die Quantentheorie zu etwas Abstrakterem machten und sie von gewohnten physikalischen Vorstellungen lösten, war Schrödinger bemüht, die leichtverständlichen physikalischen Vorstellungen wieder in ihr Recht zu setzen, indem er die Quantenphysik im Sinne von Wellen beschrieb, die in der Physik vertraute Erscheinungen sind, und sich zeitlebens gegen die neuen Ideen der Unbestimmtheit und des spontanen Sprungs der Elektronen aus einem Zustand in den anderen wehrte. Er schenkte der Physik ein unschätzbar wertvolles praktisches Instrument für die Lösung von Problemen, doch als Konzeption war seine Wellenmechanik ein Rückschritt, ein Rückgriff auf Vorstellungen des 19. Jahrhunderts. Den Weg hatte de Broglie mit seiner Idee gewiesen, daß Elektronenwellen, die »auf Bahnen« einen Atomkern umkreisen, eine Wellenlänge oder ein ganzzahliges Vielfaches der Wellenlänge in eine Bahn einpassen mußten, so daß Zwischenbahnen »verboten« waren. Schrödinger berechnete mit Hilfe der mathematischen Wellenformeln die in einer solchen Situation erlaubten Energieniveaus und war zunächst enttäuscht, als er Resultate erhielt, die mit den bekannten Mustern der atomaren Spektren nicht übereinstimmten. Dabei war sein Vorgehen nicht falsch, und sein anfänglicher Mißerfolg lag lediglich daran, daß er den Spin des Elektrons nicht berücksichtigt hatte – was eigentlich nicht erstaunlich ist, da der Begriff des Spin 1925 noch nicht verwendet worden war. Er ließ die Arbeit deshalb einige Zeit liegen und verpaßte so die Chance, der erste zu sein, der eine vollständige, logische und konsistente mathematische Behandlung der Quanten veröffentlichte. Er kam erst wieder auf die Idee zurück, als man ihn bat, in einem Kolloquium de Broglies Arbeit zu erläutern, und bei dieser Gelegenheit stellte er fest, daß er, wenn er die relativistischen Effekte in seinen Berechnungen fortließ, eine gute Übereinstimmung mit den Beobachtungen von Atomen in solchen Situationen erreichen konnte, in denen es auf relativistische Effekte nicht ankam. Wie Dirac später zeigen sollte, ist der Elektronenspin im Grunde eine relativistische Eigenschaft (und hat mit der im Englischen als Spin oder im Deutschen als Drall bezeichneten Eigenschaft von rotierenden Objekten aus unserer Alltagswelt nichts zu tun). So erschien Schrödingers großer Beitrag zur Quantentheorie in einer Reihe von Abhandlungen im Jahre 1926, den Aufsätzen von Heisenberg, Born und Jordan sowie Dirac dicht auf den Fersen.

Die Gleichungen, die Schrödinger bei seiner Variation über das Quantenthema benutzte, gehören zur selben Familie wie die Gleichungen, mit denen reale Wellen in unserer gewohnten Welt beschrieben werden, etwa die Wellen auf der Meeresoberfläche oder die Schallwellen, die Geräusche durch die Atmosphäre tragen. Die

Physiker nahmen sie begeistert auf, eben weil sie bequem und so vertraut erschienen. Der Unterschied im Herangehen an das Problem hätte nicht größer sein können. Heisenberg ließ bewußt jede Vorstellung vom Atom beiseite und bezog sich nur auf Größen, die experimentell gemessen werden konnten, wenngleich seine Theorie letzten Endes auf der Idee beruhte, daß Elektronen Teilchen sind. Schrödinger ging eindeutig von der physikalischen Vorstellung aus, daß das Atom etwas »Reales« ist; seine Theorie beruhte letzten Endes auf der Idee, daß Elektronen Wellen sind. Beide Ansätze führten zu Gleichungen, die exakt das Verhalten von Dingen beschrieben, die in der Welt der Quanten gemessen werden konnten.

Das war auf den ersten Blick erstaunlich. Bald führten jedoch Schrödinger selbst, dann Pauli, der Amerikaner Carl Eckart und schließlich auch Dirac und Pascual Jordan den mathematischen Nachweis, daß die verschiedenen Gleichungen einander exakt äquivalent und nur unterschiedliche Ansichten der gleichen mathematischen Welt waren. Sowohl die Nichtvertauschbarkeitsbeziehung als auch der entscheidende Faktor $h/2\pi i$ spielen in Schrödingers Gleichungen praktisch dieselbe Rolle wie in der Matrizenmechanik und der Quantenalgebra. Nachdem feststand, daß die verschiedenen Ansätze einander mathematisch tatsächlich äquivalent waren, wuchs das Vertrauen der Physiker in sie alle. Wenn man an die fundamentalen Probleme der Quantentheorie herangeht, gelangt man, unabhängig davon, welchen mathematischen Formalismus man bevorzugt, offenbar stets zu der gleichen Antwort. In mathematischer Hinsicht ist Diracs Variation über das Thema die vollständigste, weil seine Quantenalgebra sowohl die Matrizenmechanik als auch die Wellenmechanik als Sonderfälle enthält. Es ist jedoch nur zu verständlich, daß die Physiker der 20er Jahre jene Gleichungen bevorzugten, die ihnen am vertrautesten waren, nämlich die von Schrödingers Wellen, die sie im üblichen Sinne verstehen konnten und deren Gleichungen ihnen aus der üblichen Physik – der Optik, der Hydrodynamik und so weiter – vertraut waren. Möglicherweise ist jedoch gerade durch den Erfolg von Schrödingers Version ein fundamentales Verständnis der Quantenwelt um Jahrzehnte hinausgezögert worden.

Ein Schritt zurück

Nachträglich kommt es uns erstaunlich vor, daß nicht Dirac die Wellenmechanik entdeckt (oder erfunden) hat, denn die von Hamilton entwickelten Gleichungen, die sich in der Quantenmechanik als so zweckmäßig erwiesen, waren im 19. Jahrhundert gerade aus dem Bemühen entstanden, die Wellentheorie und die Teilchentheorie des Lichts miteinander zu vereinigen. Sir William Hamilton, 1805 in Dublin geboren, galt vielen als der herausragendste Mathematiker seiner Zeit. Seine größte Leistung (die seinerzeit allerdings nicht als solche betrachtet wurde) bestand darin, daß er die Gesetze der Optik und der Mechanik in einem einzigen mathematischen Rahmen zusammenfaßte, einem Gleichungsschema, mit dessen Hilfe sowohl die Bewegung einer Welle als auch die Bewegung eines Teilchens beschrieben werden konnte. Seine Arbeiten erschienen Ende der 20er und Anfang der 30er Jahre des 19. Jahrhunderts, und andere machten sich beide Aspekte seines Werkes zunutze. Sowohl in der Mechanik als auch in der Optik fand man in der zweiten Hälfte des 19. Jahrhunderts Anwendung für seine Gleichungen, doch kaum jemand nahm von dem vereinigten mechanisch-optischen System Kenntnis, das Hamiltons eigentliches Anliegen war. Aus Hamiltons Arbeiten ergab sich eindeutig, daß man in der Optik den Licht»strahl« ebenso durch den Wellenbegriff ersetzen mußte, wie man in der Mechanik die Bahn eines Teilchens durch Wellenbewegungen zu ersetzen hatte. Diese Vorstellung war der Physik des 19. Jahrhunderts jedoch so fremd, daß niemand, auch Hamilton nicht, sie artikulierte. Es war nicht so, daß die Idee vorgeschlagen und als absurd verworfen worden wäre; sie war einfach zu fantastisch, als daß irgend jemand auf sie gekommen wäre. Ein Physiker des 19. Jahrhunderts konnte ganz einfach nicht zu dieser Schlußfolgerung gelangen, und so konnte die Idee sich zwangsläufig erst durchsetzen, als erwiesen war, daß die klassische Mechanik für die Beschreibung atomarer Prozesse nicht ausreichte. Wenn man aber berücksichtigt, daß Sir William Hamilton ebenfalls einen mathematischen Formalismus ersann, in dem $a \times b \neq b \times a$ ist, dann kann man ihn wohl ohne Übertreibung als den vergessenen Begründer der Quantenmechanik bezeichnen. Hätte er es noch miterlebt, er hätte sicherlich sofort den

Zusammenhang zwischen Matrizenmechanik und Wellenmechanik gesehen; Dirac hätte ihn sehen können, aber es ist eigentlich nicht erstaunlich, daß ihm dieser Zusammenhang zunächst entging. Er war schließlich ein Student, der tief in seiner ersten größeren Forschungsarbeit steckte, und es gibt eine Grenze für das, was ein Mensch innerhalb weniger Wochen erbringen kann. Was aber wohl bedeutender ist: Er befaßte sich mit abstrakten Ideen, und indem er Heisenbergs Bemühen verfolgte, die Quantenphysik von der trauten, anheimelnden Vorstellung zu befreien, daß Elektronen um Atomkerne kreisen, erwartete er nicht, auf ein hübsches, anschauliches physikalisches Bild des Atoms zu stoßen. Im Gegensatz zu dem, was Schrödinger erwartete, lieferte die Wellenmechanik selber auch gar kein solch anheimelndes Bild, aber das wurde nicht sogleich erkannt.

Schrödinger glaubte, er habe mit der Einführung von Wellen in die Quantentheorie die Quantensprünge aus einem Zustand in den anderen eliminiert. Er stellte sich unter den »Übergängen« des Elektrons aus einem Energiezustand in den anderen etwas Ähnliches vor, wie wenn die Schwingung einer Violinensaite sich von einem Ton zu einem anderen (einer Oberschwingung zu einer anderen) verändert, und unter der Welle in seiner Wellengleichung stellte er sich die Materiewelle vor, von der de Broglie gesprochen hatte. Seine Hoffnungen, der klassischen Physik wieder zur Geltung zu verhelfen, verflüchtigten sich jedoch, als andere Forscher festzustellen versuchten, was den Gleichungen eigentlich zugrundeliegt. Bohr zum Beispiel wußte mit der Wellenvorstellung nichts anzufangen. Wie konnte eine Welle oder ein Zug von wechselwirkenden Wellen einen Geigerzähler dazu bringen, genauso zu tikken, als würde er ein einzelnes Teilchen feststellen? Was war es eigentlich, das im Atom »wellte«? Und wie – dies die entscheidende Frage – konnte die Natur der Strahlung des schwarzen Körpers mit Schrödingers Wellen erklärt werden? Bohr lud Schrödinger daher im Jahre 1926 ein, für einige Zeit nach Kopenhagen zu kommen, wo sie diese Probleme in Angriff nahmen und zu Lösungen gelangten, die Schrödinger nicht sonderlich angenehm waren.

Zunächst stellte sich bei näherer Untersuchung heraus, daß die Wellen selbst ebenso abstrakt waren wie Diracs q-Zahlen. Aus den Gleichungen ergab sich, daß es sich nicht um reale Wellen im

Raum handeln konnte – ähnlich wie die Kräuselwellen auf einem Teich –, sondern daß es sich um eine komplizierte Form von Schwingungen in einem imaginären mathematischen Raum handelte, dem sogenannten Phasenraum. Schlimmer noch: Jedes Teilchen (sagen wir, jedes Elektron) benötigt seine eigenen drei Dimensionen. Ein einzelnes Elektron kann durch eine Wellengleichung im dreidimensionalen Phasenraum (eigentlich Ortsraum) beschrieben werden; um zwei Elektronen zu beschreiben, ist ein sechsdimensionaler Phasenraum erforderlich; drei Elektronen erfordern neun Dimensionen usw. Was die Strahlung des schwarzen Körpers betraf, so blieb selbst dann, wenn alles in die Sprache der Wellenmechanik übersetzt wurde, die Notwendigkeit von diskreten Quanten und Quantensprüngen erhalten. Schrödinger war sehr verärgert und äußerte die seither oft zitierte Bemerkung: »Wenn es doch bei dieser verdammten Quantenspringerei bleiben soll, so bedaure ich, mich überhaupt jemals mit der Quantentheorie abgegeben zu haben.« Heisenberg schrieb dazu in *Physik und Philosophie:* »Die Paradoxa des Dualismus zwischen Wellen- und Partikelbild waren ja nicht gelöst; sie waren nur irgendwie in dem mathematischen Schema verschwunden.«

Die ansprechende Vorstellung, daß physikalisch reale Wellen den Atomkern umkreisen, eine Vorstellung, die Schrödinger dazu gebracht hatte, die heute mit seinem Namen verknüpfte Wellengleichung zu entdecken, ist zweifellos falsch. Die Wellenmechanik kann uns genauso wenig wie die Matrizenmechanik einen Einblick in die Realität der atomaren Welt verschaffen, doch im Unterschied zur Matrizenmechanik verschafft uns die Wellenmechanik eine *Illusion* von etwas Vertrautem und Anheimelndem. Diese anheimelnde Illusion hat sich bis heute erhalten und die Tatsache verschleiert, daß die atomare Welt sich von unserer gewohnten Welt total unterscheidet. Mehrere Generationen von Studenten, die in der Zwischenzeit ihrerseits zu Professoren geworden sind, wären wahrscheinlich zu einem sehr viel tieferen Verständnis der Quantentheorie gelangt, wenn man sie gezwungen hätte, sich ernsthaft mit der abstrakten Betrachtungsweise Diracs auseinanderzusetzen, und wenn ihnen die Vorstellung verwehrt worden wäre, daß das, was sie über das Verhalten von Wellen in unserer gewohnten Welt wissen, ein Bild vom Verhalten der Atome liefert.

Mein Eindruck ist deshalb, daß es zwar enorme Fortschritte gegeben hat, was die Anwendung der Quantenmechanik nach Art eines Kochbuchs auf viele interessante Probleme betrifft (ich erinnere an Diracs Bemerkung von den zweitklassigen Physikern, die erstklassige Arbeit leisten), daß wir aber heute, über fünfzig Jahre später, kaum weiter sind als die Physiker der ausgehenden 20er Jahre, was unser fundamentales Verständnis der Quantenphysik betrifft. Gerade weil die Schrödinger-Gleichung als praktisches Instrument so erfolgreich war, sind viele Menschen davon abgehalten worden, gründlich darüber nachzudenken, wie und warum dieses Instrument funktioniert.

Quanten-Kochkunst

Die Quanten-Kochkunst – die praktische Quantenphysik seit den 20er Jahren – beruht im Grunde auf Ideen, die in den späten 20er Jahren von Bohr und Born entwickelt worden waren. Bohr gab uns eine philosophische Grundlage, mit deren Hilfe wir die dualistische Natur (Teilchen und/oder Welle) der Quantenwelt in Einklang bringen können, und Born gab uns die Grundregeln, die wir bei der Zubereitung unserer Quantenrezepte zu befolgen haben.

Bohr sagte, *beide* theoretischen Vorstellungen, die der Teilchenphysik und die der Wellenphysik, seien gleichermaßen gültig, seien komplementäre Beschreibungen einer und derselben Realität. Keine dieser Beschreibungen ist an sich vollständig, und es ist eine Frage der Umstände, ob im gegebenen Fall das Teilchenkonzept oder das Wellenkonzept das angemessenere ist. Ein fundamentales Wesen wie das Elektron ist weder Teilchen noch Welle, aber unter gewissen Umständen verhält sich so, als wäre es eine Welle, und unter anderen Umständen verhält es sich so, als wäre es ein Teilchen (in Wirklichkeit ist es natürlich ein glittiger Körper). Es ist aber unter keinen Umständen ein Experiment denkbar, das zeigen würde, daß sich das Elektron gleichzeitig in der einen und in der anderen Weise verhält. Diese Idee, daß Welle und Teilchen zwei komplementäre Facetten der komplexen Persönlichkeit des Elektrons sind, bezeichnet man als Komplementarität.

Born fand für Schrödingers Wellen eine neue Deutung. Das,

worauf es in Schrödingers Gleichung ankommt und was zugleich den physikalischen Wellen auf dem Teich in unserer gewohnten Welt entspricht, ist die Wellenfunktion, die gewöhnlich durch den griechischen Buchstaben (ψ) gekennzeichnet wird. Born arbeitete in Göttingen mit Experimentalphysikern zusammen, die neue Experimente mit Elektronen durchführten, in denen sich die Teilchennatur des Elektrons fast täglich bestätigte, und er konnte einfach nicht akzeptieren, daß diese ψ-Funktion einer »realen« Elektronenwelle entsprechen sollte, wenngleich er – wie fast alle Physiker damals (und seither) – in den Wellengleichungen das bequemste Mittel zur Lösung vieler Probleme sah. Er suchte deshalb nach einer Möglichkeit, die Wellenfunktion mit der Existenz von Teilchen zu verknüpfen. Die Idee, die er aufgriff, war zuvor schon in der Debatte über die Natur des Lichts angesprochen worden, aber nun machte er sie sich zu eigen und entwickelte sie weiter. Die Teilchen, sagte Born, sind real, werden aber in einem gewissen Sinne von der Welle gelenkt, und die Stärke der Welle (genauer, der Wert von ψ^2) an irgendeinem Punkt im Raum ist ein Maß der *Wahrscheinlichkeit* dafür, das Teilchen an diesem Punkt anzutreffen. Wo ein Teilchen wie das Elektron sich befindet, können wir nie mit Sicherheit wissen, doch die Wellenfunktion erlaubt uns, die Wahrscheinlichkeit zu berechnen dafür, daß wir, wenn wir ein Experiment durchführen mit dem Ziel, das Elektron zu lokalisieren, es an einem bestimmten Ort antreffen werden. Das Merkwürdigste an dieser Idee ist, daß ihr zufolge ein Elektron irgendwo sein kann, nur ist es äußerst wahrscheinlich, daß es sich an bestimmten Stellen befindet, und sehr unwahrscheinlich, daß es sich an anderen Stellen befindet. Genau wie die statistischen Regeln, nach denen es *möglich* ist, daß sich die gesamte Luft im Raum in den Ecken konzentriert, ließ Borns Interpretation von ψ die ohnehin schon ungewisse Quantenwelt noch ungewisser werden.

Was Bohr und Born sagten, paßte sehr gut zu der Entdeckung, die Heisenberg Anfang 1927 machte, daß nämlich den Gleichungen der Quantenmechanik tatsächlich Unbestimmtheit innewohnt. Der gleiche mathematische Formalismus, dem zufolge pq $\neq$ qp ist, besagt auch, daß wir nie mit Bestimmtheit sagen können, wie groß p und q sind. Wenn wir mit p etwa den Impuls eines Elektrons bezeichnen und mit q seinen Ort, so ist denkbar, daß wir entweder p oder q sehr genau messen. Den »Fehler« unserer Messung können wir mit Δp beziehungsweise Δq bezeichnen, da die Mathematiker geringe Anteile von variablen Größen mit dem griechischen Buchstaben Δ, bezeichnen. Heisenberg zeigte nun, daß der Versuch, (in diesem Fall) *sowohl* den Ort *als auch* den Impuls eines Elektrons zu messen, nie völlig gelingen kann, weil Δp × Δq *immer* größer sein muß als *h*, die Plancksche Konstante, dividiert durch 2π. Je genauer wir den Ort eines Objekts kennen, um so weniger gewiß sind wir seines Impulses, wohin es immer fliegt. Und wenn wir seinen Impuls sehr genau kennen, können wir nicht ganz sicher sein, wo es sich befindet. Diese Unbestimmtheitsrelation (oder auch Unschärferelation) hat weitreichende Konsequenzen, die im dritten Teil dieses Buches erörtert werden. Diese Unbestimmtheit – und das muß man sich wirklich klarmachen – bedeutet jedoch nicht, daß die Experimente, mit deren Hilfe die Eigenschaften des Elektrons gemessen werden sollen, unzulänglich sind. Es ist eine Grundregel der Quantenmechanik, daß es *prinzipiell* unmöglich ist, bestimmte Merkmalspaare, darunter auch Ort und Impuls, gleichzeitig genau zu messen. Auf der Quantenebene gibt es keine absolute Wahrheit.[6]

Die Heisenbergsche Unschärferelation mißt den Betrag, um den sich die komplementären Beschreibungen des Elektrons oder andere fundamentale Größen überlappen. Der Aufenthaltsort ist ganz und gar eine Teilcheneigenschaft – Teilchen können präzise lokalisiert werden. Wellen dagegen haben keinen genauen Ort, aber sie haben einen Impuls. Je mehr man über den Wellenaspekt der Realität weiß, umso weniger weiß man über das Teilchen, und umgekehrt. Experimente, die so ausgelegt sind, daß sie Teilchen entdecken sollen, entdecken stets Teilchen; Experimente, die so ausgelegt sind, daß sie Wellen entdecken sollen, entdecken stets Wellen. Es gibt aber kein Experiment, das zeigen würde, daß sich das Elektron gleichzeitig wie eine Welle und wie ein Teilchen verhält.

Bohr betonte die Wichtigkeit von Experimenten für unser Verständnis der Quantenwelt. Wir können die Quantenwelt nur erkunden, indem wir Experimente machen, und jedes Experiment bedeutet ja, daß wir an die Quantenwelt eine Frage stellen. Die Fragen, die wir stellen, sind stark von unserer gewöhnlichen Erfahrung geprägt, so daß wir nach Eigenschaften wie »Impuls« und »Wellenlänge« suchen, und wir erhalten »Antworten«, die wir im Sinne dieser Eigenschaften deuten. Die Experimente wurzeln in der klassischen Physik, obwohl wir wissen, daß die klassische Physik als Beschreibung atomarer Prozesse ungeeignet ist. Obendrein müssen wir in die atomaren Prozesse eingreifen, um sie überhaupt beobachten zu können, und das bedeutet, wie Bohr sagte, daß es sinnlos ist, zu fragen, was die Atome tun, wenn wir sie nicht betrachten. Wir können, wie Born erklärte, lediglich die Wahrscheinlichkeit berechnen, daß ein bestimmtes Experiment zu einem bestimmten Ergebnis führen wird.

Die Gesamtheit dieser Ideen – Unbestimmtheit, Komplementarität, Wahrscheinlichkeit und Störung des beobachteten Systems durch den Beobachter – bezeichnet man als »Kopenhagener Deutung« der Quantenmechanik, obwohl niemand in Kopenhagen« (oder anderswo) je mit so vielen Worten eine bestimmte Aussage unter der Überschrift »Die Kopenhagener Deutung« niedergeschrieben hat und einer der Hauptbestandteile, die statistische Deutung der Wellenfunktion, in Wirklichkeit von Max Born in Göttingen stammte. Vielen Menschen bedeutet die Kopenhagener Deutung vieles, wenn auch nicht allen Menschen alles, und ihr haftet eine Verschwommenheit an, die in der verschwommenen Welt der quantenmechanischen glittigen Tobs angemessen ist. Bohr trug das Konzept im September 1927 auf einer Konferenz in Como (Italien) erstmals öffentlich vor. Damit war die widerspruchsfreie Theorie der Quantenmechanik in einer Form abgeschlossen, in der sie von jedem fähigen Physiker benutzt werden konnte, um Probleme mit Atomen und Molekülen zu lösen, ohne sich über fundamentale Fragen den Kopf zerbrechen zu müssen; er mußte lediglich bereit sein, dem Kochbuch zu folgen und die Antworten herzustellen.

In der Folgezeit wurden von Männern wie Dirac und Pauli viele fundamentale Erkenntnisse beigesteuert, und die Pioniere der neuen Quantentheorie wurden vom Nobelkomitee gebührend geehrt, wenngleich die Zuteilung der Preise der merkwürdigen Logik des Komitees folgte. Heisenberg erhielt seinen Preis 1932 und war sehr verärgert, daß der Preis nicht ebenfalls an seine Kollegen Born und Jordan gegangen war; Born selbst war darüber lange verbittert und hat oft geäußert, daß Heisenberg nicht einmal gewußt habe, was eine Matrix ist, bis er (Born) es ihm erklärt habe; 1953 schrieb er in einem Brief an Einstein, daß »er (...) damals tatsächlich nicht wußte, was eine Matrix ist. Er hat die Ernte für gemeinsame Arbeit eingeheimst, soweit es äußeren Erfolg, wie Nobelpreis und solche Dinge, betrifft.«[7] Schrödinger und Dirac teilten sich den Preis für Physik im Jahre 1933, doch Pauli mußte bis 1945 warten, ehe er für die Entdeckung des Ausschließungsprinzips seinen Preis empfing, und Born wurde für seine Arbeit über die wahrscheinlichkeitstheoretische Deutung der Quantenmechanik 1954 endlich mit einem Nobelpreis geehrt.[8]

All diese Aktivität – die neuen Entdeckungen in den 30er Jahren, die Zuerkennung der Preise und die neuen Anwendungen der Quantentheorie in der Zeit nach dem Zweiten Weltkrieg – darf jedoch nicht die Tatsache verschleiern, daß die Ära der fundamentalen Fortschritte fürs erste vorbei war. Es ist möglich, daß wir wieder vor einer solchen Ära stehen und daß es neue Fortschritte geben wird, wenn man die Kopenhagener Deutung und die anheimelnde Pseudovertrautheit der Schrödingerschen Wellenfunktion aufgibt. Doch bevor wir uns diesen dramatischen Möglichkeiten zuwenden, ist es nur gerecht, wenn wir darlegen, was mit der Theorie, die im wesentlichen vor dem Ende der 20er Jahre abgeschlossen war, alles erreicht worden ist.

7. Kapitel: Mit Quanten kochen

Um die Rezepte im Quantenkochbuch anzuwenden, brauchen Physiker nur ein paar einfache Dinge zu wissen. Es gibt kein Modell davon, wie das Atom und die Elementarteilchen wirklich beschaffen sind, und nichts, das uns verraten würde, was geschieht, wenn wir sie nicht betrachten. Die Gleichungen der Wellenmechanik (der beliebtesten und am häufigsten benutzten Variation über das Thema) können aber für Vorhersagen auf statistischer Grundlage benutzt werden. Wenn wir ein Quantensystem beobachten und bei unserer Messung das Ergebnis A erhalten, sagen uns die Quantengleichungen, wie groß die Wahrscheinlichkeit ist, daß wir Ergebnis B (oder C, D oder was auch immer) erhalten, wenn wir zu einem späteren Zeitpunkt die gleiche Beobachtung wiederholen. Die Quantentheorie sagt uns *nicht,* wie Atome aussehen oder was sie tun, wenn wir sie nicht betrachten. Die meisten, die sich heute der Wellengleichungen bedienen, sehen das leider nicht ganz ein und legen zur Bedeutung der Wahrscheinlichkeiten nur ein Lippenbekenntnis ab. Was die Studenten heute lernen, sind, wie Ted Bastin gesagt hat, »die zu einer festen Form geronnenen Ideen, die in den späten 20er Jahren aktuell waren, ... ist das, womit der durchschnittliche Physiker, der sich nie danach fragt, was er über die fundamentalen Fragen denkt, bei der Lösung seiner Einzelprobleme arbeiten kann.«[1] Sie lernen, die Wellen für etwas Reales zu halten, und kaum einer absolviert einen Kurs in Quantentheorie, ohne daß er hinterher eine bildliche Vorstellung vom Atom hat. Man arbeitet mit der wahrscheinlichkeitstheoretischen Interpretation, ohne sie wirklich zu verstehen, und es ist ein Beweis für die Kraft der von Schrödinger und besonders von Dirac entwickelten Gleichungen sowie der von Born bereitgestellten Interpretation, wenn man, auch ohne zu verstehen, warum die Rezepte funktionieren, mit Quanten so gut zu kochen versteht.

Der erste Quanten-Küchenchef war Dirac. Wie er der erste außerhalb Göttingens gewesen war, der die neue Matrizenmechanik verstanden und weiterentwickelt hatte, so war er auch derjenige, der Schrödingers Wellenmechanik weiterentwickelte und dabei auf eine sichere Grundlage stellte. Dirac änderte die Gleichungen so ab, daß sie den Forderungen der Relativitätstheorie entsprachen, indem er die Zeit als vierte Dimension hinzunahm, und er stellte im Jahre 1928 fest, daß er herausbekam, was nach heutiger Ansicht für den Spin des Elektrons steht, nämlich unerwartet eine Erklärung für die Aufspaltung von Spektrallinien zu Dubletts, welche den Theoretikern während des ganzen Jahrzehnts ein Rätsel gewesen war. Diese Verbesserung der Gleichungen führte gleichzeitig zu einem anderen unerwarteten Ergebnis, das der modernen Entwicklung der Teilchenphysik den Weg ebnete.

Antimaterie

Gemäß den Gleichungen Einsteins ist die Energie eines Teilchens von der Masse m und dem Impuls p gegeben durch
$$E^2 = m^2c^4 + p^2c^2,$$
was sich, wenn der Impuls gleich Null ist, zu der wohlbekannten Gleichung $E = mc^2$ reduziert. Aber das ist nicht alles. Die bekanntere Formel entsteht ja dadurch, daß wir die Quadratwurzel der vollständigen Gleichung nehmen, und so müssen wir mathematisch korrekt sagen, daß E positiv oder negativ sein kann. So wie $2 \times 2 = 4$ ist, ist auch $-2 \times -2 = 4$, und strenggenommen ist also $E = \pm mc^2$. Wenn in Gleichungen solche »negativen Wurzeln« auftauchen, kann man sie in der Regel als sinnlos abtun, und es ist »offenkundig«, daß das einzige Ergebnis, an dem wir interessiert sind, die positive Wurzel ist. Dirac tat aber, da er ein Genie war, diesen offenkundigen Schritt nicht, sondern dachte darüber nach, was dahintersteckte. In der relativistischen Version der Quantenmechanik ergeben sich zweierlei Energieniveaus: Die eine Art ist vollkommen positiv und entspricht mc^2, die andere ist voll und ganz negativ und entspricht $-mc^2$. Der Theorie zufolge müßten Elektronen in den niedrigsten nicht besetzten Energiezustand fallen, und selbst der höchste negative Energiezustand ist tiefer als

der niedrigste positive Energiezustand. Was bedeuten also die negativen Energiezustände, und warum fielen nicht alle Elektronen des Universums in diese Zustände und verschwanden?

Diracs Antwort auf diese Frage ging von der Tatsache aus, daß Elektronen Fermionen sind und jeweils nur ein Elektron in einen möglichen Zustand übergehen kann (zwei pro Energieniveau und jeweils eins für jeden der beiden Spinwerte). Daß die Elektronen nicht in die negativen Energiezustände fielen, mußte nach seiner Überlegung daran liegen, daß alle diese Zustände bereits besetzt waren. Was wir den »leeren Raum« nennen, ist in Wirklichkeit ein Meer von Elektronen mit negativer Energie! Damit ließ er es noch nicht bewenden. Gibt man einem Elektron Energie, so wird es die Treppe der Energiezustände hinaufspringen. Wenn wir daher einem Elektron in dem Meer negativer Energie genügend Energie geben, müßte es in die reale Welt hinaufspringen und als gewöhnliches Elektron sichtbar werden. Um aus dem Zustand $- mc^2$ in den Zustand $+ mc^2$ zu gelangen, ist offenkundig ein Energieeinsatz von $2mc^2$ erforderlich, der bei der Masse des Elektrons etwa 1 MeV beträgt und in atomaren Prozessen oder bei Zusammenstößen von Teilchen leicht bereitgestellt werden kann. Das Elektron mit negativer Energie würde, in die reale Welt befördert, in jeder Hinsicht normal sein, aber es würde in dem Meer negativer Energie eine Lücke hinterlassen, das *Fehlen* eines negativ geladenen Elektrons. Eine solche Lücke, sagt Dirac, müßte sich wie ein positiv geladenes Teilchen verhalten (so wie sich aus einer doppelten Verneinung eine Bejahung ergibt, müßte das Fehlen eines negativ geladenen Teilchens in einem negativen Meer als positive Ladung erscheinen). Als Dirac diesen Gedanken zum erstenmal durchdachte, kam er zu dem Schluß, daß dieses positiv geladene Teilchen wegen der Symmetrie der Situation die gleiche Masse haben müßte wie das Elektron. In der Version, die er dann veröffentlichte, deutete er jedoch in einem Moment der Schwäche an, daß das positive Teilchen das Proton sein könnte, das einzige Teilchen außer dem Elektron, das man in den späten 20er Jahren kannte. Das war, wie er in *Directions in Physics* schreibt, vollkommen falsch; er hätte den Mut haben sollen, vorherzusagen, daß die Experimentatoren ein zuvor unbekanntes Teilchen mit der gleichen Masse wie das Elektron, aber einer positiven Ladung finden würden.

Zunächst war man sich nicht ganz sicher, wie man Diracs Arbeit aufnehmen sollte. Die Vorstellung, das positive Gegenstück zum Elektron sei das Proton, wurde aufgegeben, aber niemand nahm die Idee positiver Elektronen sonderlich ernst, bis Carl Anderson, ein amerikanischer Physiker, bei seinen bahnbrechenden Beobachtungen der kosmischen Strahlung im Jahre 1932 die Spur eines positiv geladenen Teilchens entdeckte. Kosmische Strahlen sind energiereiche Teilchen, die aus dem Weltraum zur Erde gelangen. Entdeckt hatte sie der Österreicher Viktor Franz Hess vor dem Ersten Weltkrieg, und dafür teilte er sich 1936 den Nobelpreis mit Anderson. Bei Andersons Experiment ging es darum, geladene Teilchen auf ihrem Weg durch eine Nebelkammer zu verfolgen, eine Vorrichtung, in der die Teilchen eine Spur ähnlich dem Kondensstreifen eines Flugzeugs hinterlassen; und Anderson fand, daß einige Teilchen Spuren erzeugten, die durch ein Magnetfeld um den gleichen Betrag abgelenkt wurden wie die Spur eines Elektrons, aber in entgegengesetzter Richtung. Es konnten nur Teilchen sein, die die gleiche Masse wie das Elektron besitzen, aber eine positive Ladung, und man taufte sie »Positronen«. Drei Jahre, nachdem Dirac seinen Preis erhalten hatte, erhielt Anderson 1936 den Nobelpreis für diese Entdeckung, die die Auffassung der Physiker von der Welt der Teilchen grundlegend veränderte. Sie hatten einerseits schon lange vermutet, daß es ein neutrales atomares Teilchen gibt, das Neutron, das James Chadwick 1932 fand (wofür er den Nobelpreis von 1935 bekam). Andererseits waren sie von der Idee, daß der Atomkern aus positiven Protonen und neutralen Neutronen besteht und von negativen Elektronen umgeben ist, ziemlich angetan. In dieser Vorstellung war jedoch für Positronen kein Raum, und die Vorstellung, daß Teilchen aus Energie erzeugt werden könnten, führte zu einem völlig neuen Begriff des fundamentalen Teilchens.

Im Prinzip kann durch den Dirac-Prozeß aus Energie jedes Teilchen erzeugt werden, vorausgesetzt, man erzeugt dabei jeweils sein Antiteilchen, die »Lücke« im Meer der negativen Energie. Physiker drücken sich zwar, wenn sie heute von der Teilchenerzeugung sprechen, gern etwas gelehrter aus, doch die Regeln sind weitgehend die gleichen und eine der wichtigsten Regeln besagt, daß ein Teilchen, wann immer es mit seinem Gegenstück, dem

Antiteilchen, zusammenstößt, es »in das Loch fällt«, in dem es die Energie $2\,mc^2$ freisetzt und verschwindet, weniger in einer Rauchwolke als vielmehr in einem Schauer von Gammastrahlen. Viele Physiker hatten auch schon vor 1932 Teilchenspuren in Nebelkammern beobachtet, und viele der Spuren, die sie beobachteten, müssen Spuren von Positronen gewesen sein, doch bis zu Andersons Entdeckung hatte man stets angenommen, diese Spuren seien durch Elektronen hervorgerufen, die sich in einen Atomkern hineinbewegen, statt durch Positronen, die aus einem Atomkern herauskommen. Die Physiker waren damals gegen die Vorstellung von neuen Teilchen voreingenommen. Heute ist es umgekehrt, und Dirac sagt dazu: »Man ist nur allzu bereit, beim geringsten theoretischen und experimentellen Anhaltspunkt ein neues Teilchen zu postulieren« (*Directions in Physics*, S. 18). Das hat aber dazu geführt, daß der Teilchenzoo nicht bloß die beiden fundamentalen Teilchen umfaßt, die man in den 20er Jahren kannte, sondern über 200, die alle mit der entsprechenden Energie in Teilchenbeschleunigern erzeugt werden können und überwiegend in hohem Maße instabil sind, denn sie »zerfallen« sehr rasch in einen Schauer von anderen Teilchen und Strahlung. Das Antiproton und das Antineutron, die man in der Mitte der 50er Jahre entdeckte, gehen in diesem Zoo beinahe unter, liefern aber gleichwohl eine wichtige Bestätigung dafür, daß Diracs ursprüngliche Ideen wichtig waren.

Über den Teilchenzoo sind ganze Bücher geschrieben worden, und viele Physiker haben sich eine Karriere als Teilchentaxonomen geschaffen. Nach meinem Eindruck kann aber an einer solchen Fülle von Teilchen nichts sehr Fundamentales sein, und die Situation ist ähnlich wie in der Spektroskopie, bevor die Quantentheorie kam und die Spektroskopiker zwar die Beziehungen zwischen den Linien in verschieden Spektren messen und katalogisieren konnten, aber keine Ahnung hatten, welche Ursachen den von ihnen beobachteten Beziehungen zugrundelagen. Die Grundregeln für die Erzeugung der Überfülle von bekannten Teilchen müssen von etwas wirklich Fundamentalerem bestimmt sein – eine Auffassung, die Einstein in den 50er Jahren gegenüber seinem Biographen Abraham Pais äußerte: »Es war offenkundig, daß die Zeit nach seiner Ansicht noch nicht reif war, sich über solche

Dinge den Kopf zu zerbrechen, und daß diese Teilchen am Ende als Lösungen der Gleichungen einer einheitlichen Feldtheorie erscheinen würden.«[2] Dreißig Jahre weiter sieht es ganz danach aus, als habe Einstein Recht gehabt, und im Epilog wird in vagen Umrissen eine mögliche einheitliche Theorie beschrieben, die den Teilchenzoo miteinschließt. Hier genügt jedoch der Hinweis, daß die gewaltige Explosion der Teilchenphysik seit den 40er Jahren ihre Wurzeln in Diracs Weiterentwicklung der Quantentheorie hat, in den ersten Rezepten des Quanten-Kochbuchs.

Das Innere des Kerns

Nachdem die Quantenmechanik das Verhalten von Atomen so erfolgreich erklärt hatte, lag es nahe, daß die Physiker ihre Aufmerksamkeit der Kernphysik zuwandten, doch trotz vieler praktischer Erfolge (darunter auch der Reaktor von Three Mile Island und die Wasserstoffbombe) haben wir davon, was im Kern vorsichgeht, noch immer keine so klare Vorstellung wie vom Verhalten des Atoms. Im Grunde ist das nicht so erstaunlich. Der Kern ist, was den Radius betrifft, hunderttausendmal kleiner als das Atom; da das Volumen der dritten Potenz des Radius proportional ist, ist es sinnvoller, wenn man sagt, daß das Atom tausend Millionen Millionen (10^{15}) mal größer ist als der Kern. Einfache Erscheinungen wie die Masse und die Ladung des Kerns kann man messen, und aus diesen Messungen ergibt sich der Begriff der Isotopen: Kerne, die die gleiche Anzahl von Protonen aufweisen und daher Atome bilden, die die gleiche Anzahl von Elektronen (und die gleichen chemischen Eigenschaften) besitzen, sich aber in der Anzahl der Neutronen und damit in der Masse unterscheiden.

Da alle Protonen, die sich in dem Kern drängen, positiv geladen sind und folglich einander abstoßen, muß es einen stärkeren »Klebstoff« geben, der sie zusammenhält, eine Kraft, die nur über die sehr kurze Reichweite wirkt, die der Größe des Kerns entspricht, und diese Kraft nennt man starke Kernkraft oder starke Wechselwirkung (es gibt auch eine schwache Wechselwirkung, die schwächer ist als die elektromagnetische Kraft, aber bei einigen Kernreaktionen eine wichtige Rolle spielt). Außerdem sieht es so aus, als seien die Neutronen auch für die Stabilität des Kerns von Bedeutung, denn durch bloßes Abzählen der Protonen und Neutronen in stabilen Kernen gelangen die Physiker zu einer ähnlichen Vorstellung wie der, daß die Elektronen sich auf Schalen um den Kern verteilen. Von den natürlich vorkommenden Kernen besitzt Uran die größte Zahl von Protonen, nämlich 92. Physiker haben zwar schon Kerne mit bis zu 106 Protonen herstellen können, doch diese sind (mit Ausnahme einiger Isotopen von Plutonium, Ordnungszahl 94) instabil und zerfallen in andere Kerne. Insgesamt kennt man etwa 260 stabile Kerne; der Stand unserer Kenntnisse von diesen Kernen ist aber auch heute noch so unzulänglich, daß er nicht einmal an das Bohrsche Modell als Beschreibung des Atoms heranreicht. Es gibt jedoch klare Anhaltspunkte dafür, daß der Kern eine innere Struktur besitzt.

Besonders stabil sind Kerne mit 2,8, 20, 28, 50, 82 und 126 Nukleonen (Neutronen oder Protonen), und die entsprechenden Elemente kommen in der Natur sehr viel häufiger vor als Elemente, deren Atome eine etwas andere Zahl von Nukleonen aufweisen, so daß man gelegentlich von »magischen Zahlen« spricht. Die Struktur des Kerns wird jedoch maßgeblich von den Protonen bestimmt, und der Bereich, in dem ein Element durch eine unterschiedliche Anzahl von Neutronen Isotopen bilden kann, ist begrenzt – die Zahl der zulässigen Neutronen ist im allgemeinen ein bißchen größer als die Zahl der Protonen und nimmt mit schwereren Elementen zu. Besonders stabil sind Kerne, die eine magische Anzahl sowohl von Protonen als auch von Neutronen enthalten, und auf dieser Grundlage sagen Theoretiker voraus, daß superschwere Elemente, deren Kern etwa 114 Protonen und 184 Neutronen enthält, stabil sein müßten; bisher ist es aber nicht gelungen, solche massereichen Kerne in der Natur zu finden, oder in Teilchenbeschleunigern dadurch herzustellen, daß man den massereichsten, in der Natur vorkommenden Kernen weitere Nukleonen hinzufügt.

Den stabilsten aller Kerne hat Eisen-56, und leichtere Kerne nehmen »gern« Nukleonen auf und werden zu Eisen, während schwere Kerne »gern« Nukleonen verlieren und sich der stabilsten Form annähern. Im Inneren der Sterne werden die leichtesten Kerne – Wasserstoff und Helium – in einer Reihe von Kernreaktionen, die die leichten Kerne miteinander verschmelzen lassen, in schwere Kerne verwandelt; auf dem Weg zum Eisen hin entstehen Elemente wie Kohlenstoff und Sauerstoff, und dabei wird Energie freigesetzt. Wenn ein Stern als Supernova explodiert, geht sehr viel Gravitationsenergie in die Kernprozesse ein, und dadurch wird die Verschmelzung über das Eisen hinausgetrieben, so daß schwerere Elemente gebildet werden, darunter auch Uran und Plutonium. Wenn schwere Elemente sich zu der stabilsten Konfiguration zurückentwickeln, indem sie Nukleonen in Gestalt von Alphateilchen, Elektronen, Positronen oder einzelnen Neutronen ausstoßen, setzen sie ebenfalls Energie frei, eine Energie, die im wesentlichen in der aufgespeicherten Energie einer lange zurückliegenden Supernovaexplosion besteht. Ein Alphateilchen besteht eigentlich aus dem Kern eines Heliums und enthält zwei Protonen und zwei Neutronen. Wenn ein Kern ein solches Teilchen aussendet, verringert sich seine Masse um vier und seine Kernladungszahl um zwei Einheiten. Dabei verhält er sich nach den Regeln der Quantenmechanik und den von Heisenberg entdeckten Unschärferelationen.

Die Nukleonen werden innerhalb des Kerns durch die starke

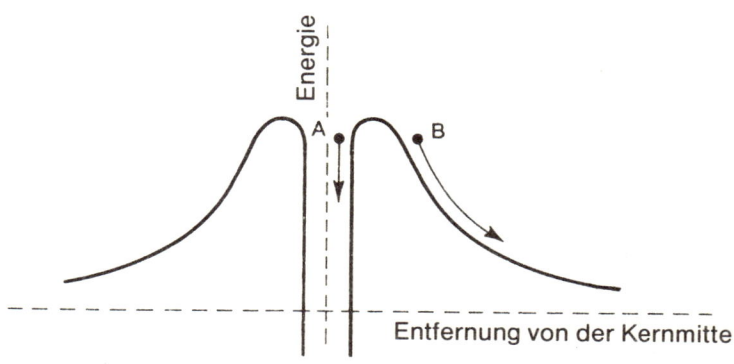

Abbildung 7.1 *Ein Potentialwall im Herzen eines Atomkerns. Ein Teilchen, das sich bei A befindet, muß innerhalb des Walls bleiben, es sei denn, es könnte genügend Energie gewinnen, um »über den Berg« nach B zu springen, wo es dann »bergab« enteilen wird. Die Quantenunschärfe erlaubt, daß ein Teilchen, das nicht genügend eigene Energie besitzt, um den Berg zu erklimmen, gelegentlich von A nach B (oder von B nach A) »durchtunnelt«.*

Wechselwirkung zusammengehalten, aber wenn ein Alphateilchen sich nur wenig außerhalb des Kerns befindet, wird es stark durch die elektromagnetische Kraft abgestoßen. Aus dem Zusammenwirken dieser beiden Kräfte entsteht das, was die Physiker einen »Potentialwall« nennen. Man stelle sich den Querschnitt durch einen Vulkan mit sanft geneigten Abhängen und einem tiefen Krater vor. Plaziert man einen Ball knapp außerhalb des Kraterrandes, so wird er immer an der Außenseite des Berges hinabrollen; plaziert man ihn knapp innerhalb des Kraterrandes, so wird er in das Innere des Vulkans stürzen. Die Nukleonen innerhalb des Kerns befinden sich in einer ähnlichen Situation: Sie sind innerhalb des Walls, im Inneren des Atoms, aber wenn sie, und sei es auch nur um ein winziges, über den »Rand« hinauskommen könnten, würden sie »fortrollen«, getrieben durch die elektromagnetische Kraft. Der Haken ist nun, daß Nukleonen oder Gruppen von Nukleonen wie etwa ein Alphateilchen nach der klassischen Mechanik einfach nicht genügend Energie haben, um den Potentialwall zu erklimmen und über den Rand hinauszukommen – hätten sie diese Energie, dann befänden sie sich erst gar nicht innerhalb des Walls. Die Quantenmechanik sieht diese Situation noch ein wenig anders. Der Potentialwall stellt zwar immer noch eine Barriere dar, aber er ist nicht unüberwindlich, und es besteht eine bestimmte, wenn auch geringe Wahrscheinlichkeit dafür, daß ein Alphateilchen sich tatsächlich außerhalb und nicht innerhalb des Kerns befindet. Eine Folgerung aus den Heisenbergschen Unschärferelationen betrifft die Energie und die Zeit; ihr zufolge kann die Energie eines Teilchens nur innerhalb eines Spielraums ΔE während einer Zeitspanne Δt bestimmt werden, derart, daß $\Delta E \times \Delta t$ größer als $h/2\pi$ ist. Für kurze Zeit kann ein Teilchen sich von der Unschärferelation Energie »borgen«, dadurch genügend Energie gewinnen, um über die Potentialbarriere zu springen, um dann die Energie zurückzugeben. Wenn es wieder in seinen »eigentlichen« Energiezustand zurückkehrt, befindet es sich nicht knapp innerhalb, sondern knapp außerhalb der Barriere und eilt davon.

Man kann die Sache auch unter dem Aspekt der Unbestimmtheit des Ortes betrachten. Bei einem Teilchen, das sich »in Wirklichkeit« knapp innerhalb der Barriere befindet, kann es den Anschein haben, als sei es knapp außerhalb, weil sein Ort in der Quantenmechanik nur verschwommen bestimmt werden kann. Je größer die Energie des Teilchens ist, umso leichter kann es entkommen, aber es muß *nicht* genügend Energie haben, um den Potentialwall tatsächlich zu erklimmen, wie es die klassische Theorie fordert. Der Vorgang verläuft so, als würde sich das Teilchen durch die Barriere einen Tunnel nach draußen graben, und es handelt sich dabei um einen reinen Quanteneffekt.[3] Darauf beruht der radioaktive Zerfall; um jedoch die Kernspaltung zu verstehen, müssen wir auf ein anderes Modell des Kerns zurückgreifen.

Vergessen wir einstweilen die einzelnen Nukleonen in ihren Schalen und betrachten wir den Kern als ein Flüssigkeitströpfchen. Ein Wassertropfen kann hin- und herzittern und dabei seine Form verändern, und in diesem Sinne kann man einige der kollektiven Eigenschaften des Kerns auf seine sich verändernde Form zurückführen. Einen großen Kern kann man sich so vorstellen, daß er hin- und herzittert, so daß er bald die Form einer Kugel, bald die Form einer dicken Hantel und dann wieder die Form einer Kugel annimmt. Führt man einem solchen Kern Energie zu, so kann die Schwingung derart extrem werden, daß der Kern in zwei kleinere Kerne zerreißt und dabei winzige Tröpfchen, Alpha- und Beta-Teilchen sowie Neutronen abplatzen. Bei manchen Kernen kann dieses Zerreißen dadurch ausgelöst werden, daß ein schnell bewegtes Neutron auf den Kern prallt. Zu einer Kettenreaktion kommt es, wenn jeder Kern, der auf diese Weise gespalten wird, genügend Neutronen erzeugt, so daß wenigstens zwei Kerne in seiner Nachbarschaft ebenfalls aufgespalten werden. Bei Uran 235, das 92 Protonen und 143 Neutronen enthält, entstehen aus einem Urankern immer zwei ungleiche Kerne mit Kernladungszahlen zwischen 34 und 58, die sich jeweils zu 92 addieren, und eine Streuung von freien Neutronen. Jede Spaltung setzt eine Energie von etwa 200 MeV frei, und jede löst mehrere weitere Spaltungen aus, vorausgesetzt, der Uranbrocken ist so groß, daß die Neutronen nicht ganz aus ihm herausfliegen. Dies ist, wenn man ihn exponentiell weiterlaufen läßt, der Vorgang, der sich in einer Atombombe abspielt; wird er durch ein Material, das Neutronen absorbiert, so gebremst, daß der Prozeß gerade in Gang bleibt, so haben wir einen kontrollierten Spaltungsreaktor, mit dem man Wasser zu Dampf erhitzen und Strom erzeugen kann. Auch hier ist die Energie, die wir gewinnen, die gespeicherte Energie einer lang zurückliegenden und weit entfernten Sternexplosion.

Mit der Fusion können wir dagegen hier auf der Erde die Energieerzeugung nachahmen, wie sie sich in einem Stern wie der Sonne abspielt. Bisher ist es uns lediglich gelungen, den ersten Schritt der Fusionskette, die Verschmelzung von Wasserstoff zu Helium, zu kopieren; noch haben wir die Reaktion nicht kontrollieren können, sondern wir konnten sie lediglich in der Wasserstoffbombe ablaufen lassen. Das Kunststück, das bei der Fusion zu vollbringen ist, ist das Gegenteil dessen, was bei der Spaltung passiert. Statt einen großen Kern dazu zu bringen, daß er zerbricht, muß man kleine Kerne zusammenzwingen, gegen die natürliche elektrostatische Abstoßung ihrer positiven Ladungen, bis sie einander so nahe sind, daß die starke Kernkraft, die nur eine sehr kurze Reichweite hat, die elektrische Kraft überwinden und sie zusammenziehen kann. Sobald man einige Kerne dazu gebracht hat, auf diese Weise zu verschmelzen, entsteht eine Wärme, die die Energien auseinandertreibt, so daß andere Kerne, die kurz vor der Verschmelzung stehen, auseinandergerissen werden und der ganze Prozeß zum Stehen kommt.[4] Ob die Hoffnung, künftig aus der Kernfusion unbegrenzt Energie zu gewinnen, sich erfüllen wird, hängt davon ab, ob man es schaffen wird, Kerne solange an einer Stelle zusammenzuhalten, daß ein sinnvoller Energiegewinn herauskommt. Wichtig ist auch, daß man einen Prozeß findet, der mehr Energie freisetzt, als man zuvor gebraucht hat, um die Kerne zusammenzupressen. Bei einer Bombe ist es ganz leicht: Man braucht nur die Kerne, die man miteinander verschmelzen möchte, mit Uran zu umgeben und dann das Uran zu einer Spaltungsexplosion bringen. Der Druck, der dann von der ringsum stattfindenden Explosion nach innen ausgeübt wird, bringt dann so viele Wasserstoffkerne in Berührung miteinander, daß die zweite und sehr viel stärkere Fusionsexplosion ausgelöst wird. Für zivile Fusionskraftwerke ist jedoch noch etwas anderes erforderlich, das ein wenig schwieriger ist; zu den Verfahren, die man gegenwärtig erforscht, gehören starke Magnetfelder, die so geformt sind, daß sie die geladenen Kerne wie in einer Flasche zusammenhalten, und es gehören dazu Lichtpulse aus Laserstrahlen, die die Kerne physisch zusammenpressen. Laser werden natürlich nach einem anderen Rezept aus dem Quanten-Kochbuch hergestellt.

Laser und Maser

Um die Rezepte für die Zubereitung neuer Teilchen in der Quantenküche zu entdecken, bedurfte es zwar eines Meisterkochs wie Dirac, doch sind die dabei auftretenden Kernprozesse weniger vollständig verstanden als das Bohrsche Atommodell. Daher ist es vielleicht nicht allzu überraschend, daß das Bohrsche Modell noch immer angewandt wird. Eine der exotischsten und erregendsten aktuellen Entwicklungen, den Laser, kann jeder tüchtige Koch von Quanten-Schnellgerichten verstehen, der etwas von dem Bohrschen Modell gehört hat. Zu seiner Interpretation bedarf es keines sonderlichen Genies. (Genie wird in diesem Fall erst benötigt, wenn es um die Technik ihrer Konstruktion geht, aber das ist eine andere Geschichte.) Heisenberg, Born, Jordan, Dirac und Schrödinger mögen uns verzeihen, wenn wir jetzt für eine Weile all die Feinheiten der Quantentheorie beiseite lassen und wieder auf das hübsche Modell zurückgreifen, bei dem Elektronen den Kern des Atoms umkreisen. Nach diesem Bild wird, wie man sich erinnert, nach der Aufnahme eines Quants mit einer bestimmten Energie ein Elektron auf eine höhere Bahn springen, und wenn man ein solches angeregtes Atom sich selbst überläßt, wird das Elektron früher oder später in den Grundzustand zurückfallen und dabei ein ganz genau definiertes Strahlungsquant mit einer bestimmten Wellenlänge abgeben. Man nennt diesen Vorgang spontane Emission, und er ist das Gegenteil der Absorption.

Als Einstein 1916 solche Vorgänge untersuchte und die statistischen Grundregeln der Quantentheorie festlegte, die ihm später so zuwider waren, begriff er, daß es noch eine andere Möglichkeit gibt. Ein angeregtes Atom kann dazu gebracht werden, seine überschüssige Energie freizusetzen und wieder in den Grundzustand überzugehen, wenn es dazu gewissermaßen durch ein auftreffendes Photon angestubst wird. Dieser Vorgang, den man induzierte Emission nennt, vollzieht sich nur, wenn das auftreffende Photon genau die gleiche Wellenlänge hat wie die Strahlung, zu deren Abgabe das Atom angestoßen wird. Ähnlich wie bei der Kettenreaktion der Kernspaltung, die eine Lawine von Neutronen auslöst, können wir uns vorstellen, daß viele angeregte Atome vorhanden sind und dann genau ein Photon mit der richtigen Wellenlänge vorbeikommt und ein Atom zur Strahlung anregt; das erste Photon und das neue bringen dann zwei weitere Atome zum Strahlen, die vier Photonen stoßen dann vier weitere an, usw. So kommt es zu einer Lawine von Strahlen, die alle genau die gleiche Frequenz haben. Außerdem bewegen sich die Wellen aufgrund der Art, in der sie ausgelöst wurden, alle in genau der gleichen Phase: Alle Wellenkämme gehen gleichzeitig»hoch«, und alle Wellentäler gehen gleichzeitig»herunter«, und so entsteht eine sehr scharf gebündelte kohärente Strahlung. Da sich bei dieser Strahlung die Wellenberge und -täler nicht gegenseitig aufheben, ist die gesamte, von den Atomen freigesetzte Energie in dem Strahl vorhanden und kann auf eine sehr kleine Fläche gerichtet werden.

Werden Atome oder Moleküle durch Wärme angeregt, so füllen sie ein breites Band von Energieniveaus, und wenn man sie sich selbst überläßt, geben sie ihre Energie in inkohärenter und ungeordneter Weise in Strahlen von unterschiedlicher Wellenlänge ab, so daß sehr viel weniger Energie wirksam wird, als die Atome und Moleküle abgeben. Man kann jedoch durch Kunstgriffe erreichen, daß die Atome bevorzugt in ein schmales Band von Energieniveaus übergehen und dann die Rückkehr der in diesem Band befindlichen angeregten Atome in ihren Grundzustand auslösen. Der Auslöser der Strahlungslawine ist eine schwache Strahlung, die die richtige Frequenz aufweist, und das Ergebnis ist ein sehr viel stärkerer Strahl mit der gleichen Frequenz. Die entsprechenden Verfahren wurden unabhängig voneinander in den späten 40er Jahren in den Vereinigten Staaten und der Sowjetunion entwickelt, und zwar benutzte man Strahlung im sogenannten Mikrowellenbereich des Spektrums, mit Wellenlängen zwischen 1 cm und 30 cm; die Pioniere erhielten 1954 für ihre Arbeit den Nobelpreis. Da es sich bei der Strahlung um Mikrowellen handelt und es bei dem Vorgang um die Verstärkung (Amplification) von Mikrowellen durch die induzierte (Stimulated) Emission von Strahlung (Radiation) im Einklang mit den Ideen Einsteins von 1916 geht, nannten die

Entdecker diesen Vorgang Microwave Amplification by Stimulated Emission of Radiation, kurz MASER.

Das war zehn Jahre, bevor es gelang, diesen Kunstgriff auch im sichtbaren Spektralbereich anzuwenden, aber dann kamen 1957 fast gleichzeitig zwei Menschen auf die gleiche Idee. Der eine (er scheint der erste gewesen zu sein) war Gordon Gould, ein Absolvent der Columbia University, der andere war Charles Townes, einer der MASER-Pioniere, der am Nobelpreis von 1964 anteil hatte. Die Frage, wer was wann genau entdeckt hat, ist Gegenstand einer juristischen Auseinandersetzung um Patentrechte gewesen, da die Laser (von »Light-Amplification . . .«) inzwischen zu einem großen Geschäft geworden sind, aber wir brauchen uns zum Glück nicht in diese Auseinandersetzung verwickeln zu lassen. Es gibt heute verschiedene Arten von Lasern, und der einfachste ist der als optische Pumpe fungierende Feststofflaser.

Bei diesem Laser wird ein Material (zum Beispiel ein Rubin-Kristall) in Form eines zylindrischen Stabes mit verspiegelten, flachen Endflächen von einer starken Lichtquelle umgeben, etwa einer Gasentladungsröhre, die in rascher Folge Lichtblitze aussenden kann, die bei hinreichender Energie die Atome in dem Stab anregen. Die gesamte Vorrichtung wird gekühlt, um eine störende thermische Anregung der Atome in dem Stab soweit wie möglich zu unterbinden, und die hellen Blitze der Lampe bringen (oder pumpen) die Atome dann in einen angeregten Zustand. Wenn der Laser ausgelöst wird, tritt aus dem flachen Ende des Stabes ein Strahl von reinem, rubinrotem Licht aus, der eine Energie von tausenden von Watt besitzt.

Es gibt Laser in verschiedenen Variationen, darunter Flüssigkeitslaser, Fluoreszenzlaser, Gas-Laser usw. Die wesentlichen Merkmale sind bei allen gleich: Inkohärente Energie wird hineingesteckt, und heraus kommt kohärentes Licht als ein reiner Strahl von hoher Energie. Manche Laser, so etwa die Gas-Laser, ergeben einen kontinuierlichen reinen Lichtstrahl, der als »gerade Linie« bei Vermessungsarbeiten unübertroffen ist und außerdem bei Rock-Konzerten und der Werbung vielfache Anwendung gefunden hat. Andere Laser produzieren kurzlebige, aber starke Energiestöße, mit deren Hilfe man Löcher in harte Gegenstände bohren kann (was eines Tages möglicherweise militärische Anwendung finden wird). Laser-Schneidwerkzeuge werden für so unterschiedliche Zwecke wie die Bekleidungsindustrie und die Mikrochirurgie eingesetzt. Außerdem können Laserstrahlen Informationen sehr viel besser transportieren als Radiowellen, da die pro Sekunde beförderte Informationsmenge mit der Frequenz der benutzten Strahlung wächst. Der Strichcode auf vielen Produkten, die man im Supermarkt findet, wird von einem Laser-Abtastgerät gelesen; die zu Beginn der 80er Jahre auf den Markt gekommenen Videoplatten und Kompaktschallplatten werden von Lasern abgetastet; mit Hilfe von Lasern kann man echte dreidimensionale Bilder, sogenannte Hologramme, erzeugen, und vieles mehr.

Die Liste der Anwendungen ist praktisch endlos, noch bevor wir erwähnen, daß Maser dazu benutzt werden, schwache Signale (etwa von Nachrichtensatelliten, von Radarstationen und aus dem Weltraum) zu verstärken, und das alles beruht noch nicht einmal auf der Quantentheorie im engeren Sinne, sondern auf der ersten Version der Quantenphysik. Wenn Sie ein Paket Cornflakes kaufen und es an der Kasse von einem Laser abtasten lassen, wenn Sie bei einem Rock-Konzert spektakuläre Darbietungen eines Farb-Lasers bewundern, wenn Sie dieses Konzert dank einer Satellitenübertragung um die halbe Welt im Fernsehen sehen, wenn Sie die neueste Aufnahme der Rock-Band auf der neuesten Hi-Fi Compact Disc-Anlage hören oder sich dem Zauber einer holografischen Abbildung überlassen, so verdanken Sie das alles Albert Einstein und Niels Bohr und Max Planck, deren Erkenntnisse vor über sechzig Jahren zum Prinzip der induzierten Emission geführt haben.

Der mächtige Mikrocomputer

Am stärksten hat die Quantenmechanik unser Alltagsleben zweifellos im Bereich der Halbleiterphysik beeinflußt. »Halbleiter«, das klingt prosaisch, und selbst wenn Sie schon einmal davon gehört haben sollten, haben Sie dabei wahrscheinlich nicht an die Quantentheorie gedacht. Dabei handelt es sich um das Teilgebiet der Physik, das uns das Transistorradio, den Sony Walkman, Digitaluhren, Taschenrechner, Mikrocomputer und programmierte

Waschmaschinen beschert hat. Daß die Halbleiterphysik so unbekannt ist, liegt nicht daran, daß sie vielleicht eine esoterische Wissenschaft ist, sondern daran, daß sie so allgegenwärtig ist, daß man sie als etwas Selbstverständliches betrachtet. Andererseits gäbe es keines dieser Geräte ohne hinreichende Beherrschung der Quantenkochkunst.

Alle oben genannten Geräte beruhen auf den Eigenschaften von Halbleitern, das sind Festkörper, deren Eigenschaften logischerweise zwischen denen von elektrischen Leitern und Nichtleitern liegen. Ohne ins Detail zu gehen, kann man sagen, daß Nichtleiter oder Isolatoren Substanzen sind, die keinen Strom leiten, und daß sie nicht leitfähig sind, liegt daran, daß die Elektronen in ihren Atomen gemäß den Regeln der Quantenmechanik fest an die Kerne gebunden sind. Bei elektrischen Leitern wie etwa den Metallen ist es so, daß jedes Atom einige Elektronen hat, die nur lose an den Kern gebunden sind und sich in Energiezuständen befinden, die fast an die Spitze des atomaren Potentialwalls heranreichen. Zwischen den Atomen eines Festkörpers geht der Potentialwall des einen in den des nächsten Atoms über, und Elektronen, die sich auf diesen hohen Niveaus befinden, können ungehindert von einem Atomkern zum nächsten wandern, da sie nicht mehr genau an einen bestimmten Kern gebunden sind, und einen elektrischen Strom durch das Metall leiten.

Letztlich beruht die Leitfähigkeit auf der Fermi-Dirac-Statistik, die diesen lose gebundenen Elektronen verbietet, tief in die atomaren Potentialtöpfe hineinzufallen, wo die Energiezustände für enggebundene Elektronen alle voll besetzt sind. Wenn man versucht, ein Metall zusammenzupressen, setzt es dem Druck Widerstand entgegen; Metalle sind fest. Daß Metalle so fest, so widerstandsfähig gegen Druck sind, liegt daran, daß die Elektronen wegen des Paulischen Ausschließungsprinzips für Fermionen nicht enger zusammengepreßt werden können.

Die Energieniveaus von Elektronen in einem Festkörper werden nach den quantenmechanischen Wellengleichungen berechnet. Von den eng an den Kern gebundenen Elektronen sagt man, sie befänden sich im Valenzband des Festkörpers, während Elektronen, die frei von Kern zu Kern wandern können, sich im Leitungsband befinden. In einem Isolator befinden sich alle Elektronen im Valenzband, in einem Leiter sind einige in das Leitungsband übergegangen.[5] Bei einem Halbleiter ist das Valenzband voll, und es besteht zwischen diesem Band und dem Leitungsband nur eine schmale Energielücke, in der Regel von etwa 1 eV. Das Elektron kann daher leicht in das Leitungsband hinüberhüpfen und einen elektrischen Strom durch das Material tragen. Doch anders als bei einem Leiter hinterläßt dieses Elektron, das Energie aufgenommen hat, im Valenzband eine Lücke. Genauso, wie Dirac es sich für die Erzeugung von Elektronen und Positronen aus Energie überlegte, verhält sich dieses Fehlen eines negativ geladenen Elektrons im Valenzband, was die elektrischen Eigenschaften angeht, wie eine positive Ladung. Ein natürlicher Halbleiter hat daher in der Regel einige Elektronen in seinem Leitungsband und einige positiv geladene Löcher in seinem Valenzband, und beide können elektrischen Strom leiten. Man kann sich das so vorstellen, daß Elektronen nacheinander in das Loch im Valenzband fallen und ein Loch zurücklassen, in das das nächste Elektron hüpft, usw. Man kann sich die Löcher auch als reale, positive Teilchen denken, die in der entgegengesetzten Richtung wandern. Die Wirkung ist, was die elektrischen Ströme betrifft, die gleiche.

Natürliche Halbleiter wären schon durchaus interessant, nicht zuletzt deshalb, weil sie eine eindeutige Analogie zur Erzeugung eines Elektron-Positron-Paares darstellen. Ihre elektrischen Eigenschaften sind jedoch nur sehr schwer zu steuern, und die Steuerung ist es, was diese Materialien so wichtig für unser Alltagsleben hat werden lassen. Die Steuerung erreicht man dadurch, daß man künstliche Halbleiter herstellt, bei denen die eine Art überwiegend freie Elektronen, die andere überwiegend freie »Löcher« aufweist.

Dieses Kunststück ist wiederum leichter zu verstehen als praktisch auszuführen. In einem Germanium-Kristall zum Beispiel hat jedes Atom in seiner äußeren Schale (da es hier um einfache Quantenkocherei geht, reicht das Bohrsche Modell aus) vier Elektronen, in die sich benachbarte Atome »teilen« und so die chemischen Bindungen schaffen, die den Kristall zusammenhalten. Wenn man dem Germanium einige Atome Arsen »beimischt«, wird die Struktur des Kristallgitters immer noch von den Germaniumatomen bestimmt, und die Arsen-Atome müssen sich so gut sie können hineinquetschen. Chemisch gesehen, besteht der Hauptunterschied zwischen Arsen und Germanium darin, daß Arsen ein fünftes Elektron in seiner äußeren Schale hat, und wenn ein Arsen-Atom sich in ein Germaniumgitter hineinquetschen will, wirft es am besten sein überzähliges Elektron ab, geht vier chemische Bindungen ein und tut so, als sei es ein Germanium-Atom. Die von den Arsen-Atomen bereitgestellten überzähligen Elektronen wandern durch das Leitungsband des so entstandenen Halbleiters, und die entsprechenden Löcher fehlen. Einen solchen Kristall nennt man einen n-Halbleiter.

Man kann dem Germanium (um an unserem ersten Beispiel festzuhalten) aber auch Gallium beimischen, das nur drei für die chemische Bindung verfügbare Elektronen hat. Das wirkt so, als würden wir mit jedem Gallium-Atom im Valenzband ein Loch erzeugen, und die Valenzelektronen wandern in der Weise, daß sie in die Löcher springen, die sich wie positive Ladungen verhalten. Einen solchen Kristall nennt man p-Halbleiter.

Interessant wird die Sache, wenn man die beiden Arten von Halbleitern zusammenbringt. Durch den Überschuß an positiver Ladung auf der einen und an negativer Ladung auf der anderen Seite der Barriere entsteht ein elektrischer Potentialunterschied, der die Elektronen in eine Richtung drängt und ihnen die Bewegung in der anderen Richtung verwehrt; ein solches zusammengefügtes Paar von Halbleiterkristallen, das man als Diode bezeichnet, läßt elektrischen Strom tatsächlich nur in einer Richtung durch. Man kann die Sache noch etwas verfeinern und Elektronen dazu bringen, daß sie über die Lücke zwischen n und p in ein Loch springen und dabei einen Lichtfunken aussenden. Eine Diode, die auf diese Weise Licht erzeugt, nennt man Leuchtdiode (englisch: »light emitting diode« oder LED); sie zeigt bei manchen Taschenrechnern und Uhren und bei anderen Sichtgeräten die Zahlen an. Eine umgekehrt arbeitende Diode, die Licht absorbiert und ein Elektron aus einem Loch in das angrenzende Leitungsband pumpt, ist eine Photodiode, die dafür sorgt, daß ein elektrischer Strom nur dann fließt, wenn ein Lichtstrahl auf den Halbleiter fällt. Das ist die Grundlage von automatischen Türöffnern, die dann in Funktion treten, wenn man den Lichtstrahl durchquert. Man kann jedoch aus Halbleitern mehr als nur Dioden machen.

Wenn man drei Halbleiter zu einem Sandwich (pnp oder npn) zusammenfügt, entsteht ein Transistor (gewöhnlich sind die einzelnen Teile des Transistors an einen elektrischen Schaltkreis angeschlossen, und so kann man die Transistoren beispielsweise im Radio an den drei Spinnenbeinen erkennen, die aus dem Metalloder Plastikgehäuse herausragen, in dem der eigentliche Halbleiter steckt). Durch geeignete Materialmischungen kann man einen Sandwich herstellen, in dem ein kleiner Elektronenfluß an einer np-Berührungsstelle einen sehr viel größeren Fluß an der anderen Berührungsstelle hervorruft; der Transistor wirkt als Verstärker. Wie jeder Elektronikfan weiß, sind Diode und Transistor die beiden Hauptkomponenten einer akustischen Anlage. Aber auch Transistoren sind heute ein ziemlich alter Hut, und man wird in seinem Radio keine dreibeinigen Gehäuse mehr finden, außer es ist ein alter »Transistor«.

Bis in die 50er Jahre waren wir für unsere Unterhaltung auf das alte »Dampfradio« angewiesen, das in England »drahtlos« genannt wurde und seinem Namen zum Trotz vollgestopft war mit Drähten und glühenden Vakuumröhren, die dieselbe Aufgabe erfüllten wie heute die Halbleiter. Im Zuge der Transistor-Revolution wurden Ende der 50er Jahre die glühenden Röhren durch Transistoren ersetzt, und an die Stelle der Drähte traten Platten, auf die man die elektrischen Schaltungen aufdruckte und die Transistoren auflötete. Von hier war es nur ein kurzer Schritt zur integrierten Schaltung, bei der alle Schaltkreise und die Halbleiter-Verstärker, Dioden usw. zu einem einzigen Teil zusammengebaut wurden und bloß noch eingestöpselt werden mußten, um das Radio, den Cassettenrecorder oder was auch immer zum Laufen zu bringen; eine ähnliche Revolution vollzog sich zur gleichen Zeit in der Computerindustrie.

Die ersten Computer waren, genau wie die alten Radios, groß und schwerfällig. Sie waren vollgestopft mit Röhren und enthielten kilometerlange Leitungen. Noch vor zwanzig Jahren, als die erste Halbleiterrevolution in vollem Gange war, hätte man, um das »Gehirn« eines Computers unterzubringen, der das gleiche leistet wie ein moderner Mikrocomputer von der Größe einer Schreibmaschine, das Erdgeschoß eines Einfamilienhauses benötigt, und weiteren Raum für die dazugehörige Klimaanlage. Die Revolu-

tion, die eine solche Rechenleistung in einer Maschine unterge-
bracht hat, die auf dem Schreibtisch Platz findet und wenige hundert Dollar kostet, hat Opas altes Radio zu einem Gerät von der
Größe einer Zigarettenpackung reduziert, und sie hat bei den
Halbleitern vom Transistor zum Chip geführt.

Sowohl biologische Gehirne als auch elektronische Computer
haben die Aufgabe, Schaltungen herzustellen. Unser Gehirn enthält etwa zehn Milliarden Schaltungen in Gestalt von Neuronen,
die von den Nervenzellen ausgehen; die Schaltungen des Computers bestehen aus Dioden und Transistoren. Im Jahre 1950 wäre
ein Computer mit der gleichen Anzahl von Schaltungen, wie sie
unser Gehirn besitzt, so groß wie die Insel Manhattan gewesen;
heute wäre es durch das Zusammenstecken von Mikrochips unter
Umständen möglich, ebensoviele Schaltungen in das Volumen eines menschlichen Gehirns zu packen, wobei allerdings die Leitungen innerhalb eines solchen Computers ein Problem wären,
das man noch nicht bewältigt hat. Das Beispiel läßt jedoch erkennen, wie klein der Chip selbst im Vergleich zum Transistor ist.

Der Halbleiter, den man heute in einem üblichen Mikrochip
verwendet, ist Silizium, im Grunde nichts anderes als gewöhnli-
cher Sand. Bei entsprechender Ermunterung kann man erreichen,
daß Silizium elektrischen Strom leitet, ohne Ermunterung jedoch
nicht. Lange Siliziumkristalle von etwa 10 cm Durchmesser werden in hauchdünne Scheiben geschnitten, und diese Scheiben
werden dann in Hunderte von kleinen rechtwinkligen Chips zer-
hackt, die jeweils kleiner sind als ein Streichholzkopf, und wie bei
feinen griechischen Teigwaren wird auf jeden Chip Schicht auf
Schicht eines dichten Komplexes feiner elektronischer Schaltungen gepreßt, in denen alles enthalten ist, Transistoren, Dioden,
integrierte Schaltkreise usw. Ein Chip stellt im Grunde einen
ganzen Computer dar, und alle übrigen Innereien eines modernen Mikrocomputers sind damit beschäftigt, Informationen in
den Chip hinein und aus ihm herauszubringen. Dabei sind Chips
in der Herstellung so billig (nachdem die erheblichen Kosten für
den Entwurf der Schaltung und die Einrichtung der Maschinen,
mit denen sie übertragen werden, einmal gedeckt sind), daß man
sie zu Hunderten produzieren und testen und diejenigen, die
nicht funktionieren, einfach wegwerfen kann. Der erste Chip ko-

stet vielleicht eine Million Dollar, alle weiteren nur noch ein paar Pfennige.

Unsere Alltagswelt enthält also noch ein paar weitere Dinge, die wir dem Quantum verdanken. Was haben uns die Rezepte aus nur einem Kapitel des Quanten-Kochbuchs alles beschert: Digitaluhren, Homecomputer, die Elektronengehirne, die die Space shuttle in ihre Umlaufbahn lenken (und manchmal entscheiden, sie nicht fliegen zu lassen, gleichgültig, was die Bedienungsmannschaft dazu sagt), tragbare Fernsehgeräte, Heim-Stereo- und wuchtige HI-FI-Anlagen, die einen taub machen können, und bessere Hörgeräte, die den Verlust des Gehörs dann wieder ausgleichen. Bis zu wirklich tragbaren Computern (im Taschenformat) kann es nicht mehr weit sein; wirklich intelligente Maschinen sind eine fernerliegende, aber realistische Möglichkeit. Die Computer, welche Mars-Landefähren und die *Voyager*-Sonden bis an die Grenze des Sonnensystems steuern, sind enge Verwandte jener Chips, die die elektronischen Spiele steuern, und alle haben ihre Wurzel in dem seltsamen Verhalten von Elektronen, das den fundamentalen Quantenregeln gehorcht. Doch die Möglichkeiten der Halbleiterphysik sind noch nicht einmal mit dem mächtigen Mikrocomputer erschöpft.

Supraleiter

Die Bezeichnung der Supraleiter ist genauso logisch wie die der Halbleiter. Ein Supraleiter ist ein Material, das elektrischen Strom ohne erkennbaren Widerstand leitet. Näher wird man wahrscheinlich nie an das Perpetuum mobile herankommen – es ist nicht ganz so, daß man etwas für nichts erhielte, aber es ist der in der Physik seltene Fall, daß man tatsächlich alles bekommt, wofür man bezahlt, ohne übers Ohr gehauen zu werden. Man kann das mit einer Veränderung erklären, die bewirkt, daß Elektronenpaare sich verbinden und gemeinsam wandern. Das einzelne Elektron hat zwar halbzahligen Spin und gehorcht daher der Fermi-Dirac-Statistik und dem Ausschließungsprinzip, doch ein Paar von Elektronen kann sich unter bestimmten Umständen wie ein einzelnes Teilchen mit ganzzahligem Spin verhalten. Ein solches Teilchen unterliegt nicht dem Ausschließungsprinzip und gehorcht der Bose-Einstein-Statistik, die quantenmechanisch das Verhalten von Photonen beschreibt.

Der niederländische Physiker Heike Kamerlingh-Onnes entdeckte die Supraleitfähigkeit, als er im Jahre 1911 herausfand, daß Quecksilber seinen ganzen elektrischen Widerstand verlor, wenn es auf unter 4,2 Grad auf der absoluten Temperaturskala (4,2 °K oder etwa −269 °C) abgekühlt wurde.

Onnes erhielt für seine Forschungen im Niedertemperaturbereich 1913 den Nobelpreis, allerdings für eine andere Arbeit, nämlich für die Darstellung von flüssigem Helium; das Phänomen der Supraleitfähigkeit wurde erst 1957 befriedigend erklärt, als John Bardeen, Leon Cooper und Robert Schrieffer eine Theorie vortrugen, für die sie 1972 den Nobelpreis für Physik erhielten.[6] Die Erklärung beruht auf der Wechselwirkung von paarigen Elektronen mit den Atomen eines Kristallgitters. Das eine Elektron tritt in Wechselwirkung mit dem Kristall, und dadurch verändert sich die Wechselwirkung des Kristalls mit dem anderen Elektron. Dadurch können die Elektronen, obwohl sie sich von Natur aus abstoßen, eine lockere Verbindung eingehen, die ausreicht, um den Wechsel von der Fermi-Dirac- zur Bose-Einstein-Statistik zu erklären. Nicht alle Materialien können zu Supraleitern werden, und selbst dort, wo das der Fall ist, kann eine geringfügige Störung durch die thermischen Schwingungen der Atome des Kristalls die Elektronenpaarung aufbrechen; deshalb tritt das Phänomen bei sehr niedrigen Temperaturen zwischen 1° und 10 °K auf. Unterhalb einer kritischen Temperatur, die von Material zu Material verschieden ist, die aber für ein und dieselbe Substanz immer die gleiche ist, werden manche Materialien zu Supraleitern; oberhalb dieser Temperatur wird die Elektronenkopplung aufgebrochen, und sie haben normale elektrische Eigenschaften.

Eine Bestätigung findet diese Theorie in der Tatsache, daß Materialien, die bei Zimmertemperatur gute Leiter sind, nicht die besten Supraleiter sind. Ein guter »normaler« Leiter läßt Elektronen deshalb ungehindert wandern, weil sie nicht sehr stark mit den Atomen im Kristallgitter wechselwirken, doch ohne eine Wechselwirkung zwischen den Elektronen und den Atomen kann es nicht zu der Elektronenpaarung kommen, deren Folge bei niedrigen Temperaturen die Supraleitfähigkeit ist.

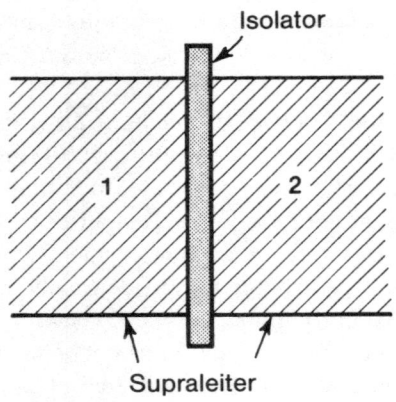

Abbildung 7.2 *Seltsame Dinge geschehen an einem Josephson-Übergang, wenn ein Supraleiter durch eine Isolationsschicht unterbrochen wird. Unter geeigneten Bedingungen können Elektronen durch die Barriere »tunneln«.*

Es ist schade, daß Supraleiter erst so stark abgekühlt werden müssen, bevor sie ihre Leistung bringen, denn man kann sich leicht ausmalen, wozu ein einfacherer Supraleiter verwendet werden könnte – das nächstliegende Beispiel wäre die Stromübertragung durch Kabel ohne den geringsten Energieverlust. Supraleiter bringen auch noch andere Kunststücke fertig. Ein normal leitendes Metall wird von einem Magnetfeld durchdrungen, aber ein Supraleiter bildet auf seiner Oberfläche elektrische Ströme, die das Magnetfeld abstoßen und fernhalten – eine perfekte Abschirmung gegen unerwünschte Störungen durch magnetische Felder, die jedoch solange undurchführbar ist, wie die Abschirmung auf wenige Grad K abgekühlt werden muß. Werden zwei Supraleiter durch einen Isolator getrennt, so erwartet man vielleicht, daß kein Strom fließt; man muß bedenken, daß das Elektron den gleichen Quantenregeln gehorcht, die es Teilchen erlauben, sich durch einen Tunnel aus dem Kern zu entfernen. Ist die Barriere dünn genug, so besteht eine erhebliche Wahrscheinlichkeit dafür, daß Elektronenpaare die Lücke überwinden werden, aber die Folgen dieses Vorgangs scheinen unerklärlich zu sein. Wenn über die Barriere hinweg ein Potentialunterschied besteht, entsteht an solchen Über-

160

gängen (Josephson-Übergänge) *kein* Strom; besteht zwischen den beiden Seiten aber keine Spannung, so kommt es doch zu einem Strom. Ein doppelter Josephson-Übergang, bei dem zwei stimmgabelförmige Supraleiter mit den beiden Enden, zwischen denen sich eine Isolatorschicht befindet, aneinander gepreßt werden, kann das quantenmechanische Verhalten der Elektronen im »Doppelspalt«-Experiment nachahmen, mit dem wir uns näher im folgenden Kapitel befassen werden und auf dem einige der merkwürdigsten Erscheinungen der Quantenwelt beruhen.

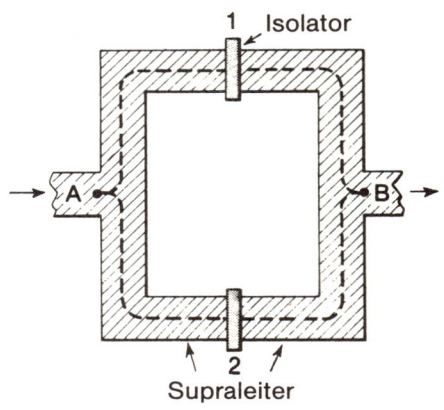

Abbildung 7.3 *Man kann aus zwei Josephson-Übergängen ein System schaffen, das dem Doppelspalt-Experiment mit Licht analog ist. Bei dieser Anordnung kann man Interferenz zwischen Elektronen beobachten, eines der vielen Anzeichen für die Wellennatur dieser »Teilchen«.*

Nicht nur Elektronen können sich zu Pseudo-Bosonen verbinden, die sich den normalen physikalischen Gesetzen bei niedrigen Temperaturen entziehen. Helium-Atome bringen ein ähnliches Kunststück fertig, und darauf beruht eine Eigenschaft von flüssigem Helium, die man Supraflüssigkeit nennt. Wenn man Kaffee in der Tasse umrührt und dann sich selbst überläßt, wird der sich drehende Strudel allmählich langsamer und schließlich zum Stillstand kommen, weil in der Flüssigkeit etwas Ähnliches wie die Reibung, nämlich die sogenannte Zähigkeit oder Viskosität, wirksam ist. Wenn man mit Helium, das unter 2,17 °K abgekühlt ist, dasselbe probiert, wird die Drehbewegung nicht aufhören; die Flüssigkeit kann sogar ohne äußeres Zutun an der Wand eines

Gefäßes hoch- und über den Rand kriechen, und durch eine enge Röhre fließt sie nicht etwa schwerer, sondern leichter, und umso leichter, je enger die Röhre ist. Dieses ganze merkwürdige Verhalten läßt sich mit der Bose-Einstein-Statistik erklären. Und wenn es auch hier wieder wegen der erforderlichen niedrigen Temperatur schwierig ist, eine praktische Anwendung für das Phänomen zu finden, so bietet das Verhalten von Atomen bei diesen niedrigen Temperaturen – ebenso wie das Verhalten von Elektronen in Supraleitern – eine Gelegenheit, Quantenprozesse in Aktion zu beobachten. Bringt man ein wenig supraflüssiges Helium in einen winzigen Becher von etwa 2 mm Durchmesser und versetzt man den Becher in Drehung, so bleibt das Helium zunächst in Ruhe. Mit wachsender Rotationsgeschwindigkeit entwickelt das gesamte Helium bei einem kritischen Wert des Drehimpulses eine Drehbewegung, die sich von einem Quantenzustand zum anderen ändert. Zwischenzustände, die den Zwischenwerten des Drehimpulses entsprechen, sind nach den Quantenregeln nicht erlaubt, und so kann man beobachten, daß die gesamte Masse der Helium-Atome, eine sichtbare Masse, die weit größer ist als ein einzelnes Atom oder als die Teilchen der Quantenwelt, sich in Übereinstimmung mit den Quantenregeln verhält. Supraleitfähigkeit kann, wie wir noch sehen werden, auch auf Objekte von menschlicher statt von atomarer Größenordnung angewandt werden. Die Quantentheorie ist jedoch nicht auf die Welt der Physik oder auch nur auf die physikalischen Wissenschaften beschränkt. Man versteht heute, wie schon ausgeführt wurde, die gesamte Chemie im Sinne der fundamentalen Quantenregeln. In der Chemie geht es nicht um einzelne Atome und Untereinheiten der Atome, sondern um Moleküle, darunter auch die, die für uns alle am wichtigsten sind, die lebenden Moleküle, einschließlich des Moleküls des Lebens, der DNS. Unser heutiges Verständnis des Lebens selbst beruht entschieden auf der Quantentheorie.

Das Leben selbst

Ganz abgesehen von der wissenschaftlichen Bedeutung der Quantentheorie für ein Verständnis der Chemie des Lebens, bestehen direkte persönliche Verbindungen zwischen einigen maßgebenden Gestalten in der Quanten-Geschichte und der Entdeckung der Doppelhelix-Struktur der DNS, des Moleküls des Lebens. Die Gesetze für die Beugung von Röntgenstrahlen an Kristallen wurden von Lawrence Bragg und seinem Vater William Bragg, der in den Jahren vor dem ersten Weltkrieg an der Universität Leeds arbeitete, entdeckt; dafür erhielten sie gemeinsam den Nobelpreis, Lawrence in so jungem Alter (er diente 1915 als Offizier in Frankreich), daß er (obwohl er im Ersten Weltkrieg in Frankreich gedient hatte) fünfzig Jahre später noch das goldene Jubiläum der Preisverleihung feiern konnte. Bragg Senior hatte sich als Physiker durch Untersuchungen der Alpha-, Beta- und Gammastrahlung einen Namen gemacht, und in den Jahren vor 1910 hatte er gezeigt, daß sowohl Gamma- als auch Röntgenstrahlen sich in gewisser Hinsicht wie Teilchen verhalten. Braggs Gesetz der Beugung von Röntgenstrahlen, der Schlüssel, mit dem man die Geheimnisse des Aufbaus von Kristallen erschließen kann, beruht jedoch auf den Welleneigenschaften von Röntgenstrahlen, die von den Atomen eines Kristalls abprallen. Die dabei entstehenden Interferenzmuster sind vom Abstand der Atome des Kristalls und der Wellenlänge der Röntgenstrahlen abhängig, und so hatte man ein Instrument, mit dessen Hilfe selbst in sehr komplexen Kristallstrukturen die Lage einzelner Atome festgestellt werden konnte.

Das Gesetz, als Braggsche Beziehung bekannt, beruhte auf einer Erkenntnis aus dem Jahre 1912, die hauptsächlich Lawrence Bragg zuzuschreiben ist; er wurde Ende der dreißiger Jahre (als Nachfolger Rutherfords) Cavendish Professor der Physik in Cambridge, er nimmt neben vielen anderen Dingen noch heute regen Anteil an der Röntgenforschung. In den dreißiger Jahren begann die neue Wissenschaft der Biophysik Fortschritte zu machen. Die bahnbrechenden Arbeiten von J. D. Bernal bei der Bestimmung der Struktur und der Zusammensetzung biologischer Moleküle durch Beugung von Röntgenstrahlen führten zu eingehenden Untersuchungen der komplexen Proteinmoleküle, die zahlreiche lebenswichtige Funktionen erfüllen. Aufbauend auf den Forschungen, die vor dem Zweiten Weltkrieg in Cambridge begonnen hatten, bestimmten die Forscher Max Perutz und John Kendrew die Struktur des Hämoglobins (des Moleküls, das in unserem Blut den

Sauerstoff transportiert) und des Myoglobins (eines Muskelproteins); sie teilten sich für diese Erkenntnisse 1962 den Nobelpreis für Chemie.

Einem verbreiteten Mythos zufolge verbinden sich jedoch mit den Anfängen der Molekularbiologie unauslöschlich die Namen der »Jungtürken« Francis Crick und James Watson, die in den frühen 50er Jahren das Doppelhelix-Modell der DNS entwickelten und, ebenfalls im Jahre 1962, zusammen mit Maurice Wilkins den Nobelpreis »für Physiologie und Medizin« erhielten. Daß das Nobelkomitee es geschafft hat, verschiedene Pioniere auf dem Gebiet der Biophysik zu ehren, indem es ihnen in ein und demselben Jahr Preise einmal für »Chemie«, das andere Mal für »Physiologie« zuerkannte, zeugt von bewundernswerter Flexibilität, doch ist es bedauerlich, daß die strengen Vorschriften, die eine posthume Ehrung verbieten, das Komitee davon abhielten, einen Teil des Crick-Watson-Wilkins-Preises an Wilkins Kollegin Rosalind Franklin zu vergeben, die einen großen Anteil an den entscheidenden kristallographischen Untersuchungen hatte, dank derer die Struktur der DNS aufgeklärt wurde, die aber bereits 1958 im Alter von 37 Jahren starb. In der allgemeinen Mythologie ist Franklin die feuerspeiende Feministin aus Watsons Buch *Die Doppelhelix,* einer farbigen, persönlichen Schilderung seiner Zeit in Cambridge, die höchst unterhaltsam, aber weit davon entfernt ist, seine Kollegen oder auch nur ihn selbst angemessen zu porträtieren.

Die Forschungen, durch die Watson und Crick zur Struktur der DNS gelangten, erfolgten am Cavendish-Laboratorium, wo Bragg noch immer regierte. Watson, ein junger Amerikaner, der nach seiner Promotion nach Europa gegangen war, um hier zu forschen, schildert in seinem Buch, wie er Bragg zum ersten Mal begegnete, als er um die Erlaubnis nachsuchte, am Cavendish zu arbeiten. Bragg, damals Anfang sechzig, erschien dem jungen Watson mit seinem weißen Schnurrbart wie ein Relikt aus der wissenschaftlichen Vergangenheit, wie einer, der ohne Zweifel die meiste Zeit in Londoner Clubs herumsaß. Watson erhielt jedoch die Erlaubnis und war über das rege Interesse erstaunt, das Bragg an der Forschung nahm, indem er wertvolle, wenn auch nicht durchweg gern gesehene Hinweise gab, die zur Lösung des DNS-Problems führten. Francis Crick, obwohl älter als Watson, war immer noch Stu-

164

dent und forschte für seine Doktorarbeit. Seine wissenschaftliche Laufbahn war – wie die von vielen aus seiner Generation – durch den Zweiten Weltkrieg unterbrochen worden, was jedoch in diesem Fall nicht unbedingt schlecht war. Ursprünglich hatte er Physik studiert und sich erst in den späten 40er Jahren den biologischen Wissenschaften zugewandt – eine Entscheidung, zu der ihn in nicht geringem Maße ein kleines Buch bewogen hatte, das von Erwin Schrödinger stammte und 1944 erschienen war. Das Buch *Was ist Leben?* ist ein Klassiker – es ist noch immer lieferbar und seine Anschaffung lohnt sich. In diesem Buch trägt Schrödinger die Idee vor, daß die fundamentalen Moleküle des Lebens mit Hilfe der physikalischen Gesetze verstanden werden könnten. Die wichtigen Moleküle, die es mit diesen Gesetzen zu erklären gilt, sind die Gene, in denen die Information steckt, wie ein lebender Körper aufzubauen ist und wie er funktionieren soll. Als Schrödinger das Buch schrieb, nahm man an, daß die Gene wie so viele andere lebende Moleküle aus Protein bestehen; etwa um die gleiche Zeit wurde jedoch entdeckt, daß erbliche Merkmale auf den Molekülen einer Säure namens Desoxyribonukleinsäure liegen, die man in den Kernen von lebenden Zellen fand.[7] Das ist die DNS, und es war die Struktur der DNS, die Crick und Watson anhand der Röntgen-Ergebnisse von Wilkins und Franklin bestimmten.

Den detaillierten Aufbau der DNS und ihre Rolle im Lebensprozeß habe ich in einem anderen Buch beschrieben.[8] Das Entscheidende ist, daß die DNS ein Doppelmolekül aus zwei umeinander gewundenen Strängen darstellt. Auf dem Rückgrat der beiden DNS-Stränge sind verschiedene chemische Verbindungen, sogenannte Basen, aufgereiht, und ihre Reihenfolge enthält die Information, anhand derer die lebende Zelle, die Proteinmoleküle aufbaut, die die verschiedensten Funktionen verrichten, beispielsweise Sauerstoff durch das Blut befördern oder Muskeln arbeiten lassen. Die DNS-Helix kann sich teilweise auftrennen und eine Basenkette freilegen, die als Schablone für den Aufbau der anderen Moleküle dient, sie kann sich aber auch ganz auflösen und sich selbst kopieren, indem sie zu jeder Base auf dem Rückgrat des Stranges das Gegenstück sucht und einen spiegelbildlichen Strang aufbaut, mit dem zusammen sie eine neue Doppelhelix bildet.

Beide Prozesse benutzen als Rohstoff die chemische Suppe innerhalb der lebenden Zelle, und beide sind unerläßlich für das Leben. Inzwischen können Menschen an der in der DNS verschlüsselten Botschaft herumbasteln und die Instruktionen, die im Grundplan des Lebens codiert sind, verändern – zumindest bei einigen relativ einfachen Lebewesen.

Darauf beruht die Gentechnologie. Teile von Erbmaterial – DNS – können durch eine Kombination von chemischen und biologischen Verfahren geschaffen werden, und man kann Mikroorganismen wie etwa Bakterien dazu bringen, diese DNS aus der sie umgebenden chemischen Suppe aufzunehmen und in ihren eigenen genetischen Code einzubauen. Vermittelt man einer Bakterienart auf diese Weise die verschlüsselte Information für die Herstellung von menschlichem Insulin, so tun die biologischen Fabriken der Bakterien genau das, und liefern exakt den Stoff, den Diabetiker benötigen, um ein normales Leben führen zu können. Der Traum, in menschliches Erbmaterial einzugreifen, um jene Defekte zu beseitigen, die zuallererst solche Probleme wie Diabetes schaffen, ist noch weit von seiner Realisierung entfernt, doch theoretisch spricht nichts gegen seine Verwirklichung. Eher wird man allerdings gentechnische Verfahren bei anderen Tieren und Pflanzen einsetzen können, um leistungsfähigere Arten für die menschliche Ernährung und andere menschliche Bedürfnisse zu schaffen.

Für die Einzelheiten verweise ich erneut auf ein anderes Buch.[9] Worauf es mir ankommt, ist, daß wir alle schon von Gentechnologie gehört und von den fantastischen Aussichten – und den Gefahren – gelesen haben, die sie für uns bereithält. Dabei weiß kaum jemand, daß das Verständnis der lebenden Moleküle, das die Gentechnologie erst ermöglicht, auf unserem gegenwärtigen Verständnis der Quantenmechanik beruht, ohne das wir, von allem anderen abgesehen, nicht imstande wären, die Ergebnisse von Beugungsversuchen mit Röntgenstrahlen zu interpretieren. Um zu verstehen, wie wir Gene aufbauen oder umbauen können, müssen wir verstanden haben, warum Atome sich nur in ganz bestimmten Anordnungen, mit bestimmten Abständen und mit chemischen Bindungen von bestimmter Stärke zusammenschließen. Dieses Verständnis ist das Geschenk der Quantenphysik an die Chemie und die Molekularbiologie.

Daß ich auf diesen Punkt etwas ausführlicher eingegangen bin, ist einem Angehörigen des University College of Wales zuzuschreiben. In einer Rezension im *New Scientist* hatte ich im März 1983 beiläufig erwähnt, daß es »ohne die Quantentheorie keine Gentechnologie, keine Halbleiter-Computer, keine Atomkraftwerke (und -bomben) geben würde«. Daraufhin beklagte sich ein Leser, der der genannten wertgeschätzten akademischen Institution angehört, er habe es satt, daß die Gentechnologie als neues wissenschaftliches Schlagwort in alles hineingezogen würde, und man solle John Gribbin solche empörenden Bemerkungen nicht einfach durchgehen lassen. Ob es denn zwischen der Quantentheorie und der Genetik überhaupt einen Zusammenhang gäbe, und sei er noch so fadenscheinig? Ich hoffe, der Zusammenhang ist jetzt deutlich geworden.

Einerseits ist es mir ein Vergnügen, daß ich auf die Tatsache verweisen kann, daß Cricks Bekehrung zur Biophysik direkt von Schrödinger inspiriert war und daß die Forschungen, die zur Entdeckung der DNS-Doppelhelix führten, unter der formalen, wenn auch manchmal unwillig geduldeten Leitung von Lawrence Bragg stattfanden; wenn man jedoch ein wenig tiefer blickt, hat das Interesse, das Pioniere wie Bragg und Schrödinger und die nächste Generation von Physikern wie Kendrew, Perutz, Wilkins und Franklin an biologischen Problemen nahmen, seinen Grund natürlich darin, daß diese Probleme, wie Schrödinger darlegte, einfach eine andere Art von Physik sind, eine Physik, die sich mit Zusammenballungen vieler Atome in komplexen Molekülen befaßt.

Weit davon entfernt, meine beiläufige Bemerkung im *New Scientist* zu widerrufen, möchte ich sie sogar bekräftigen. Wenn Sie einen intelligenten und belesenen Menschen, der aber kein Naturwissenschaftler ist, bitten, die bedeutendsten Beiträge der Wissenschaft zu unserer heutigen Lebensweise zu nennen, dann wird er Ihnen wahrscheinlich folgendes aufzählen: die Computertechnologie (Automation, Arbeitslosigkeit, Unterhaltung, Roboter), die Atomenergie (die Bombe, Marschflugkörper, Kraftwerke, Three Mile Island), die Gentechnologie (neue Arzneimittel, das Cloning, die Gefahr von künstlich hervorgerufenen Krankheiten, ertragreichere Getreidesorten) und die Laser (Holographie, Todesstrahlen, Mikrochirurgie, Fernmeldewesen). Die meisten Menschen, die Sie in dieser Weise befragen, werden wohl etwas von der Relativitätstheorie gehört haben, die in ihrem täglichen Leben keine Rolle spielt; kaum einer wird wissen, daß alle angeführten Dinge ihre Wurzeln in der Quantenmechanik haben, einer Wissenschaft, von der die meisten vielleicht nie gehört haben und die sie ganz sicherlich nicht verstehen.

Da sind sie nicht die Einzigen. Alle diese Fortschritte sind durch Quanten-Kocherei erreicht worden, nach Regeln, die zu funktionieren scheinen, obwohl niemand wirklich versteht, warum sie gelten. Ungeachtet der Erfolge der letzten sechs Jahrzehnte ist es zweifelhaft, ob *irgend jemand* versteht, *warum* die Quantenrezepte funktionieren. Im letzten Teil dieses Buches werden wir einigen der tieferen Geheimnisse, die so oft unter den Tisch gekehrt werden, auf den Grund gehen, und wir werden einige der Möglichkeiten und Paradoxa erörtern.

Dritter Teil
... und was darüber hinausgeht

»Es ist besser, eine Frage zu diskutieren,
ohne sie zu entscheiden,
als eine Frage zu entscheiden,
ohne sie zu diskutieren.«

JOSEPH JOUBERT
1754–1824

8. Kapitel: Zufall und Unbestimmtheit

Die Heisenbergsche Unbestimmtheitsrelation gilt heute als eine zentrale – vielleicht als *die* zentrale – Eigentümlichkeit der Quantentheorie. Heisenbergs Kollegen konnten sich nicht sogleich mit ihr anfreunden, und so dauerte es fast zehn Jahre, bis man ihr diese herausgehobene Bedeutung zuerkannte. Vielleicht kann man aber sagen, daß ihr seit den dreißiger Jahren eine Bedeutung zugeschrieben wird, die ein wenig übertrieben ist.

Die Entstehung des Begriffs geht vermutlich zurück auf Schrödingers Besuch in Kopenhagen im September 1926, bei dem er Bohr gegenüber seine berühmte Bemerkung von der »verdammten Quantenspringerei« machte. Heisenberg erkannte, daß Bohr und Schrödinger sich vor allem deshalb gelegentlich uneins waren, weil sie von verschiedenen Begriffen ausgingen. Ideen wie »Ort« und »Geschwindigkeit« (oder später der »Spin«) haben in der Welt der Mikrophysik einfach nicht die gleiche Bedeutung wie in der gewohnten Welt. Welche Bedeutung haben sie denn nun, und wie kann man die beiden Welten zueinander in Beziehung setzen? Heisenberg griff zurück auf die fundamentale Gleichung der Quantenmechanik

$$pq\text{-}qp = h/2\pi i$$

und leitete aus ihr ab, daß das Produkt der Unbestimmtheiten des Ortes (Δq) und des Impulses (Δp) stets größer sein muß als h. Diese Unschärferelation gilt für jedes Paar von sogenannten konjugierten Variablen, solchen Variablen, die, miteinander multipliziert, Einheiten der Wirkung, wie $h/2\pi$ ergeben; die Einheiten der Wirkung sind Energie $\times$ Zeit, und das andere, höchst bedeutsame Paar solcher Variablen bilden tatsächlich die Energie (E) und die Zeit (t). In der Mikrowelt gebe es noch immer die klassischen Begriffe der Alltagswelt, sagte Heisenberg, doch könnten sie nur in dem durch die Unschärferelationen aufgedeckten, eingeschränkten Sinne angewandt werden. Je genauer wir den Ort eines Teilchens kennen, um so weniger genau kennen wir seinen Impuls, und umgekehrt.

Die Bedeutung der Unbestimmtheit

Diese aufsehenerregenden Schlußfolgerungen wurden 1927 in der *Zeitschrift für Physik* veröffentlicht. Doch während Theoretiker wie Dirac und Bohr, die mit den neuen Gleichungen der Quantenmechanik vertraut waren, deren Bedeutung sofort erkannten, sahen viele Experimentalphysiker ihre Fähigkeiten durch Heisenbergs Behauptung in Frage gestellt. Nach ihrer Ansicht behauptete Heisenberg, ihre Experimente seien nicht gut genug, um Ort und Impuls gleichzeitig zu messen, und sie bemühten sich, Experimente zu ersinnen, die ihn widerlegen würden. Das war jedoch ein nutzloses Unterfangen, denn Heisenberg hatte nichts dergleichen gesagt.

Auch heute noch kommt es immer wieder zu diesem Mißverständnis, und das liegt teilweise daran, wie das Unbestimmtheitsprinzip in vielen Fällen dargestellt wird. Um klarzumachen, was er meinte, benutzte Heisenberg selbst ein Gedankenexperiment, bei dem es um die Beobachtung des Elektrons geht. Wir können nur solche Dinge sehen, die wir betrachten, und das bedeutet, daß Lichtquanten von den Dingen zurückgeworfen werden und in unser Auge gelangen. Ein großes Objekt wie etwa ein Haus wird von einem Photon nicht erheblich gestört, und deshalb erwarten wir nicht, daß das Haus durch die Tatsache, daß wir es betrachten, verändert wird. Bei einem Elektron verhalten sich die Dinge jedoch anders. Zunächst müssen wir, da das Elektron so klein ist, elektromagnetische Energie mit kurzer Wellenlänge benutzen, um es (mit Hilfe der Versuchsapparatur) überhaupt sehen zu können. Gammastrahlung ist beispielsweise sehr energiereich, und ein Photon der Gammastrahlung, das von einem Elektron abgelenkt wird und von unserer Versuchsapparatur entdeckt werden kann, wird den Ort und den Impuls des Elektrons einschneidend verändern – wenn sich das Elektron in einem Atom befindet, kann schon der

Akt der Beobachtung mit Hilfe eines Gammastrahlen-Mikroskops es ganz aus dem Atom herausschlagen.

Das alles ist sicherlich wahr, und es vermittelt eine allgemeine Vorstellung davon, daß es unmöglich ist, Ort und Impuls eines Elektrons gleichzeitig genau zu messen. Was das Prinzip der Unbestimmtheit sagt, ist jedoch etwas anderes: Nach der fundamentalen Gleichung der Quantenmechanik gibt es so etwas wie ein Elektron, das sowohl einen präzisen Impuls als auch einen präzisen Ort besitzt, überhaupt nicht.

Das hat weitreichende Konsequenzen. Wie Heisenberg am Schluß seiner Abhandlung in der *Zeitschrift für Physik* sagte: »Wir können die Gegenwart in allen Bestimmungsstücken prinzipiell *nicht* kennen.« An diesem Punkt löst sich die Quantentheorie von der Determiniertheit der klassischen Ideen. Für Newton wäre es möglich gewesen, den gesamten Ablauf der Zukunft vorherzusagen, wenn wir den Ort und den Impuls jedes Teilchens im Universum kennen würden; für den modernen Physiker ist die Vorstellung einer solchen perfekten Vorhersage sinnlos, weil wir nicht einmal von *einem* Teilchen den Ort und den Impuls genau kennen können. Dieselbe Schlußfolgerung ergibt sich aus all den verschiedenen Versionen der Gleichungen – der Wellenmechanik, den Heisenberg-Born-Jordan-Matrizen und Diracs q-Zahlen; von all diesen Versionen scheint jedoch diejenige Diracs, die alle physikalischen Vergleiche mit der normalen Welt tunlichst meidet, die geeignetste zu sein. Dirac ist sogar noch vor Heisenberg der Unbestimmtheitsrelation ganz nahe gekommen. In einer für die *Proceedings of the Royal Society* bestimmten Arbeit legte er im Dezember 1926 dar, daß es in der Quantentheorie unmöglich ist, eine Frage zu beantworten, die den numerischen Werten sowohl von q als auch von p gilt, obwohl »man jedoch erwarten würde, Fragen beantworten zu können, in denen nur dem q oder nur dem p numerische Werte zugewiesen werden«.

Mit der Frage, was diese Ideen für den Kausalitätsbegriff, nach dem jedes Ereignis durch ein anderes spezifisches Ereignis verursacht wird, und für das Problem der Zukunftsvorhersage bedeuten, befaßten sich die Philosophen erst in den dreißiger Jahren. Inzwischen hatten einige einflußreiche Fachleute, obwohl die Unbestimmtheitsrelation aus den fundamentalen Gleichungen der

Quantenmechanik abgeleitet worden war, damit begonnen, in der Darstellung der Quantentheorie von den Unbestimmtheitsrelationen auszugehen. Wolfgang Pauli war wohl derjenige, der diese Tendenz entscheidend beeinflußte. Er schrieb für ein bedeutendes Handbuch einen Artikel über Quantentheorie, der mit den Unschärferelationen begann, und er ermutigte einen Kollegen, Hermann Weyl, in seinem Lehrbuch *Gruppentheorie und Quantenmechanik* ebenso zu verfahren. Dieses Buch erschien 1928, und in englischer Übersetzung 1931. Beide, das Buch und Paulis Artikel, waren für eine ganze Generation von Standardlehrbüchern tonangebend. Studenten, die aus diesen Lehrbüchern lernten und in manchen Fällen wiederum zu Professoren wurden, gaben diese Art der Darstellung an folgende Generationen weiter. So kommt es, daß auch heute noch die Studenten an der Universität in der Regel über die Unbestimmtheitsrelationen in die Quantentheorie eingeführt werden.[1]

Diese merkwürdige Tatsache, die sich nun einmal durch historische Umstände so ergeben hat, ist bedauerlich. Schließlich ist es so, daß die grundlegenden Gleichungen der Quantentheorie zu den Unbestimmtheitsrelationen führen, doch wenn man mit der Unbestimmtheit beginnt, gelangt man unter keinen Umständen zu den grundlegenden Quantengleichungen. Was noch schlimmer ist: Man kann die Unbestimmtheit ohne die Gleichungen nur so einführen, daß man Beispiele benutzt wie etwa das Gammastrahlen-Mikroskop zur Beobachtung von Elektronen, und dann denken die Leute sofort, bei der Unbestimmtheit handele es sich ausschließlich um experimentelle Beschränkungen und nicht um eine fundamentale Wahrheit über die Natur des Universums. Erst wird einem etwas beigebracht, dann muß man einen Schritt zurückgehen, um etwas anderes zu lernen, und schließlich macht man einen Schritt vorwärts, um zu entdecken, was das eigentlich war, was man zuerst gelernt hat. Die Wissenschaft ist nicht immer logisch, und wissenschaftliche Lehrer sind es auch nicht. So kam es zu Generationen von verwirrten Studenten und zu Mißverständnissen über das Prinzip der Unbestimmtheit, Mißverständnissen, die Sie nicht teilen, weil Sie die Dinge in der richtigen Reihenfolge entdeckt haben. Wenn uns jedoch weniger die Verwicklungen der Wissenschaft interessieren als vielmehr die Merkwürdigkeit der

Quanten, dann ist es sehr sinnvoll, die Erkundung dieser Welt mit einem Beispiel zu eröffnen, an dem ihre merkwürdige Natur deutlich wird. Unter den Dingen, die dem Leser in diesem Buch noch begegnen werden, wird das Prinzip der Unbestimmtheit das *am wenigsten* merkwürdige sein.

Die Kopenhagener Deutung

Das Prinzip der Unbestimmtheit hat einen wichtigen Aspekt, der nicht immer die Beachtung findet, die er verdient: Es gilt *nicht* im gleichen Sinne, wenn wir in der Zeit vorwärts oder rückwärts gehen. Es gibt in der Physik sehr wenige Dinge, »denen es etwas ausmacht«, in welche Richtung die Zeit fließt, und es ist eins der tiefen Rätsel der Welt, in der wir leben, daß es tatsächlich einen eindeutigen »Pfeil der Zeit« gibt, eine Unterscheidung zwischen Vergangenheit und Zukunft. Die Unbestimmtheitsrelationen sagen uns, daß wir Ort und Impuls nicht gleichzeitig kennen können und daher die Zukunft nicht vorhersagen können – die Zukunft ist ihrer Natur nach unvorhersagbar und unbestimmt. Nach den Regeln der Quantenmechanik ist es aber durchaus möglich, ein Experiment zu machen, aus dem sich rückwärts exakt berechnen läßt, welches der Ort und der Impuls etwa eines Elektrons zu einem früheren Zeitpunkt gewesen ist. Die Zukunft ist ihrer Natur nach unbestimmt – wir wissen nicht genau, wohin wir gehen; aber die Vergangenheit ist eindeutig definiert – wir wissen genau, woher wir gekommen sind. Um die Worte Heisenbergs abzuwandeln: *»Wir können* die Vergangenheit in allen Bestimmungsstücken prinzipiell kennenlernen.« Dies stimmt genau mit unserer gewohnten Erfahrung vom Wesen der Zeit überein, die sich aus einer bekannten Vergangenheit in eine unbestimmte Zukunft bewegt, und es ist ein ganz fundamentales Merkmal der Quantenwelt. Man kann dies mit dem Pfeil der Zeit verknüpfen, den wir im Universum als Ganzem wahrnehmen; was sich daraus an bizarren Folgen ergeben kann, werden wir noch erörtern.

Während die Philosophen allmählich begannen, sich mit diesen faszinierenden Konsequenzen der Unbestimmtheitsrelation zu befassen, waren sie für Bohr wie ein Lichtstrahl, der die Begriffe, nach denen er seit einiger Zeit gesucht hatte, schlagartig erhellte. Die Idee der Komplementarität, nach der für ein Verständnis der Quantenwelt *sowohl* das Wellenbild *als auch* das Teilchenbild notwendig sind (obwohl etwa ein Elektron in Wirklichkeit *weder* Welle *noch* Teilchen ist), fand eine mathematische Formulierung in der Unbestimmtheitsrelation, nach der Ort und Impuls nicht gleichzeitig genau bekannt sein konnten, sondern komplementäre und in einem gewissen Sinne einander gegenseitig ausschließende Aspekte der Realität darstellten. Vom Juli 1925 bis zum September 1927 veröffentlichte Bohr kaum etwas über die Quantentheorie, und dann hielt er in Como (Italien) einen Vortrag, in dem er das Komplementaritätsprinzip einführte und jene Deutung vortrug, die einer breiten Öffentlichkeit als die »Kopenhagener Deutung« bekannt ist. In der klassischen Physik, so führte er aus, stellen wir uns vor, daß ein System von wechselwirkenden Teilchen unabhängig davon, ob es beobachtet wird oder nicht, wie ein Uhrwerk funktioniert, während in der Quantenphysik der Beobachter in einem solchen Ausmaß mit dem System wechselwirkt, daß man von dem System nicht sagen kann, es habe eine unabhängige Existenz. Wenn wir uns entscheiden, den Ort genau zu messen, zwingen wir ein Teilchen, hinsichtlich seines Impulses größere Unbestimmtheit zu entwickeln, und umgekehrt; wenn wir uns entscheiden, durch ein Experiment Welleneigenschaften zu messen, schließen wir die Teilchenmerkmale aus, und es gibt kein Experiment, das uns gleichzeitig sowohl den Teilchen- als auch den Wellenaspekt enthüllt usw. In der klassischen Physik können wir die Orte von Teilchen in der Raum-Zeit exakt beschreiben und ihr Verhalten ebenso exakt vorhersagen; in der Quantenphysik können wir das nicht, und in diesem Sinne ist sogar die Relativitätstheorie eine »klassische« Theorie.

Es dauerte lange, bis diese Vorstellungen entwickelt waren, und lange, bis ihre Bedeutung allgemein begriffen wurde. Heute lassen sich die Grundzüge der Kopenhagener Deutung leichter erklären und verstehen, und man greift dafür auf das zurück, was geschieht, wenn ein Wissenschaftler eine experimentelle Beobachtung macht. Erstens haben wir zu akzeptieren, daß schon der Akt der Beobachtung eine Sache verändert und daß wir, die Beobachter, in einem ganz realen Sinne Teil des Experiments sind – da ist kein

Uhrwerk, das weitertickt, gleichgültig, ob wir es betrachten oder nicht. Zweitens wissen wir nicht mehr als das, was sich aus Experimenten ergibt. Wir können ein Atom betrachten und ein Elektron im Energiezustand A finden, es dann erneut betrachten und ein Elektron im Energiezustand B finden. Wir vermuten, daß das Elektron von A nach B gesprungen ist, möglicherweise, weil wir es betrachtet haben. Tatsächlich können wir nicht einmal mit Sicherheit sagen, daß dies das gleiche Elektron ist, und wir können keine Aussage darüber machen, was es tut, wenn wir es nicht betrachten. Was wir aus Experimenten oder aus den Gleichungen der Quantentheorie entnehmen können, ist die Wahrscheinlichkeit, daß wir, wenn wir ein System einmal betrachten und die Antwort A erhalten, beim nächsten Mal die Antwort B erhalten werden. Wir können gar nichts darüber sagen, was geschieht, wenn wir nicht hinschauen, und auch nicht darüber, wie das System von A nach B kommt, falls es das tatsächlich tun sollte. Die »verdammte Quantenspringerei«, die Schrödinger so sehr störte, ist ausschließlich unsere Interpretation der Frage, warum wir bei ein und demselben Experiment zwei verschiedene Resultate erhalten, und es ist eine falsche Interpretation. Manchmal findet man Dinge im Zustand A, manchmal im Zustand B, und die Frage, was dazwischen liegt oder wie sie vom einen in den anderen Zustand gelangen, ist völlig sinnlos.

Dies ist das wirklich fundamentale Merkmal der Quantenwelt. Es ist interessant, daß unsere Kenntnis davon, was ein Elektron tut, wenn wir es betrachten, begrenzt ist, aber es ist absolut umwerfend, festzustellen, daß wir überhaupt keine Ahnung davon haben, was es tut, wenn wir es nicht betrachten.

Was das bedeutet, dafür hat Eddington in den Dreißiger Jahren in seinem Buch *Philosophie der Naturwissenschaft* einige physikalische Beispiele gegeben, die noch immer zu den besten zählen. Was wir wahrnehmen, was wir aus Experimenten »entnehmen«, ist, so betonte er, in hohem Maße von unseren Erwartungen gefärbt, und er gibt ein beunruhigend einfaches Beispiel, das diesen Wahrnehmungen den Boden entzieht. Nehmen wir an, sagt er, ein Künstler erkläre Ihnen, in einem Marmorblock sei die Form eines menschlichen Kopfes »verborgen«. Absurd, werden Sie sagen. Daraufhin greift der Künstler jedoch zu etwas so Grobem wie

Hammer und Meißel, bearbeitet den Block und legt die verborgene Form frei. Hat Rutherford auf diese Weise den Kern »entdeckt«? »Die Entdeckung geht nicht über die Wellen hinaus, welche das Wissen darstellen, das wir über den Kern haben,« sagt Eddington, denn niemand hat je einen Atomkern gesehen. Alles, was wir sehen, sind die Ergebnisse von Experimenten, und diese Ergebnisse interpretieren wir im Sinne des Kerns. Niemand hat ein Positron gefunden, bis Dirac andeutete, daß es sie geben könnte; heute behaupten Physiker, mehr sogenannte fundamentale Teilchen zu kennen, als es Elemente im periodischen System gibt. In den dreißiger Jahren waren die Physiker fasziniert von der Vorhersage eines anderen neuen Teilchens, des Neutrinos, das Pauli postulierte, um Feinheiten der Spin-Wechselwirkungen bei gewissen radioaktiven Zerfällen erklären zu können. »Ich bin von der Neutrino-Therapie nicht sehr beeindruckt«, sagte Eddington, »ich glaube nicht an Neutrinos.« Aber »darf ich die Behauptung wagen, daß die Experimentalphysiker nicht genug Erfindungskraft haben werden, um Neutrinos zu *machen*?«

Seitdem hat man in der Tat Neutrinos in drei verschiedenen Spielarten (plus ihre drei verschiedenen Anti-Spielarten) »entdeckt«, und andere Arten werden postuliert. Kann man Eddingtons Zweifel wirklich ernstnehmen? Ist es möglich, daß der Kern, das Positron und das Neutrino *nicht* existierten, bis Experimentatoren den passenden Meißel entdeckten, mit dem sie ihre Form enthüllten? Solche Überlegungen können einen am eigenen Verstand zweifeln lassen, von unserem Realitätsbegriff ganz zu schweigen. In der Quantenwelt sind das jedoch Fragen, die durchaus sinnvoll gestellt werden können. Bei korrekter Befolgung des Quantenkochbuchs können wir ein Experiment durchführen, das bestimmte Meßergebnisse liefert, die wir als Hinweis auf die Existenz einer bestimmten Art von Teilchen deuten. Wenn wir das gleiche Rezept befolgen, erhalten wir fast immer die gleichen Meßergebnisse. Daß wir sie im Sinne von Teilchen deuten, ist eine Sache, die sich nur in unserem Kopf abspielt, und möglicherweise ist es nichts anderes als eine konsequente Selbsttäuschung. Die Gleichungen sagen uns nichts darüber, was die Teilchen tun, wenn wir sie nicht betrachten, und vor Rutherford hat niemand einen Kern betrachtet, vor Dirac niemand auch nur von der Existenz eines Positrons geträumt. Wenn wir nicht sagen können, was ein Teilchen tut, wenn wir es nicht betrachten, können wir auch nicht sagen, ob es existiert, wenn wir es nicht betrachten. Und man darf durchaus behaupten, daß Kerne und Positronen vor dem 20. Jahrhundert nicht existierten, denn vor 1900 hat niemand einen Kern oder ein Positron gesehen. In der Quantenwelt gilt, daß man das bekommt, was man sieht, und daß nichts real ist; worauf man allenfalls hoffen kann, sind Selbsttäuschungen, die miteinander übereinstimmen. Leider werden selbst diese Hoffnungen durch ganz einfache Experimente zunichte gemacht. Erinnern Sie sich noch an die Doppelspalt-Experimente, welche die Wellennatur des Lichts »bewiesen«? Wie können sie im Sinne von Photonen erklärt werden?

Das Experiment mit zwei Löchern

Zu den besten und bekanntesten Lehrern der Quantenmechanik im Laufe der letzten zwanzig Jahre gehört Richard Feynman vom California Institute of Technology. Seine Anfang der 60er Jahre erschienenen dreibändigen *Feynman-Vorlesungen über Physik* liefern einen Maßstab, an dem andere Lehrbücher sich messen lassen müssen. Außerdem hat Feynman sich in allgemeinverständlichen Vorträgen über dies Thema geäußert, so etwa im Jahre 1965 in seiner Vortragsreihe im BBC-Fernsehen, die unter dem Titel *The Character of Physical Law* veröffentlicht wurde. 1918 geboren, stand Feynman in den 40er Jahren, als er die Gleichungen der quantentheoretischen Fassung des Elektromagnetismus, der sogenannten Quantenelektrodynamik, aufstellte, auf dem Höhepunkt seiner Leistungsfähigkeit als theoretischer Physiker; er erhielt für diese Arbeit 1965 den Nobelpreis. Was die Stellung Feynmans innerhalb der Geschichte der Quantentheorie auszeichnet, ist die Tatsache, daß er zu der ersten Generation von Physikern gehört, für die die Grundlagen der Quantenmechanik einschließlich ihrer fundamentalen Gesetze bereits geklärt waren. Mußten Heisenberg und Dirac noch unter wechselhaften Umständen arbeiten, in denen neue Ideen nicht immer in der korrekten Reihenfolge auftraten und der logische Zusammenhang zwischen zwei Konzepten (wie im Falle des Spins) nicht unbedingt sofort erkennbar war, so waren für Feynmans Generation zum ersten Mal alle Teile des Puzzles beisammen, und die Logik ihrer Anordnung war erkennbar, wenn nicht direkt auf den ersten Blick, so doch nach einigem Nachdenken und einer gewissen intellektuellen Anstrengung. Es ist daher bezeichnend, daß Pauli und seine Nachfolger, die mehr oder weniger in den Gang der Dinge verwickelt waren, in den Unschärferelationen den geeigneten Ausgangspunkt für die Erörterung und Darstellung der Quantentheorie sahen, daß dagegen Feynman und jene Lehrer, die in den letzten Jahrzehnten, statt unkritisch die Auffassungen früherer Generationen weiterzugeben, selbst auf die Logik ihrer Darstellung geachtet haben, zu einem anderen Ausgangspunkt gekommen sind. Das grundlegende Element der Quantentheorie, sagt Feynman auf Seite 1–2 des Bandes seiner *Vorlesungen,* der der Quantenmechanik gewidmet ist, ist das Doppelspalt-Experiment. Warum? Weil dies »ein Phänomen (ist,) das auf klassische Art zu erklären *absolut* unmöglich ist, und das in sich den Kern der Quantenmechanik birgt. In Wirklichkeit enthält es das *einzige* Geheimnis (. . .) die grundlegenden Eigentümlichkeiten der ganzen Quantenmechanik«.

Bis hierher habe ich mich in diesem Buch bemüht, die Quantenvorstellungen im Sinne der Alltagswelt zu erläutern, so wie es die großen Physiker im ersten Drittel dieses Jahrhunderts getan haben. Jetzt, wo wir von dem zentralen Geheimnis ausgehen, ist es an der Zeit, die Scheuklappen der Alltagserfahrung so weit wie möglich abzulegen und die reale Welt im Sinne der Quantenmechanik zu erklären. Es gibt keinerlei Analogien, die wir aus unserer Alltagserfahrung auf die Welt der Quanten übertragen können, und das Verhalten der Quantenwelt läßt sich mit nichts von dem, was uns vertraut ist, vergleichen. Niemand weiß, warum die Quantenwelt sich so verhält, wie sie sich verhält; alles, was wir wissen, ist, daß sie sich so verhält, wie sie sich verhält. Es gibt nur zwei Strohhalme, an die wir uns klammern können. Der eine besteht darin, daß »Teilchen« (Elektronen) und »Wellen« (Photonen) sich in der gleichen Weise verhalten – die Spielregeln stimmen überein. Der andere besteht darin, daß es, wie Feynman sich ausdrückte, nur *ein* Geheimnis gibt. Wenn Sie mit dem Doppelspalt-Experiment klarkommen, ist die Schlacht mehr als halb gewonnen, denn

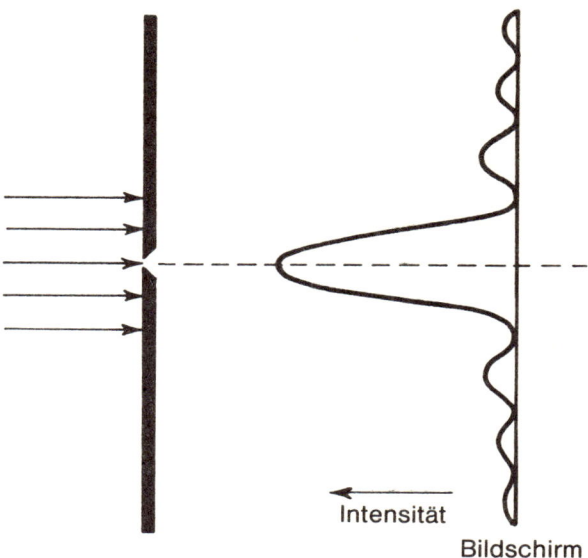

Intensität

Bildschirm

Abbildung 8.1 *Ein Elektronenstrahl, der einen einzelnen Spalt durchsetzt, erzeugt eine Verteilung, bei der die meisten »Teilchen« in der Hauptdurchgangsrichtung hinter dem Spalt entdeckt werden.*

»es zeigt sich, daß jede andere Situation in der Quantenmechanik immer damit erklärt werden kann, daß man sagt: ›Sie erinnern sich an den Fall des Experiments mit den zwei Löchern? Es ist genauso‹«.[2]

Das Experiment geht so: Denken Sie sich einen irgendwie beschaffenen Schirm, etwa eine Wand, die zwei kleine Löcher aufweist. Es können lange, schmale Spalte sein wie bei Youngs berühmtem Experiment mit Licht, aber kleine, runde Löcher tun es auch. Auf der einen Seite dieser Wand befindet sich eine andere Wand, die einen irgendwie beschaffenen Detektor enthält. Wenn wir mit Licht experimentieren, kann der Detektor in einer weißen Fläche bestehen, auf der wir helle und dunkle Streifen beobachten können, oder er kann in einer Fotoplatte bestehen, die wir entwikkeln und in aller Ruhe untersuchen können. Wenn wir mit Elektronen arbeiten, könnte der Schirm mit einer Vielzahl von Elektronen-Detektoren bedeckt sein; wir können uns aber auch einen

181

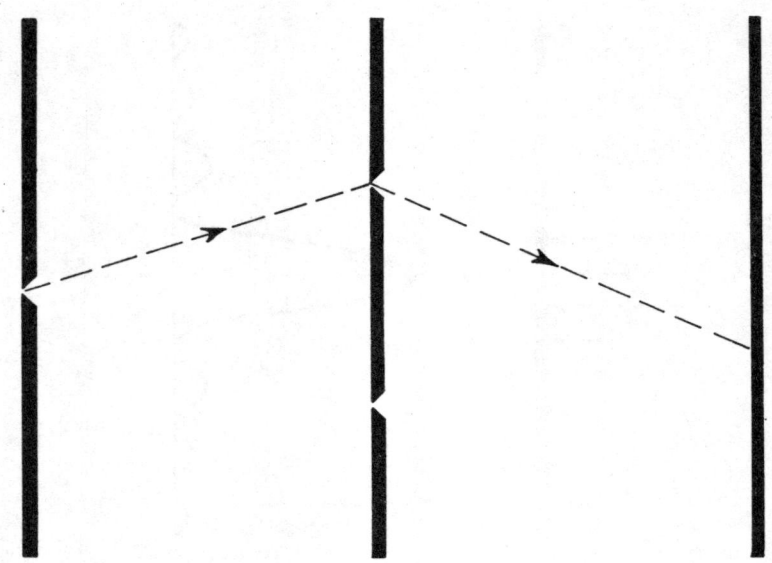

Abbildung 8.2 *Ein Elektron oder ein Photon, das einen von zwei vorhandenen Spalten passiert, »müßte« sich nach dem gesunden Menschenverstand genauso verhalten, wie wenn es durch einen einzelnen Spalt geht.*

einzelnen Detektor vorstellen, der sich auf Rädern nach Belieben bewegen läßt, um festzustellen, wieviele Elektronen an einem bestimmten Punkt auf dem Schirm auftreffen. Auf die Einzelheiten kommt es nicht an, solange wir nur irgendwie feststellen können, was auf dem Schirm geschieht. Auf der anderen Seite der Wand mit den beiden Löchern befindet sich eine Quelle von Photonen, Elektronen oder was auch immer. Es kann sich um eine schlichte Lampe handeln, oder um eine Elektronenkanone wie die, die auf unserem Fernseh-Bildschirm das Bild zeichnet; auch hier sind die Einzelheiten unwesentlich. Was geschieht nun, wenn irgendwelche Dinge durch die beiden Löcher auf den Schirm fallen – welches Muster lassen sie auf unserem Detektor entstehen?

Lassen wir zunächst einmal die Quantenwelt der Photonen und Elektronen beiseite und schauen wir, was in der uns vertrauten Welt geschieht. Wie Wellen durch Löcher gebeugt werden, läßt sich leicht beobachten, wenn wir das ganze Experiment in einem Wassertank durchführen. Die Quelle ist irgendeine Vorrichtung,

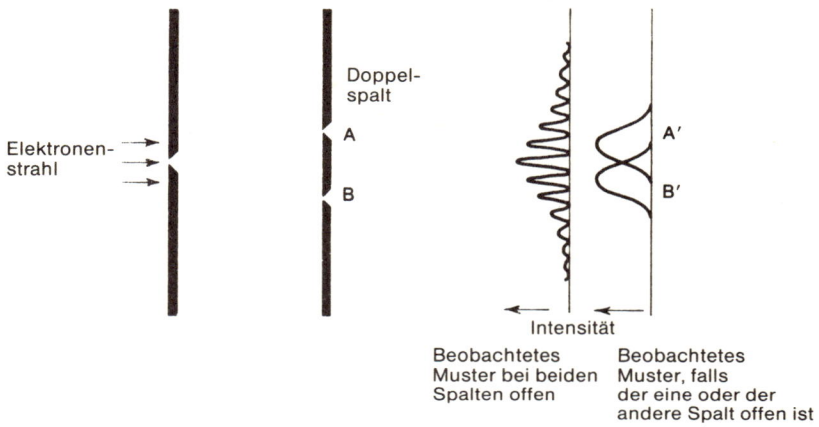

Doppel-
spalt

Elektronen-
strahl

A

B

A'

B'

Intensität

Beobachtetes
Muster bei beiden
Spalten offen

Beobachtetes
Muster, falls
der eine oder der
andere Spalt offen ist

Abbildung 8.3 *Experimente mit Elektronen oder Photonen zeigen jedoch, wenn beide Spalte »offen« sind, nicht das Muster, das sich ergibt, wenn wir die Ergebnisse addieren, die wir bei getrennter Öffnung der beiden Spalte erhalten.*

die auf- und abwackelt und regelmäßige Wellen erzeugt. Die Wellen breiten sich durch die beiden Löcher aus und bilden wegen der Interferenz der von den Löchern ausgehenden Wellen auf dem Detektor ein Muster von Tälern und Bergen. Decken wir eines der Löcher ab, so ändert sich die Höhe der Wellen auf dem Schirm in einfacher, gesetzmäßiger Weise. Am größten sind jene Wellen in der Nähe des Lochs, die den kürzesten Abstand durch den Tank zurückgelegt haben. Nach beiden Seiten nimmt die Amplitude der Wellen ab. Wenn wir dieses Loch abdecken und das andere, das zuvor abgedeckt war, öffnen, finden wir das gleiche Muster (etwas verschoben). Die Intensität der Welle, die ein Maß der Energie ist, die in der Welle steckt, verhält sich proportional zum Quadrat der Höhe oder Amplitude, H^2, und weist für jedes einzelne Loch ein übereinstimmendes Muster auf. Sind dagegen *beide* Löcher offen, so entsteht ein komplizierteres Muster. In der Fluchtlinie der beiden Löcher finden wir nämlich einen breiten Flecken von hoher Intensität, doch auf beiden Seiten dieses Flecks, wo die beiden Wellenzüge sich gegenseitig aufheben, finden wir eine sehr geringe Intensität, und wenn wir an dem Schirm entlanggehen, finden wir ein Muster, in dem Höhen und Tiefen sich abwechseln. Mathematisch gesehen, stellt sich heraus, daß die Intensität von beiden Löchern zusammen nicht in der Summe der beiden einzelnen Intensitäten (der Summe der Quadrate) besteht, sondern im Quadrat der Summe der beiden Amplituden. Für Wellen, deren Amplituden wir etwa mit H und J bezeichnen, ist die Intensität I *nicht* gleich $H^2 + J^2$, sondern sie ist gegeben durch den Ausdruck

$$I = (H + J)^2,$$

und ausgerechnet ergibt das

$$I = H^2 + J^2 + 2HJ.$$

Das zusätzliche Glied $2HJ$ ist der Beitrag, der auf die Interferenz der beiden Wellen zurückzuführen ist, und wenn wir die Tatsache. berücksichtigen, daß die H's und J's negativ oder positiv sein können, erklärt er exakt die Spitzen und Täler im Interferenzmuster.

Würden wir das gleiche Experiment mit großen Teilchen aus unserer Alltagswelt durchführen (Feynman kam auf die skurrile Idee, sich ein Experiment auszudenken, bei dem ein Maschinengewehr Kugeln durch die Löcher in der Wand schießt und längs des Detektors Eimer mit Sand aufgestellt sind, in denen die Kugeln eingefangen werden), so würden wir keinen »Interferenz-Term« finden. Was wir finden würden, nachdem wir eine große Zahl von Kugeln durch die Löcher geschossen hätten, wären unterschiedliche Mengen von Kugeln in den verschiedenen Eimern. Bei nur einem geöffneten Loch würde das Muster der über den »Schirm« verteilten Kugeln ganz dem Muster der Intensitätsschwankungen von Wasserwellen bei nur einem geöffneten Loch gleichen. Wären aber *beide* Löcher offen, so bestünde das Verteilungsmuster der Kugeln, die wir in den einzelnen Eimern finden, tatsächlich nur in der Summe der beiden an den einzelnen Löchern gefundenen Effekte – die meisten Kugeln fänden sich in dem Gebiet direkt hinter den beiden Löchern, nach beiden Seiten hin würde die Zahl der Kugeln leicht abnehmen, und es gäbe keine durch Interferenz verursachten Höhen und Tiefen. In diesem Falle ist die Intensitätsverteilung, wenn wir die einzelne Kugel als Einheit der Energie betrachten, gegeben durch

$$I = I_1 + I_2,$$

wobei I_1 dem H^2 und I_2 dem J^2 im Wellenbeispiel entspricht. Es gibt keinen Interferenz-Term.

Sie ahnen schon, was jetzt kommt. Stellen Sie sich vor, daß die

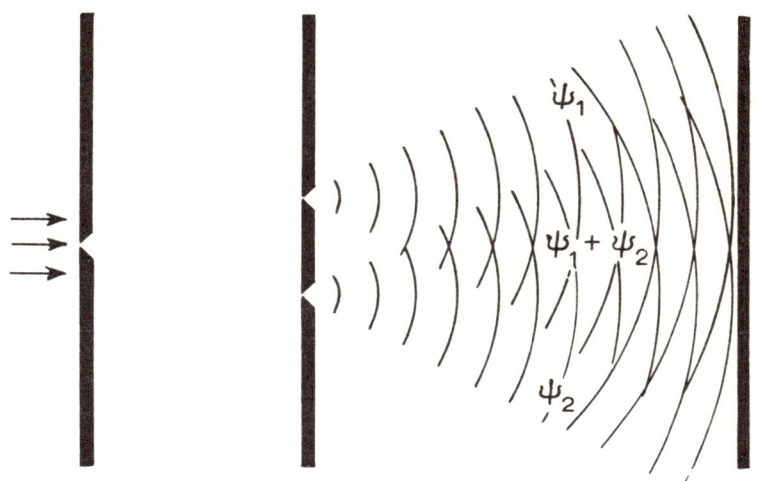

Abbildung 8.4 »Wahrscheinlichkeitswellen« scheinen zu bestimmen, wohin das einzelne Teilchen des Strahls geht, und sie interferieren genauso wie Wasserwellen (siehe Abb. 1.3).

gleichen Experimente jetzt mit Licht und mit Elektronen durchgeführt werden. Selbstverständlich ist das Doppelspalt-Experiment mit Licht auf exakt diese Weise schon viele, viele Male durchgeführt worden, und dabei haben sich die gleichen Beugungsmuster ergeben wie in dem Wellenbeispiel. Mit Elektronen ist das Experiment nicht ganz genau auf diese Weise durchgeführt worden – es ist schwierig, die Dinge in einem hinreichend kleinen Maßstab zu bewerkstelligen –, doch mit der Streuung von Elektronenstrahlen an Atomen in Kristallen hat man schon ähnliche Experimente durchgeführt. Um aber weiter bei dem einfachen Bild zu bleiben, halte ich an dem imaginären Doppelspalt-Experiment fest und übersetze die unzweideutigen Ergebnisse der realen Elektronen-Experimente in diese Sprache. Auch bei den Elektronen ergibt sich, genau wie beim Licht, das Beugungsmuster.

Na und, werden Sie sagen, ist das nicht genau der Teilchen-Welle-Dualismus, mit dem wir zu leben gelernt haben? Es stimmt, daß wir gelernt haben, mit ihm zu leben, soweit es um das Quantenkochbuch ging, aber Tatsache ist auch, daß wir uns nicht sonderlich darum gekümmert haben, was er eigentlich bedeutet. Das

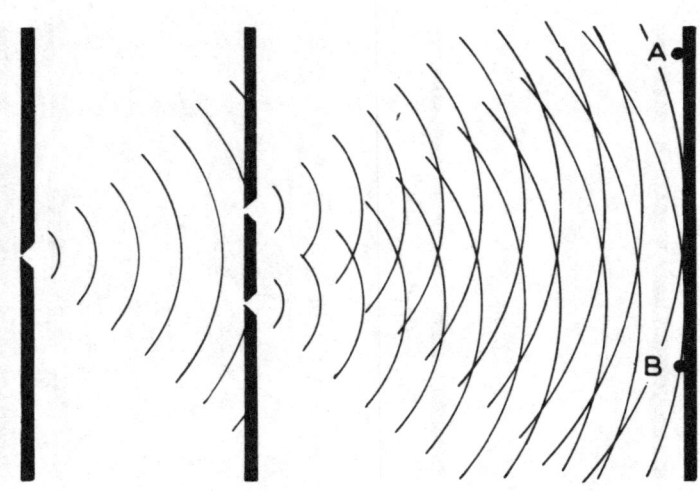

Abbildung 8.5 *Man benötigt die Regeln des Wellenverhaltens, um dem Auftreten eines Elektrons bei A oder B eine Wahrscheinlichkeit zuzuordnen. Wenn wir jedoch bei A oder B nachschauen, werden wir entweder ein Elektron – ein Teilchen – beobachten oder keines. Eine Welle beobachten wir nicht. Wir können nicht sagen, was das Elektron auf seinem Weg durch den Apparat »wirklich« macht.*

müssen wir nun nachholen. Schrödingers Funktion ψ, die Variable in seiner Wellengleichung, hat etwas mit einem Elektron (oder mit einem beliebigen anderen, von der Gleichung beschriebenen Teilchen) zu tun. Wenn ψ eine Welle ist, dann ist es nicht erstaunlich, wenn wir finden, daß sie gebeugt wird und ein Interferenzmuster erzeugt, und es läßt sich relativ einfach zeigen, daß ψ sich wie die Amplitude der Welle und ψ^2 wie die Intensität verhält. Das Beugungsmuster des Elektronen-Experiments mit zwei Löchern ist ein Muster von ψ^2. Wenn der Strahl viele Elektronen enthält, ergibt sich eine einfache Deutung: ψ^2 steht für die *Wahrscheinlichkeit,* ein Elektron an einer bestimmten Stelle anzutreffen. Tausende von Elektronen sausen durch die beiden Löcher, und aufgrund dieser Interpretation der ψ-Welle läßt sich statistisch vorhersagen, wo sie landen – dies ist Borns großer Beitrag zur Quantenkocherei. Doch was geschieht mit jedem einzelnen Elektron?

Daß eine Welle, etwa eine Wasserwelle, beide Löcher in dem Schirm passieren kann, verstehen wir ohne weiteres. Eine Welle ist ein ausgebreitetes Objekt. Das Elektron scheint aber immer noch ein Teilchen zu sein, selbst wenn ihm wellenartige Eigenschaften zugeordnet sind. Es liegt nahe, anzunehmen, daß jedes einzelne Elektron *das eine* oder *das andere* Loch zweifelsfrei passieren *muß*. Wir können nun probieren, was geschieht, wenn wir eines der beiden Löcher abdecken. Dabei erhalten wir auf unserem Schirm das Muster, das wir schon von Experimenten mit einem Loch kennen. Doch wenn wir beide Löcher gleichzeitig öffnen, erhalten wir nicht das Muster, das wie bei den Kugeln durch Addition dieser beiden Muster entsteht. Vielmehr erhalten wir das Muster der Interferenz von Wellen. Dieses Muster erhalten wir *auch dann noch,* wenn wir unsere Elektronenkanone so weit herunterfahren, daß jeweils nur ein Elektron die ganze Versuchsanordnung passiert. Ein Elektron geht durch nur ein Loch, so würden wir vermuten, und trifft auf unseren Detektor; dann wird ein anderes Elektron durchgelassen, und so weiter. Wenn wir geduldig warten, bis genügend Elektronen durchgegangen sind, entsteht auf unserem Detektorschirm das Beugungsmuster von Wellen. Wir könnten sogar in tausend verschiedenen Laboratorien dasselbe Experiment mit Elektronen oder Photonen tausendfach durchführen und beim einzelnen Experiment jeweils nur ein Teilchen durchlassen, und wenn wir dann die tausend Einzelergebnisse zusammenzählen würden, erhielten wir doch wieder eine Gesamtverteilung, die mit dem Beugungsmuster übereinstimmt, genauso, als wenn wir bei einem Experiment tausend Elektronen durchlassen würden. Das einzelne Elektron, das einzelne Photon gehorcht auf seinem Weg durch eines der Löcher in der Wand den statistischen Gesetzen, die aber eigentlich nur für den Fall zutreffen, daß das Teilchen »weiß«, ob das andere Loch offen ist oder nicht. Das ist das eigentliche Rätsel, das zentrale Geheimnis der Quantenwelt.

Wir können versuchen zu mogeln, indem wir rasch eines der Löcher schließen oder öffnen, während das Elektron sich auf dem Weg durch unsere Vorrichtung befindet. Es funktioniert nicht – auf dem Schirm entsteht immer das »richtige« Muster, das dem Zustand der Löcher in dem Augenblick entspricht, wo das Elektron hindurchgeht. Wir können versuchen, »auszuspähen«, durch welches Loch das Elektron hindurchgeht. Bei diesem Experiment kommt ein noch merkwürdigeres Ergebnis zustande. Stellen Sie sich eine Versuchsanordnung vor, die registriert, durch welches Loch ein Elektron geht, die es aber ungehindert zum Detektorschirm durchläßt. Jetzt verhalten sich die Elektronen wie normale Teilchen, die etwas auf sich halten. Wir finden immer nur ein Elektron an dem einen oder dem anderen Loch, nie an beiden zugleich. Das Muster, das auf dem Detektorschirm entsteht, entspricht nun genau dem Muster der Kugeln, und von Interferenz ist keine Spur zu sehen. Die Elektronen wissen nicht nur, ob beide Löcher offen sind oder nicht, sie wissen auch, ob wir sie beobachten oder nicht, und stellen sich in ihrem Verhalten darauf ein. Es gibt keinen klareren Beleg für die Wechselwirkung des Beobachters mit dem Experiment. Wenn wir versuchen, die sich ausbreitende Elektronenwelle zu beobachten, kollabiert sie zu einem eindeutigen Teilchen, aber wenn wir nicht hinschauen, hält sie sich ihre Optionen offen. Im Sinne der Bornschen Wahrscheinlichkeiten wird das Elektron durch unsere Messung gezwungen, aus einer Vielzahl von Möglichkeiten eine bestimmte Verhaltensweise zu wählen. Es besteht eine bestimmte Wahrscheinlichkeit dafür, daß es durch ein Loch gehen könnte, und eine entsprechende Wahrscheinlichkeit dafür, daß es durch das andere gehen könnte; das Beugungsmuster auf unserem Detektor entsteht durch eine Interferenz der Wahrscheinlichkeiten. Wenn wir jedoch das Elektron entdecken, kann es sich nur an einem Ort befinden, und damit ändert sich das Wahrscheinlichkeitsmuster seines künftigen Verhaltens – für dieses Elektron steht jetzt fest, durch welches Loch es gegangen ist. Aber wenn niemand hinschaut, weiß die Natur selbst nicht, durch welches Loch das Elektron geht.

Kollabierende Wellen

Das, was wir sehen, ist das, was wir bekommen. Eine experimentelle Beobachtung besitzt nur im Rahmen des Experiments Gültigkeit und kann nicht dazu benutzt werden, Einzelheiten von Dingen, die wir nicht beobachtet haben, zu ergänzen. Man könnte sagen, daß das Doppelspalt-Experiment uns verrät, daß wir es mit Wellen zu tun haben; man braucht ja nur das Muster auf dem Detektorschirm zu betrachten, um daraus abzuleiten, daß der Apparat zwei Löcher und nicht eines aufweist. Man muß das Ganze beachten: Die Apparatur, die Elektronen und der Beobachter sind insgesamt Bestandteile des Experiments. Wir können nicht sagen, daß ein Elektron durch das eine oder das andere Loch geht, wenn wir nicht beim Durchgang nach den Löchern schauen (und das ist ein anderes Experiment). Ein Elektron verläßt die Kanone und kommt beim Detektor an, und es scheint Informationen über die gesamte Versuchsanordnung einschließlich der Beobachter zu besitzen. Wenn man eine Apparatur hat, die registrieren kann, durch welches Loch das Elektron geht, dann kann man, wie Feynman seinen BBC-Zuschauern 1965 erklärte, sagen, daß es entweder durch das eine oder das andere Loch geht. Wenn man aber keine Apparatur hat, die feststellen kann, durch welches Loch das Ding geht, dann kann man nicht sagen, daß es entweder durch das eine oder durch das andere Loch geht. »Die Schlußfolgerung, daß es entweder durch das eine oder das andere Loch geht, wenn man nicht hinschaut, ist falsch«, erklärt er. Der Ausdruck »holistisch« ist zu einem vielfach mißbrauchten Schlagwort geworden, so daß ich zögere, ihn hier einzuführen. Es gibt jedoch kein Wort, daß geeigneter wäre, die Quantenwelt zu beschreiben. Sie *ist* holistisch: Die Teile sind in einem gewissen Sinne in Kontakt mit dem Ganzen. Und damit ist nicht bloß das Ganze einer Versuchsanordnung gemeint. Die Welt scheint all ihre Optionen, all ihre Wahrscheinlichkeiten so lange wie möglich offenzuhalten. Das Merkwürdigste an der gängigen Kopenhagener Deutung der Quantenwelt ist, daß ein System durch den Akt der Beobachtung gezwungen wird, eine seiner Optionen zu wählen, die dann real wird.

Bei dem einfachsten Experiment mit zwei Löchern kann die Interferenz von Wahrscheinlichkeiten so gedeutet werden, als würde das Elektron, das die Kanone verläßt, verschwinden, sobald es außer Sicht ist, und durch eine Vielzahl von Geisterelektronen ersetzt, die jeweils einen anderen Weg zum Detektorschirm nehmen. Die Geister interferieren miteinander, und wenn wir nachschauen, wie Elektronen durch den Schirm festgestellt werden, finden wir die Spuren dieser Interferenz, auch wenn wir es jeweils nur mit einem »realen« Elektron zu tun haben. Diese Vielzahl von Geisterelektronen beschreibt jedoch nur, was geschieht, wenn wir nicht hinschauen; wenn wir hinschauen, verschwinden all die Geister außer einem, und einer von den Geistern verfestigt sich zu einem realen Elektron. Von Schrödingers Wellengleichung aus betrachtet, entspricht jeder der »Geister« einer Welle oder vielmehr einem Paket von Wellen, jenen Wellen, die Born als ein Maß der Wahrscheinlichkeit interpretierte. Die Beobachtung, die aus der Vielzahl potentieller Elektronen einen Geist herauskristallisiert, ist, im Sinne der Wellenmechanik, gleichbedeutend mit dem Verschwinden der gesamten Vielfalt von Wahrscheinlichkeitswellen mit Ausnahme von einem Wellenpaket, das ein reales Elektron beschreibt. Dies nennt man den »Kollaps der Wellenfunktion«, und so merkwürdig es ist, liegt er der Kopenhagener Deutung zugrunde, die ihrerseits die Grundlage der Quantenkocherei bildet. Es ist allerdings fraglich, ob viele der Physiker, der Elektronikingenieure und der anderen, die unbekümmert die Rezepte aus dem Quantenkochbuch benutzen, sich darüber im klaren sind, daß die Regeln, die sich beim Entwurf von Lasern und Computern oder bei der Erforschung des Erbmaterials als so zuverlässig erweisen, ausdrücklich auf der Annahme beruhen, daß ständig Milliarden von Geisterteilchen miteinander interferieren und sich nur dann zu einem einzelnen realen Teilchen vereinigen, wenn während einer Beobachtung die Wellenfunktion zusammenbricht. Was die Sache noch schlimmer macht: Sobald wir *aufhören*, das Elektron zu betrachten – oder was immer es ist, das wir betrachten –, spaltet es sich unverzüglich in eine neue Vielzahl von Geisterteilchen auf, von denen jedes seinen eigenen Weg der Wahrscheinlichkeiten durch die Quantenwelt verfolgt. Nichts ist real, ehe wir es nicht betrachten, und es hört auf, real zu sein, sobald wir nicht mehr hinschauen.

Vielleicht werden die Leute, die so unbekümmert das Quantenkochbuch benutzen, von der Vertrautheit der mathematischen Gleichung getröstet. Feynman erklärt das Grundrezept auf einfache Weise. In der Quantenmechanik besteht ein »Ereignis« aus einer Reihe von Anfangs- und Endbedingungen, nicht mehr und nicht weniger. Auf der einen Seite unserer Apparatur verläßt ein Elektron die Kanone, und auf der anderen Seite der Löcher kommt das Elektron bei einem bestimmten Detektor an. Das ist ein Ereignis. Die Wahrscheinlichkeit eines Ereignisses ist gegeben durch das Quadrat einer Zahl, die im wesentlichen Schrödingers

Wellenfunktion ψ ist. Gibt es mehr als eine Möglichkeit, in der sich das Ereignis vollziehen kann (beide Löcher sind bei dem Experiment offen), so ist die Wahrscheinlichkeit eines jeden möglichen Ereignisses (die Wahrscheinlichkeit, daß das Elektron bei einem gewählten Detektor auftrifft) gegeben durch das Quadrat der Summe der ψ's, und es gibt Interferenz. Wenn wir jedoch eine Beobachtung machen, um festzustellen, welche der alternativen Möglichkeiten tatsächlich eintrifft (wenn wir also nachschauen, durch welches der Löcher das Elektron geht), so ist die Wahrscheinlichkeitsverteilung gerade die Summe der Quadrate der ψ's, und das Interferenzglied verschwindet – die Wellenfunktion kollabiert.

Physikalisch betrachtet ist das unmöglich, aber mathematisch gesehen ist es sauber und einfach, geht es um Gleichungen, die jedem Physiker vertraut sind. Solange man nicht fragt, was es bedeutet, gibt es keine Probleme. Fragt man jedoch, warum die Welt so sein sollte, wird selbst Feynman erwidern müssen: »Wir haben keine Ahnung.« Wenn man weiterbohrt und nach einem physikalischen Bild dessen, was da geschieht, fragt, wird man darauf kommen, daß alle physikalischen Bilder sich in eine Welt von Geistern auflösen, in der Teilchen nur dann real zu sein scheinen, wenn man sie betrachtet, und in der sogar eine Eigenschaft wie der Impuls oder der Ort lediglich ein künstliches Produkt der Beobachtung ist. Es ist kaum verwunderlich, daß viele angesehene Physiker, darunter auch Einstein, sich jahrzehntelang bemüht haben, diese Deutung der Quantenmechanik auf irgendeine Weise zu umgehen. Ihre Bemühungen, die im folgenden Kapitel kurz geschildert werden, sind alle fehlgeschlagen, und mit jedem neuen Fehlschlag von Bemühungen, die Kopenhagener Deutung zu widerlegen, ist die Basis für dieses Bild von einer geisterhaften Welt der Wahrscheinlichkeiten gestärkt worden, ist der Weg geebnet worden, um über die Quantenmechanik hinauszugehen und ein neues Bild eines holistischen Universums zu entwickeln. Die Grundlage für dieses neue Bild ist der höchste Ausdruck der Komplementaritätsvorstellung, aber es gibt noch einen letzten sauren Apfel, in den wir beißen müssen, bevor wir uns der Frage zuwenden können, was das bedeutet.

Die allgemeine Relativitätstheorie und die Quantenmechanik werden gewöhnlich als die beiden großen Triumphe der theoretischen Naturwissenschaft des 20. Jahrhunderts dargestellt, und der Heilige Gral, nach dem die Physiker heute streben, besteht in der wahren Vereinigung dieser beiden zu einer großen Theorie. Ihre Bemühungen verschaffen uns, wie man noch sehen wird, sicherlich tiefe Einsichten in die Natur des Universums. Diese Bemühungen scheinen aber nicht zu berücksichtigen, daß diese beiden Bilder von der Welt strenggenommen unvereinbar sein könnten.

Als Bohr im Jahre 1927 zum ersten Male darlegte, was dann als die Kopenhagener Deutung bekannt wurde, betonte er den Gegensatz zwischen Beschreibungen der Welt, die sich auf eindeutige Raum-Zeit-Koordinaten und auf eine absolute Kausalität stützen, und dem quantentheoretischen Bild, in dem der Beobachter mit dem beobachteten System interferiert und ein Teil von ihm ist. Koordinaten in der Raum-Zeit stellen den Ort dar; Kausalität beruht darauf, genau zu wissen, wohin sich Dinge bewegen, im Grunde also, ihren Impuls zu kennen. In den klassischen Theorien wird angenommen, daß man beides gleichzeitig kennen kann; die Quantenmechanik zeigt uns, daß Genauigkeit der Raum-Zeit-Koordinaten mit einer Unbestimmtheit des Impulses und damit der Kausalität bezahlt werden muß. Insofern ist die allgemeine Relativitätstheorie eine klassische Theorie und kann nicht im gleichen Sinne wie die Quantenmechanik als eine fundamentale Beschreibung des Universums gelten. Falls wir zwischen den beiden einen Widerspruch finden, müssen wir uns an die Quantentheorie halten, denn sie beschreibt am besten die Welt, in der wir leben.

Aber was ist die Welt, in der wir leben? Bohr deutete an, daß gerade die Vorstellung von einer einzigen, einmaligen »Welt« irreführend sein könnte, und trug eine andere Deutung des Experiments mit zwei Löchern vor. Selbst bei diesem einfachen Experiment gibt es natürlich viele Wege, die ein Elektron oder ein Photon durch *jedes* der beiden Löcher wählen kann. Der Einfachheit halber wollen wir jedoch so tun, als gäbe es nur zwei Möglichkeiten, daß das Teilchen entweder durch Loch A oder durch Loch B geht. Bohr zufolge könnten wir uns vorstellen, daß jede Möglichkeit eine andere Welt repräsentiert. In der einen Welt geht das Teilchen durch Loch A, in der anderen durch Loch B. Die reale Welt, die Welt, die wir erleben, ist jedoch keine von diesen einfachen Welten. Unsere Welt ist eine Mischung aus den beiden möglichen Welten, die den zwei Bahnen des Teilchens entsprechen, und jede Welt interferiert mit der anderen. Wenn wir jetzt nachschauen, durch welches Loch das Teilchen geht, gibt es nur eine Welt, weil wir die andere Möglichkeit ausgeschlossen haben, und in diesem Fall gibt es keine Interferenz. Bohr zaubert aus den Quantengleichungen nicht bloß geisterhafte Elektronen hervor, sondern geisterhafte Realitäten, geisterhafte *Welten,* die nur existieren, wenn wir sie nicht betrachten. Man muß sich klarmachen, daß die Ausarbeitung dieses einfachen Beispiels nicht nur zu zwei Welten führt, die durch ein Zwei-Löcher-Experiment verbunden sind, sondern zu Myriaden von geisterhaften Realitäten, die all den Myriaden von Möglichkeiten entsprechen, die jedes Quantensystem im gesamten Universum für seinen Sprung »wählen« könnte – jede mögliche Wellenfunktion für jedes mögliche Teilchen, jeden erlaubten Wert von Diracs q-Zahlen. Und nimmt man das Rätsel hinzu, daß ein Elektron an Loch A *weiß,* ob Loch B offen oder geschlossen ist, und daß es im Prinzip den Quantenzustand des gesamten Universums kennt, dann werden Sie ohne weiteres verstehen, warum die Kopenhagener Deutung von einigen der Fachleute, die ihre tiefsten Folgerungen begriffen, so energisch angegriffen wurde, während andere Fachleute, auch wenn die Implikationen sie beunruhigten, die Deutung zwingend fanden und gewöhnlichere Sterbliche, denen die tiefen Folgerungen kein Kopfzerbrechen machten, unbekümmert daran gingen, das Quantenkochbuch, die kollabierenden Wellenfunktionen und alles übrige zu verwenden, um die Welt, in der wir leben, zu verändern.

9. Kapitel: Paradoxien und Möglichkeiten

Mit jedem Angriff auf die Kopenhagener Deutung wurde ihre Position gestärkt. Wenn Denker vom Format eines Einstein an einer Theorie Mängel zu entdecken versuchen, die Verteidiger der Theorie aber alle Argumente der Angreifer widerlegen können, steht die Theorie wegen der bestandenen Probe um so stärker da. Die Kopenhagener Deutung ist eindeutig »richtig« in dem Sinne, daß sie funktioniert; jede bessere Deutung der Quantenregeln muß die Kopenhagener Deutung als eine Arbeitshypothese enthalten, die es den Experimentatoren erlaubt, das Ergebnis ihrer Experimente – zumindest in einem statistischen Sinne – vorherzusagen, und die es Ingenieuren erlaubt, funktionierende Laser-Systeme, Computer usw. zu entwerfen. Wir brauchen hier nicht all die Begründungen zu erörtern, die zur Widerlegung all der Gegenvorschläge zur Kopenhagener Deutung führten, denn das ist von anderen hinreichend geleistet worden. Dennoch sollte hier vielleicht die wichtigste Bemerkung festgehalten werden, die Heisenberg 1958 in seinem Buch *Physik und Philosophie* machte. »Alle bisherigen Gegenvorschläge«, so Heisenberg, »haben sich gezwungen gesehen, wesentliche Symmetrieeigenschaften der Quantentheorie (zum Beispiel der Symmetrie zwischen Wellen und Teilchen oder zwischen Ort und Geschwindigkeit) zu opfern. Man wird daher wohl annehmen können, daß die Kopenhagener Deutung zwangsläufig ist, sofern man diese Symmetrieeigenschaften . . . für einen echten Zug der Natur hält. Dafür sprechen bisher auch alle Experimente« (Seite 136).

Es gibt eine *Verbesserung* der Kopenhagener Deutung (*nicht* eine Widerlegung oder ein Gegenvorschlag), die diese wesentliche Symmetrie noch immer enthält; im 11. Kapitel werden wir dieses bislang wohlfeilste Bild der Quantenrealität wiedergeben. Es ist nicht erstaunlich, daß Heisenberg es in seinem 1959 erschienenen Buch nicht erwähnte, denn zu jener Zeit wurde das neue Bild gerade erst von einem amerikanischen Doktoranden entwickelt. Bevor wir jedoch dazu kommen, ist es angebracht, eine Entwicklung nachzuzeichnen, in der durch eine Verknüpfung von Theorie und Experiment schließlich im Jahre 1982 zweifelsfrei bewiesen wurde, daß die Kopenhagener Deutung die Quantenrealität zutreffend beschreibt. Die Geschichte beginnt mit Einstein und endet über fünfzig Jahre später in einem Physiklaboratorium in Paris; es ist eine der fantastischen Geschichten, die die Naturwissenschaft bereithält.

Die Uhr im Kasten

Die große Auseinandersetzung zwischen Bohr und Einstein über die Deutung der Quantentheorie begann 1927 auf dem Fünften Solvay-Kongreß und wurde bis 1955, Einsteins Todesjahr, fortgesetzt. Der *Briefwechsel zwischen Einstein und Born,* der ebenfalls um dieses Thema ging, vermittelt einen Eindruck von der Debatte. Es ging bei ihr um eine Reihe von gedanklichen Überprüfungen der Voraussagen der Kopenhagener Deutung, nicht um reale Experimente, sondern um »Gedankenexperimente«. Das Spiel verlief so, daß Einstein versuchte, sich ein Experiment auszudenken, bei dem es theoretisch möglich wäre, zwei komplementäre Sachverhalte gleichzeitig zu messen, etwa den Ort und die Masse eines Teilchens oder seine genaue Energie zu einem genauen Zeitpunkt usw. Bohr und seine Mitarbeiter versuchten dann zu zeigen, daß Einsteins Gedankenexperiment sich einfach nicht in der Weise durchführen ließ, wie es erforderlich gewesen wäre, um der Theorie den Boden zu entziehen. Am Beispiel des Experiments mit der »Uhr im Kasten« soll gezeigt werden, wie das Spiel ablief.

Man denke sich einen Kasten, sagte Einstein, der in einer Wand einen Verschluß aufweist, welcher sich, gesteuert von einer Uhr innerhalb des Kastens, öffnen und wieder schließen läßt. Außer der Uhr und dem Verschlußmechanismus enthält der Kasten Strahlung. Der Apparat sei so eingerichtet, daß sich der Verschluß zu einem genauen, von der Uhr vorherbestimmten Zeitpunkt öff-

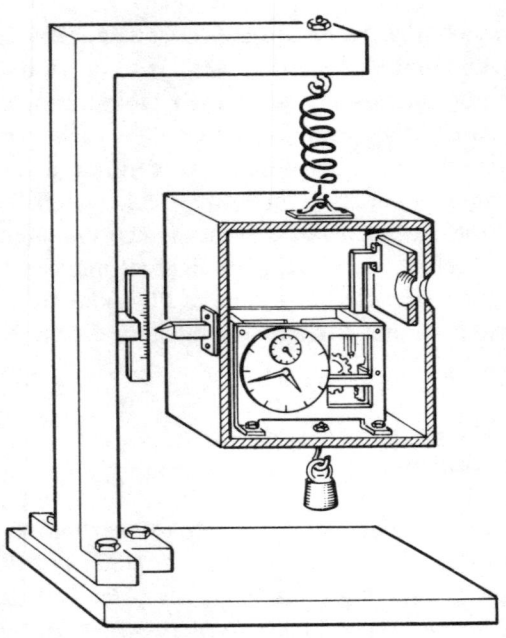

Abbildung 9.1 *Das Experiment mit der »Uhr im Kasten«. Die zur praktischen Durchführung benötigten Utensilien (Gewichte, Federn usw.) machen es durchweg unmöglich, die Unschärfe zu beseitigen, wenn Energie und Zeit zusammen gemessen werden (siehe Text).*

net und ein Photon herausläßt, bevor er sich wieder schließt. Nun wiege man den Kasten, lasse das Photon entweichen und wiege den Kasten erneut. Da Masse gleich Energie ist, verrät uns der Unterschied zwischen den beiden Gewichten die Energie des entwichenen Photons. Somit kennen wir im Prinzip die exakte Energie des Photons und den exakten Zeitpunkt, zu dem es durch das Loch gegangen ist, und das Unbestimmtheitsprinzip ist widerlegt.

Wie immer bei diesen Argumenten trug Bohr den Sieg davon, indem er nachprüfte, wie die Messungen im einzelnen durchgeführt werden könnten. Der Kasten muß gewogen werden, also muß er beispielsweise an einer Feder in einem Schwerefeld aufgehängt sein. Der Gang der Uhr, ihre Geschwindigkeit, hängt von ihrer Lage im Schwerefeld ab, wie Einstein mit seiner Relativitätstheorie gezeigt hatte. Wenn nun das Photon entweicht, bewegt sich

196

die Uhr, sowohl deshalb, weil sich das Gewicht des Kastens ändert, so daß die Feder sich zusammenzieht, als auch wegen des Rückstoßes, den er von dem entweichenden Photon erfährt. Da sich sein Ort verändern kann, enthält auch der Ort der Uhr innerhalb des Schwerefeldes eine Unschärfe, und damit enthält auch ihre Ganggeschwindigkeit eine Unschärfe. Selbst wenn man versucht, die ursprüngliche Situation wiederherzustellen, indem man ein kleines Gewicht an den Kasten anhängt, um die Feder wieder in ihre ursprüngliche Lage zu bringen, und das zusätzliche Gewicht mißt, um die Energie des entweichenden Photons zu bestimmen, kann man die Unschärfe allenfalls bis zu den Grenzen reduzieren, die von der Heisenbergschen Relation zugelassen werden, in diesem Falle $\Delta E \Delta t > h/2\pi$. Alle Zeugnisse stimmen darin überein, daß es Bohr ganz besonders freute, dieses Argument Einsteins mit Hilfe von Einsteins eigenen Relativitätsgleichungen zu widerlegen. Die Einzelheiten dieses und der anderen Gedankenexperimente, um die es in der Debatte zwischen Einstein und Bohr ging, findet man in Abraham Pais' Einstein-Biographie *Raffiniert ist der Herrgott...* Pais betont, es sei nicht verwunderlich, daß Bohr darauf bestand, die mythischen Experimente in aller Ausführlichkeit und in allen Einzelheiten zu beschreiben, so etwa die schweren Schrauben, mit denen der Rahmen der Waage befestigt ist, die Feder, die es erlaubt, die Masse zu messen, damit aber auch zuläßt, daß der Kasten sich bewegt, das kleine Gewicht, das hinzugefügt werden muß usw. Bei allen Experimenten müssen die Ergebnisse in der klassischen Sprache interpretiert werden, der Sprache der gewohnten Realität, und auch die Meßinstrumente müssen in diesem Sinne beschrieben werden. Man *könnte* den Kasten starr befestigen, so daß sich für seinen Ort keine Unschärfe ergäbe, aber dann wäre es unmöglich, die Veränderung der Masse zu messen. Das Dilemma der quantentheoretischen Unbestimmtheit entsteht dadurch, daß wir versuchen, Quantenvorstellungen in der Alltagssprache auszudrücken, und deshalb betonte Bohr so sehr die praktischen Einzelheiten der Experimente.

Einstein akzeptierte Bohrs Einwände gegen dieses und andere Gedankenexperimente und wandte sich in den frühen dreißiger Jahren einer anderen Art von gedanklicher Überprüfung der Quantenregeln zu. Grundlegend für diesen neuen Ansatz war die Vorstellung, aus den experimentellen Erkenntnissen über ein Teilchen die Eigenschaften wie etwa Ort und Impuls eines zweiten Teilchens abzuleiten. In dieser Spielart wurde die Auseinandersetzung zu Einsteins Lebzeiten nicht entschieden, doch inzwischen ist sie überprüft worden, nicht durch ein verbessertes Gedankenexperiment, sondern durch ein reales Experiment im Laboratorium. Wieder gewinnt Bohr, und Einstein verliert.

In den frühen dreißiger Jahren war große Unruhe in Einsteins Leben gekommen. Er hatte wegen drohender Verfolgung durch das Nazi-Regime Deutschland verlassen müssen. 1935 hatte er sich in Princeton niedergelassen, und im Dezember 1936 starb seine zweite Frau Elsa nach langer Krankheit. Inmitten dieser wechselhaften Umstände machte er sich weiterhin Gedanken über die Deutung der Quantentheorie, von Bohrs Argumenten zwar geschlagen, aber innerlich überzeugt, daß die Kopenhagener Deutung mit der Unbestimmtheit, die sie enthielt, und dem Mangel an strenger Kausalität als gültige Beschreibung der realen Welt nicht das letzte Wort sein könne. Wie Einstein damals hin- und herüberlegte, ist von Max Jammer in *The Philosophy of Quantum Mechanics* erschöpfend beschrieben worden. In den Jahren 1934 und 1935 kamen mehrere Fäden zusammen, als Einstein in Princeton mit Boris Podolsky und Nathan Rosen eine Arbeit verfaßte, in der das dargestellt wurde, was man seither als »EPR-Paradoxon« bezeichnet, obwohl es sich im Grunde gar nicht um ein Paradoxon handelt.[1]

Der Kern des Arguments besteht nach Einstein und seinen Mitarbeitern darin, daß die Kopenhagener Deutung als *unvollständig* aufgefaßt werden muß – daß es tatsächlich so etwas wie ein Uhrwerk gibt, das das Universum in Gang hält und nur aufgrund von statistischen Schwankungen auf der Quantenebene den Anschein der Unbestimmtheit und Unvorhersagbarkeit erweckt. Nach dieser Ansicht gibt es eine objektive Realität, eine Welt der Teilchen, die einen genau bestimmten Impuls und einen genau bestimmten Ort haben, selbst wenn man nicht nach ihnen schaut.

Man denke sich zwei Teilchen, sagten Einstein, Podolsky und Rosen, die miteinander wechselwirken und dann auseinanderfliegen, ohne mit irgendetwas sonst zu wechselwirken, bis der Experimentator beschließt, eines von ihnen zu untersuchen. Jedes Teilchen hat seinen eigenen Impuls, jedes befindet sich an einem bestimmten Ort im Raum. Auch nach den Regeln der Quantentheorie können wir den Gesamtimpuls der beiden Teilchen und den Abstand zwischen ihnen zu dem Zeitpunkt, da sie dicht beieinander waren, *exakt* messen. Wenn wir sehr viel später beschließen, den Impuls eines der Teilchen zu messen, wissen wir automatisch, wie groß der Impuls des anderen sein muß, da die Summe sich nicht verändert haben kann. Nachdem wir seinen Impuls gemessen haben, können wir nun den exakten Ort des gleichen Teilchens messen. Dadurch wird der Impuls *dieses* Teilchens gestört, aber (vermutlich) nicht der Impuls des anderen, weit entfernten Teilchens. Aus der Ortsmessung können wir den gegenwärtigen Ort des anderen Teilchens ableiten, da wir seinen Impuls und den Punkt, an dem die Teilchen sich getrennt haben, kennen. Wir haben damit *sowohl* den Ort *als auch* den Impuls des fernen Teilchens abgeleitet, entgegen dem Unbestimmtheitsprinzip. Entweder gilt dies, oder die Messungen, die wir an dem Teilchen *hier* vorgenommen haben, haben seinen Partner »dort« in Verletzung der Kausalität beeinflußt, durch eine augenblickliche »Mitteilung«, die den Raum durchquert, d. h. eine sogenannte »Fernwirkung«.

Würde man die Kopenhagener Deutung akzeptieren, so fuhren Einstein, Podolsky und Rosen fort, so »wäre die Realität [von Ort und Impuls des zweiten Systems] abhängig vom Prozeß der Messung, die an dem ersten System vorgenommen wird, welches das zweite System in keiner Weise stört. *Man kann von keiner vernünftigen Definition von Realität erwarten, daß sie dies zuläßt*«.[2] In diesem Punkt waren die drei anderer Meinung als die meisten ihrer Kollegen und die gesamte Kopenhagener Schule. Über die Logik des Arguments war man sich einig, nicht aber darüber, was eine »vernünftige« Definition der Realität sei. Bohr und seine Kollegen konnten mit einer Realität leben, in der Ort und Impuls des zweiten Teilchens keine objektive Bedeutung hatten, solange sie nicht gemessen wurden, gleichgültig, was man mit dem ersten Teilchen machte. Man mußte sich entscheiden zwischen einer Welt der objektiven Realität und der Quantenwelt, daran bestand kein Zweifel. Einstein blieb mit einer sehr kleinen Minderheit dabei, an der objektiven Realität festzuhalten und die Kopenhagener Deutung zu verwerfen.

Einstein war jedoch ein offener Mensch und stets bereit, stichhaltige experimentelle Beweise anzuerkennen. Hätte er es noch erlebt, so hätten ihn die jüngsten experimentellen Überprüfungen dessen, was im Grunde eine Art von EPR-Effekt ist, sicherlich davon überzeugt, daß er unrecht hatte. In unserer fundamentalen Beschreibung des Universums hat die objektive Realität *keinen* Platz, wohl aber die Fernwirkung oder Akausalität. Ihre experimentelle Verifikation ist so wichtig, daß sie ein eigenes Kapitel verdient. Doch zunächst sollten wir uns der Vollständigkeit halber um einige der anderen paradoxen Möglichkeiten kümmern, die in den Quantenregeln stecken – Teilchen, die in der Zeit zurückwandern und schließlich Schrödingers berühmte halbtote Katze.

Reisen in der Zeit

Die Physiker benutzen oft ein einfaches Hilsmittel, um die Bewegung von Teilchen durch Raum und Zeit auf dem Papier oder auf der Tafel darzustellen. Der Fluß der Zeit wird einfach senkrecht dargestellt, von unten nach oben, die Bewegung im Raum waagerecht. Dadurch werden zwar drei Dimensionen in eine hineingepreßt, aber es entstehen Bilder, die jedem, der schon einmal mit graphischen Darstellungen zu tun hatte, sofort vertraut sind: Die Zeit entspricht der y-Achse, der Raum der x-Achse. Zum erstenmal tauchten solche Raum-Zeit-Diagramme, ein unschätzbares Hilfsmittel der modernen Physik, in der Relativitätstheorie auf, wo man mit ihrer Hilfe viele der Eigentümlichkeiten von Einsteins Gleichungen durch geometrische Formen darstellen konnte, die manchmal leichter zu handhaben und vielfach leichter zu verstehen sind. Richard Feynman übernahm sie in den 40er Jahren in die Teilchenphysik, und in diesem Zusammenhang werden sie ge-

wöhnlich als »Feynman-Diagramme« bezeichnet; in der Quantenwelt der Teilchen kann man die räumliche und zeitliche Darstellung auch ersetzen durch eine Beschreibung von Impuls und Energie, was, wenn es um Zusammenstöße von Teilchen geht, relevan-
ter ist, aber ich will hier an der einfachen Raum-Zeit-Beschreibung festhalten.

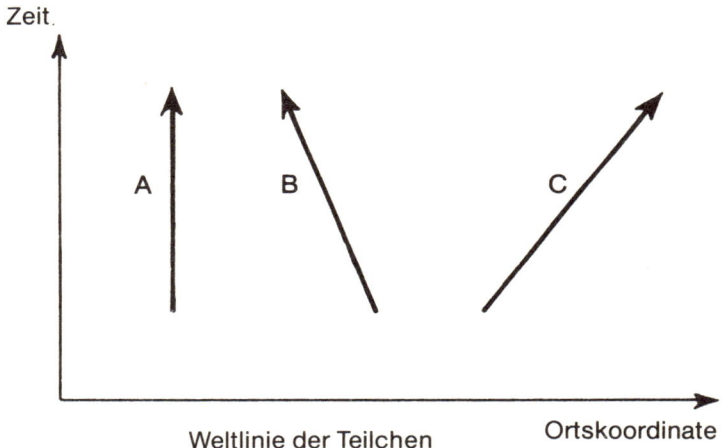

Abbildung 9.2 *Die Bewegung eines Teilchens durch Zeit und Raum kann
als eine »Weltlinie« dargestellt werden.*

Die Bahn eines Elektrons wird im Feynman-Diagramm durch
eine Linie dargestellt. Ein Elektron, das sich fest an einem Ort
befindet und sich nicht bewegt, erzeugt eine Linie, die senkrecht
nach oben geht, was einer Bewegung nur in der Zeitrichtung entspricht; ein Elektron, dessen Ort sich langsam verändert und das
zugleich vom Fluß der Zeit mitgenommen wird, wird durch eine
Linie dargestellt, die einen kleinen Winkel zur Senkrechten bildet,
während ein schnell bewegtes Elektron einen größeren Winkel zur
»Weltlinie« eines ruhenden Teilchens erzeugt. Die Bewegung im
Raum kann in beide Richtungen gehen, nach links oder nach
rechts, und die Linie kann zickzackförmig verlaufen, wenn das
Elektron durch Zusammenstöße mit anderen Teilchen abgelenkt
wird. In der normalen Welt oder der Welt einfacher Raum-Zeit-
Diagramme der Relativitätstheorie wird man jedoch nicht erwar-

ten, daß die Weltlinie sich umkehrt und nach unten verläuft, denn das würde einer Bewegung entsprechen, die in der Zeit zurückgeht.

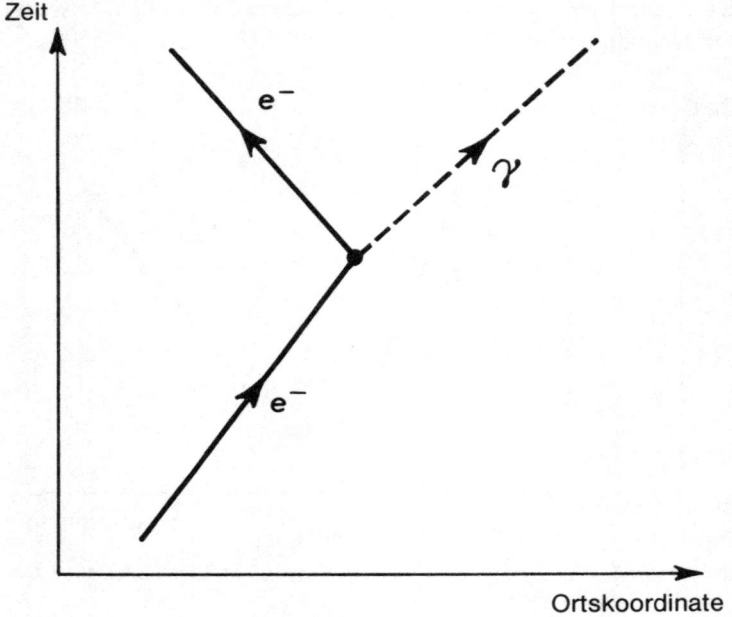

Abbildung 9.3 *Ein Elektron bewegt sich durch Raum und Zeit, emittiert ein Photon (γ-Strahl) und prallt schräg zurück.*

Wenn wir beim Beispiel der Elektronen bleiben, können wir ein einfaches Feynman-Diagramm zeichnen, aus dem hervorgeht, wie ein Elektron sich durch Raum und Zeit bewegt, wie es mit einem Photon zusammenstößt und seine Richtung ändert, wie es dann ein Photon aussendet und wieder in eine andere Richtung zurückgestoßen wird. Photonen sind in dieser Beschreibung des Teilchenverhaltens von entscheidender Bedeutung, weil sie als Träger der elektrischen Kraft fungieren. Wenn sich zwei Elektronen einander nähern, stoßen sie sich wegen der elektrischen Kraft zwischen ihren gleichartigen Ladungen ab und fliegen wieder in verschiedenen Richtungen davon. Im Feynman-Diagramm einer solchen Begegnung kommen zwei Elektronen-Weltlinien einander näher, dann geht von dem einen Elektron (das durch Rückstoß fortfliegt) ein Photon aus und wird von dem anderen Elektron aufgenommen (das Elektron wird dabei in die andere Richtung getrieben).[3] Photonen sind die Träger des elektrischen Feldes. Sie können jedoch noch mehr. Dirac hat gezeigt, daß ein genügend energiereiches Photon aus dem Nichts ein Elektron und ein Positron erzeugen kann, wobei sich seine Energie in deren Masse verwandelt. Das Positron (ein Elektronen»loch« mit negativer Energie) wird kurzlebig sein, weil es sehr bald auf ein anderes Elektron stoßen muß, und das Paar wird sich unter einem Schauer von energiereicher Strahlung, die wir der Einfachheit halber als ein einzelnes Photon darstellen können, zerstören.

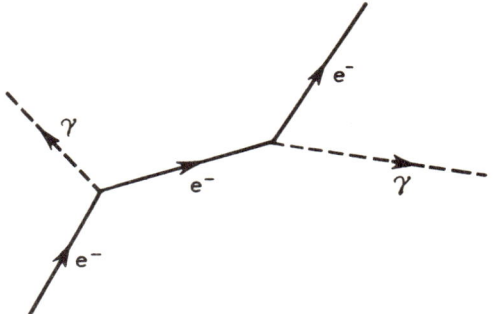

Abbildung 9.4 *Ausschnitt aus der Lebensgeschichte eines Elektrons, der zwei Photonen-Wechselwirkungen enthält.*

Doch diese ganze Wechselwirkung kann in einem Feynman-Diagramm einfach dargestellt werden. Ein Photon, das durch Raum und Zeit wandert, erzeugt spontan ein Elektron-Positron-Paar; das Elektron geht seinen Weg; das Positron begegnet einem anderen Elektron und verschwindet; ein anderes Photon verläßt die Szene. Feynman machte 1949 jedoch die dramatische Entdekkung, daß die Raum-Zeit-Beschreibung eines Positrons, das sich in der Zeit vorwärts bewegt, der mathematischen Beschreibung eines Elektrons, das sich auf der gleichen Bahn im Feynman-Diagramm in der Zeit rückwärts bewegt, exakt äquivalent ist. Außerdem gibt es in dieser Beschreibung keinen Unterschied zwischen einem Photon, das sich in der Zeit vorwärts bewegt, und einem

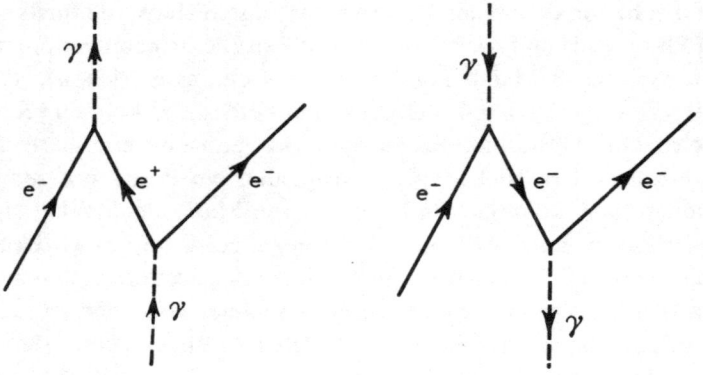

Abbildung 9.5 *Links erzeugt ein Gammastrahl ein Elektron-Positron-Paar, und das Positron trifft später auf ein anderes Elektron und vernichtet sich mit ihm, wobei ein anderes Photon entsteht. Rechts bewegt sich ein Elektron im Zickzack durch die Raumzeit und wechselwirkt wie in Abb. 9.4 mit zwei Photonen. Dieses Elektron bewegt sich jedoch während eines kurzen Lebensabschnitts rückwärts in der Zeit. Die beiden Bilder sind mathematisch äquivalent.*

Photon, das sich in der Zeit rückwärts bewegt, denn Photonen sind ihre eigenen Antiteilchen. Praktisch können wir im Diagramm die Pfeile an den Photonenbahnen wegnehmen und an der Bahn des Positrons den Pfeil umkehren und aus ihm ein Elektron machen. Dasselbe Feynman-Diagramm ergibt nun eine andere Geschichte. Ein Elektron, das sich durch Raum und Zeit bewegt, trifft auf ein energiereiches Photon, absorbiert es und wird *zeitlich rückwärts* gestreut, bis es ein energiereiches Photon aussendet und dabei einen solchen Rückstoß erfährt, daß es sich wieder in der Zeit vorwärtsbewegt. Anstelle von drei Teilchen – zwei Elektronen und einem Positron, die einen komplizierten Tanz ausführen –, haben wir ein Teilchen – ein Elektron, das sich zickzackförmig durch Raum *und* Zeit bewegt und dabei hier und dort mit Photonen zusammenstößt.

Was die Geometrie des Diagramms betrifft, besteht eine eindeutige Ähnlichkeit zwischen dem Fall eines Elektrons, das ein Photon von geringer Energie absorbiert, seine Bahn ein wenig ändert, dann das Photon aussendet und erneut seine Richtung

ändert, und einem Elektron, das durch die Wechselwirkung mit
dem Photon so stark gestreut wird, daß es sich für einen Teil seiner
Lebenszeit in der Zeit rückwärts bewegt. In beiden Fällen haben
wir eine Zickzacklinie mit drei geraden Strecken und zwei Win-
keln. Der einzige Unterschied ist, daß die Winkel im zweiten Fall
sehr viel spitzer sind als im ersten. John Wheeler ist als erster auf
die Idee gekommen, daß beiden Zickzackmustern das gleiche Ereignis zugrundeliegt, doch Feynman führte den Beweis, daß zwischen beiden Fällen exakte mathematische Identität besteht.
Dahinter steckt eine ganze Menge, mehr jedenfalls als einem
auf den ersten Blick auffällt. Lassen Sie es uns deshalb langsam
durchgehen, eins nach dem anderen.

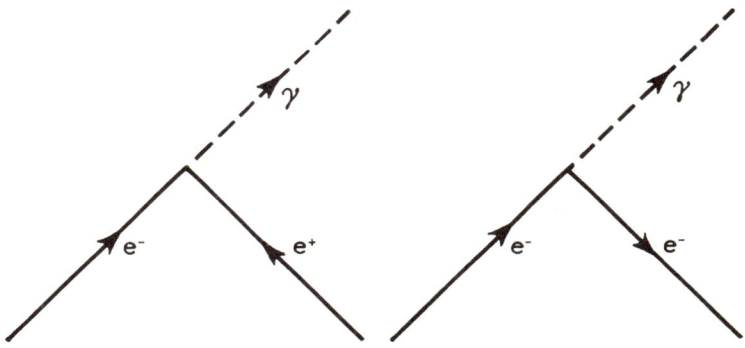

Abbildung 9.6 *Die Vernichtung eines Teilchen-Antiteilchen-Paares kann
im allgemeinen auch als ein Streuvorgang beschrieben werden, der so stark
ist, daß er das Teilchen in der Zeit zurückschickt.*

Zunächst kommen wir zu der von mir eingeflochtenen Bemerkung, daß das Photon sein eigenes Antiteilchen ist, so daß wir die
Pfeile von den Photonenbahnen fortnehmen können. Ein Photon,
das sich in der Zeit vorwärtsbewegt, ist dasselbe wie ein Antiphoton, das sich in der Zeit rückwärtsbewegt, doch da ein Antiphoton
ein Photon ist, ist ein Photon, das sich in der Zeit vorwärtsbewegt,
dasselbe, wie ein Photon, das sich in der Zeit rückwärtsbewegt.
Kommt Ihnen das nicht sonderbar vor? Es sollte Ihnen sonderbar
vorkommen. Es bedeutet, von allem anderen abgesehen, daß wir
bei der Beobachtung eines Atoms, das im angeregten Zustand

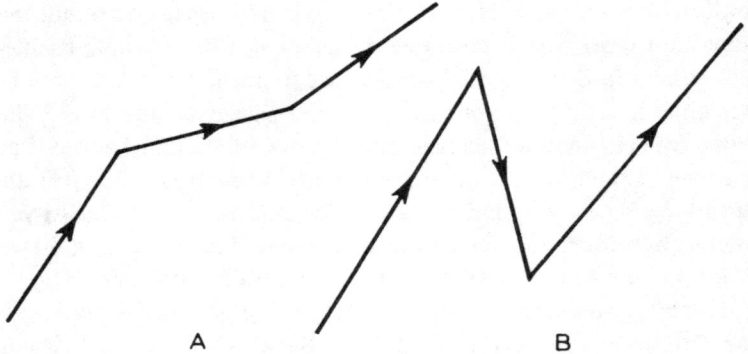

A   B

Abbildung 9.7 *Richard Feynman bewies die mathematische Äquivalenz aller Raum-Zeit-Diagramme mit zwei Knicken.*

Energie aussendet und in den Grundzustand zurückfällt, ebensogut sagen könnten, daß eine in der Zeit rückwärts wandernde elektromagnetische Energie auf das Atom getroffen ist und den Übergang hervorgerufen hat. Es ist ein bißchen knifflig, sich das vorzustellen, denn jetzt sprechen wir nicht von einem einzelnen Photon, das sich in gerader Linie durch den Raum bewegt, sondern von einer sich ausdehnenden kugelförmigen Schale elektromagnetischer Energie, einer Wellenfront, die sich von dem Atom aus nach allen Richtungen ausbreitet und dabei verzerrt und gestreut wird. Wenn wir dieses Bild umkehren, erhalten wir ein Universum, in dem eine auf das von uns gewählte Atom zentrierte vollkommen kugelförmige Wellenfront vom Universum erzeugt werden muß, und zwar aus einer Reihe von Streuungsvorgängen, die zusammenwirken und so konzentriert werden, daß sie bei diesem einen Atom zusammenlaufen.

Ich möchte diesen Gedankengang nicht allzusehr vertiefen, denn das führt uns von der Quantentheorie weg und in die Kosmologie hinein. Allerdings hat er weitreichende Folgen für unser Verständnis der Zeit und für die Tatsache, daß wir die Zeit nur in einer Richtung fließen sehen. Ganz einfach gesagt, die Strahlung, die ein Atom jetzt aussendet, wird später von anderen Atomen aufgenommen. Das ist nur möglich, weil die meisten dieser anderen Atome sich im Grundzustand befinden, was bedeutet, daß dem Universum eine kalte Zukunft bevorsteht. Die Asymmetrie, die wir als Pfeil der Zeit erleben, ist die Asymmetrie zwischen der heißeren und der kälteren Epoche des Universums. Bei einer kalten Zukunft läßt sich die notwendige Strahlungsabsorption leichter bewerkstelligen, wenn das Universum expandiert, weil schon mit der Expansion ein Abkühlungseffekt verbunden ist, und tatsächlich leben wir in einem expandierenden Universum. Die Natur der Zeit, so wie wir sie erleben, könnte daher eng mit der Natur des expandierenden Universums verknüpft sein.[4]

Einsteins Zeit

Aber wie »erlebt« das Photon selbst den Pfeil der Zeit? Aus der Relativitätstheorie erfahren wir, daß bewegte Uhren langsam laufen und daß sie umso langsamer laufen, je näher sie an die Lichtgeschwindigkeit herankommen. *Bei* Lichtgeschwindigkeit steht die Zeit sogar still und die Uhr bleibt stehen. Ein Photon pflanzt sich natürlich mit Lichtgeschwindigkeit fort, so daß Zeit für ein Photon nichts bedeutet. Ein Photon von einem fernen Stern, das auf der Erde ankommt, mag Tausende von Jahren unterwegs gewesen sein, gemessen an den Uhren auf der Erde, aber für das Photon selbst ist überhaupt keine Zeit vergangen. Ein Photon der kosmischen Hintergrundstrahlung ist, aus unserer Sicht, seit dem Urknall, mit dem das Universum, so wie wir es kennen, begann, etwa 15 Milliarden Jahre durch den Raum unterwegs gewesen, doch für das Photon selbst sind der Urknall und unsere Gegenwart ein und dieselbe Zeit. Im Feynman-Diagramm ist die Bahn des Photons nicht mit einem Pfeil versehen, nicht nur, weil das Photon sein eigenes Antiteilchen ist, sondern weil es beim Photon sinnlos ist, von einer Bewegung durch die Zeit zu sprechen – und *deshalb* ist es sein eigenes Antiteilchen.

Diese Tatsache, die uns lehrt, daß alles im Universum, Vergangenheit, Gegenwart und Zukunft, mit allem anderen durch ein Netz elektromagnetischer Strahlung, welches alles »gleichzeitig« sieht, verbunden ist, scheint den Mystikern und jenen populärwissenschaftlichen Autoren, die östliche Weisheit mit moderner Physik gleichzusetzen versuchen, entgangen zu sein. Natürlich können Photonen erzeugt und vernichtet werden, und daher ist das Netz

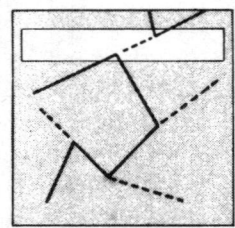 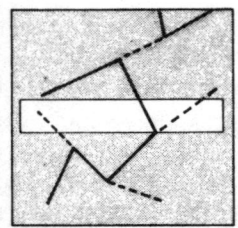 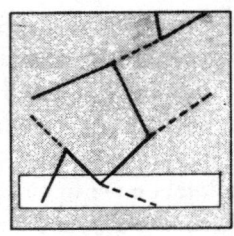

Abbildung 9.8 *Wären alle Teilchenbahnen irgendwie räumlich und zeitlich fixiert, so würden wir wohl eine Illusion von Bewegung und Wechselwirkungen wahrnehmen, wenn sich unsere Wahrnehmung vom gegenwärtigen Zeitpunkt (rechtes Bild) zeitlich nach vorn (im Bild nach oben) verschiebt. Ist der Reigen der Teilchen bloß eine Illusion, die darauf beruht, wie wir den Fluß der Zeit wahrnehmen?*

unvollständig. Aber die Realität ist eine Photonenbahn in der Raum-Zeit, die mein Auge beispielsweise mit dem Polarstern verbindet. Es gibt keine wirkliche Bewegung der Zeit, in der sich eine Bahn von dem Stern bis zu meinem Auge entwickelt; das ist nur meine Wahrnehmung von meinem Standpunkt aus. Von einem anderen, ebenso gültigen Standpunkt aus ist diese Bahn eine ewige Erscheinung, um die herum das Universum sich verändert, und im Laufe dieser Veränderungen im Universum kommt es unter anderem dazu, daß sich mein Auge und der Polarstern zufällig an den entgegengesetzten Enden der Bahn befinden.

Was ist nun mit den anderen Teilchenbahnen im Feynman-Diagramm? Wie »real« sind sie? Über sie kann man praktisch das gleiche sagen. Stellen wir uns ein Feynman-Diagramm vor, das den gesamten Raum und die gesamte Zeit umfassen würde und auf dem die Bahn eines jeden Teilchens dargestellt wäre. Stellen wir uns nun vor, wir würden dieses Diagramm durch einen schmalen Schlitz betrachten, durch den wir nur einen begrenzten Zeitabschnitt sehen können, und wir würden diesen Schlitz allmählich nach oben verschieben. Was wir durch den Schlitz sehen, ist ein verwirrender Tanz von wechselwirkenden Teilchen, Paarerzeugung, Vernichtung und weit kompliziertere Ereignisse, ein sich ständig wandelndes Panorama. Dennoch tun wir nichts anderes, als etwas räumlich und zeitlich Feststehendes zu betrachten. Was sich verändert, ist unsere Wahrnehmung, nicht die zugrundeliegende Realität. Weil wir an einen sich stetig bewegenden Sehschlitz gebunden sind, sehen wir ein Positron, das sich in der Zeit vorwärtsbewegt, und nicht ein Elektron, das sich in der Zeit rückwärtsbewegt, doch beide Interpretationen sind gleichermaßen real. John Wheeler ist noch weiter gegangen, als er sagte, man könnte sich vorstellen, daß *alle* Elektronen im Universum durch Wechselwirkungen miteinander zusammenhängen und einen hochgradig komplexen Zickzackweg durch die Raum-Zeit bilden, vorwärts und rückwärts. Dies war ein Bestandteil seiner ursprünglichen Eingebung, die dann bei Feynman ihre definitive Ausarbeitung fand – die Vorstellung von »einem einzelnen Elektron, das auf dem Webstuhl der Zeit immer wieder hin- und herfährt und einen prächtigen Teppich webt, der vielleicht sämtliche Elektronen und Positronen der Welt enthält.«[5] Nach diesem Bild wäre jedes Elektron irgendwo im Universum lediglich ein anderer Abschnitt von nur einer Weltlinie, der Weltlinie des einen, einzig »realen« Elektrons.

In unserem Universum trifft diese Vorstellung wohl nicht zu; damit sie zuträfe, müßte man ebensoviele rückwärtsgerichtete Abschnitte der Weltlinie, ebensoviele Positronen finden, wie es vorwärtsgerichtete Abschnitte – Elektronen – gibt. Auch die Vorstellung, daß die Realität etwas Feststehendes sei und lediglich unsere Ansicht von ihr sich ändert, wird in dieser Einfachheit *nicht* zutreffen – wie ließe sie sich mit dem Unbestimmtheitsprinzip vereinbaren?[6] Zusammen bieten diese Vorstellungen jedoch ein weit besseres Verständnis der Natur der Zeit als unsere gewöhnliche Erfahrung. In der gewöhnlichen Welt ist der Fluß der Zeit ein statistischer Effekt, der weitgehend auf der Ausdehnung des Universums im Übergang von einem heißeren zu einem kühleren Zustand beruht. Doch selbst auf dieser Ebene lassen die Gleichungen der Relativitätstheorie Reisen in der Zeit zu, und anhand von Raum-Zeit-Diagrammen kann man das ganz einfach verstehen.[7]

Bewegung im Raum ist in jede Richtung und wieder zurück möglich. Bewegung in der Zeit gibt es in unserer gewohnten Welt nur in einer Richtung, gleichgültig, was auf der Ebene der Teilchen zu geschehen scheint. Es ist schwierig, sich die vier Dimensionen der Raum-Zeit, die rechtwinklig aufeinanderstehen, vorzustellen, aber wir können eine Dimension weglassen und versuchen, uns vorzustellen, was es bedeuten würde, wenn man diese strenge Regel, die nur eine Bewegung in eine Richtung zuläßt, auf eine der drei Dimensionen anwenden würde, an die wir gewöhnt sind. Es wäre so, als dürften wir uns aufwärts und abwärts, vorwärts und rückwärts, aber in seitlicher Richtung nur, sagen wir, nach links, bewegen. Eine Bewegung nach rechts ist verboten. Wenn wir dies in einem Spiel für Kinder zur zentralen Regel erklären und einem Kind dann sagen, es solle eine Möglichkeit finden, an einen Preis heranzukommen, der sich rechts vom erlaubten Bereich (also »rückwärts in der Zeit«) befindet, dann braucht das Kind nicht lange, um aus der Falle herauszufinden. Es stellt sich einfach andersherum auf, so daß rechts gegen links vertauscht ist, und bewegt sich dann nach links, um zu dem Preis zu gelangen. Es kann sich auch auf den Boden legen, so daß sich der Preis von seinem Kopf aus gesehen »oben« befindet. Jetzt kann es sich »hinauf« bewegen, nach dem Preis greifen und sich in seine Ausgangsposition »hinab« begeben, bevor es aufsteht und seine eigene räumliche Orientierung wieder der der Zuschauer angleicht.[8] Bei den von der Relativitätstheorie erlaubten Reisen in der Zeit verfährt man ganz ähnlich. Es geht darum, die Struktur der Raum-Zeit so zu verzerren, daß die Zeitachse in einem lokalen Gebiet der Raum-Zeit in eine Richtung weist, die einer der drei räumlichen Richtungen im unverzerrten Gebiet der Raum-Zeit entspricht. Eine der übrigen räumlichen Richtungen übernimmt die Rolle der Zeit, und wenn man Raum gegen Zeit vertauscht, wird durch diesen Kunstgriff ein echtes Reisen in der Zeit hin und zurück möglich.

Der amerikanische Mathematiker Frank Tipler hat die Berechnungen durchgeführt, die beweisen, daß ein solches Kunststück theoretisch möglich ist. Durch starke Gravitationsfelder kann die Raum-Zeit verzerrt werden. Tiplers imaginäre Zeitmaschine ist ein sehr massiver Zylinder, der ebensoviel Materie enthält wie unsere Sonne, hineingepackt in ein Volumen von 100 km Länge und einem Radius von 10 km; der Zylinder, so dicht wie der Kern eines Atoms, rotiert pro Millisekunde zweimal und schleppt dabei die Struktur der Raum-Zeit hinter sich her. Die Oberfläche des Zylinders würde sich mit halber Lichtgeschwindigkeit bewegen. Wahrscheinlich würde sich selbst der verrückteste aller verrückten

Erfinder ein solches Ding nicht in seinem Hinterhof bauen, aber es geht ja darum, daß es nach allen uns bekannten Gesetzen der Physik erlaubt ist. Es gibt sogar im Universum ein Objekt, das die Masse unserer Sonne und die Dichte eines Atomkerns hat und sich einmal alle 1,5 Millisekunden dreht, nur dreimal langsamer als Tiplers Zeitmaschine. Es ist der sogenannte »Millisekunden-Pulsar«, der 1982 entdeckt wurde. Es ist äußerst unwahrscheinlich, daß dieses Objekt zylindrisch ist – ganz sicher hat die extreme Rotation es zu einem Pfannkuchen abgeflacht. Dennoch muß es in seiner Nachbarschaft ganz bemerkenswerte Verzerrungen der Raum-Zeit geben. Ein »reales« Reisen in der Zeit muß nicht unmöglich sein, es ist nur äußerst schwierig und sehr, sehr unwahrscheinlich. Das ist zwar nur eine schwache Andeutung dessen, was möglich ist, aber vielleicht erscheint danach die Tatsache, daß Reisen in der Zeit auf der Quantenebene etwas Normales sind, ein wenig annehmbarer. Reisen der einen oder anderen Art durch die Zeit sind sowohl nach der Quantentheorie als auch nach der Relativitätstheorie zulässig. Und was für diese beiden Theorien akzeptabel ist, muß, so paradox es auch erscheinen mag, ernstgenommen werden. Zeitreisen sind in der Tat ein integraler Bestandteil einiger der seltsameren Erscheinungen der Teilchenwelt, in der man sogar etwas für nichts bekommen kann, wenn man sich beeilt.

Von nichts kommt doch etwas

Im Jahre 1935 schlug Hideki Yukawa, damals 28 Jahre alt und Lehrbeauftragter für Physik an der Universität Osaka, eine Erklärung dafür vor, wie die Neutronen und Protonen im Atomkern trotz der positiven Ladung, die den Kern durch die elektrische Kraft auseinanderzusprengen versucht, zusammengehalten werden könnten. Es muß eindeutig eine andere, stärkere Kraft geben, die unter geeigneten Umständen die elektrische Kraft überwindet. Träger der elektrischen Kraft ist das Photon, und folglich muß es, so überlegte Yukawa, auch für diese starke Kernkraft ein Teilchen als Träger geben. Er nannte dieses Teilchen »Meson« und berechnete seine Masse (die zwischen der Masse des Elektrons und der des Protons liegen muß, daher der Name), indem er die Quantenregeln auf den Kern anwandte. Mesonen sind, wie das Photon, Bosonen, aber ihr Spin beträgt nicht 0, sondern 1; sie haben, anders als die Photonen, eine sehr kurze Lebensdauer, und deshalb kann man sie nur unter speziellen Bedingungen außerhalb des Kerns beobachten. Im Laufe der Zeit fand man eine ganze Familie von Mesonen, die nicht ganz dem entsprachen, was Yukawa vorhergesagt hatte, die aber der Vorhersage hinreichend nahekamen, so daß deutlich wurde, daß es sich mit der Vorstellung von Kernteilchen, die Mesonen als Träger der starken Kernkraft miteinander austauschen, ganz ähnlich verhält, wie mit dem Austausch von Photonen als Träger der elektrischen Kraft; Yukawa erhielt verdientermaßen 1949 den Nobelpreis für Physik.

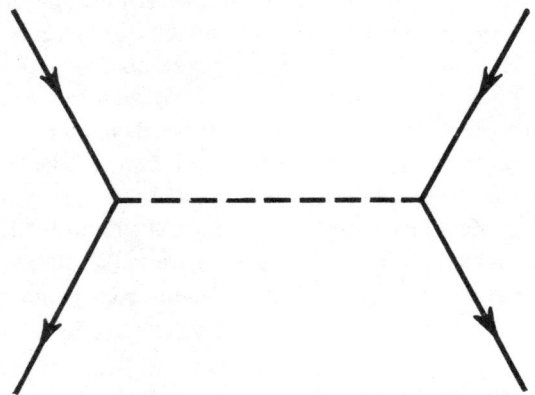

Abbildung 9.9 *In einem Feynman-Diagramm wechselwirken zwei Teilchen durch Austausch eines dritten Teilchens. In diesem Fall könnten es zwei Elektronen sein, die ein Photon austauschen und voneinander abgestoßen werden.*

Die Kernkräfte kann man sich also ebenso wie die elektrischen Kräfte ganz und gar als Wechselwirkungen zwischen Teilchen vorstellen, und darauf beruht das heutige Weltbild der Physiker. Alle Kräfte werden heute als Wechselwirkungen aufgefaßt. Aber woher kommen die Teilchen, die die Wechselwirkungen tragen? Sie kommen nirgendwo her, es entsteht etwas aus nichts, in Übereinstimmung mit dem Unbestimmtheitsprinzip.

Das Unbestimmtheitsprinzip gilt, ebenso wie für Ort und Impuls, für die komplementären Eigenschaften von Zeit und Energie. Je kleiner die Unbestimmtheit bezüglich der an einem Ereignis auf der Teilchenebene beteiligten Energie ist, um so größer ist die Unbestimmtheit bezüglich des Zeitpunkts des Ereignisses, und umgekehrt. Ein Elektron kommt nicht isoliert vor, denn es kann von der Unbestimmtheitsrelation für eine ganz kurze Zeit Energie ausborgen und aus ihr ein Photon erzeugen. Der Haken ist nur: Sobald das Photon erzeugt ist, muß es vom Elektron wieder absorbiert werden, bevor die ganze Welt »bemerkt«, daß die Energieerhaltung verletzt wurde. Die Photonen existieren nur für einen winzigen Sekundenbruchteil, weniger als 10^{-15} Sekunden, aber um die Elektronen herum entstehen und vergehen sie ständig. Es ist, als sei jedes Elektron von einer Wolke von »virtuellen« Photonen umgeben, die nur einen kleinen Anstoß, ein wenig Energie von außen benötigen, um (aus der Unwirklichkeit) zu entkommen und real zu werden. Ein Elektron im Atom, das aus einem angeregten Zustand in einen niedrigeren Zustand übergeht, gibt die überschüssige Energie einem seiner virtuellen Photonen und läßt es davonfliegen; ein Elektron, das Energie aufnimmt, fängt ein freies Photon ein. Dieselbe Art von Prozessen liefert den Klebstoff, der den Kern zusammenhält.

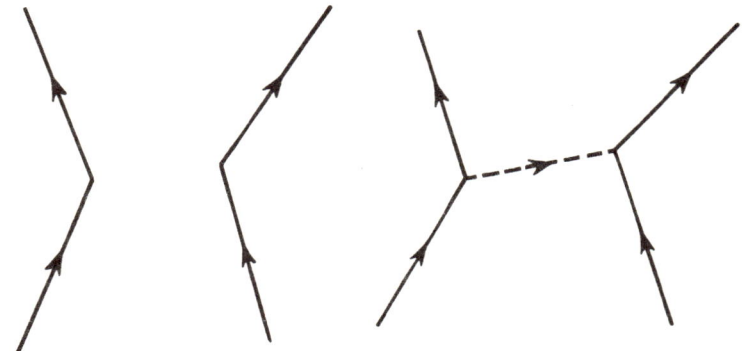

Abbildung 9.10 *Die alte Vorstellung von einer »Fernwirkung« ·(links) wurde ersetzt von der Vorstellung, daß Teilchen Träger der Kraft sind.*

Da Masse und Energie in etwa austauschbar sind, verhält sich die »Reichweite« einer Kraft umgekehrt proportional zur Masse des Teilchens, das den Klebstoff liefert, beziehungsweise zu der Masse des leichtesten Teilchens, falls mehr als eines beteiligt ist.

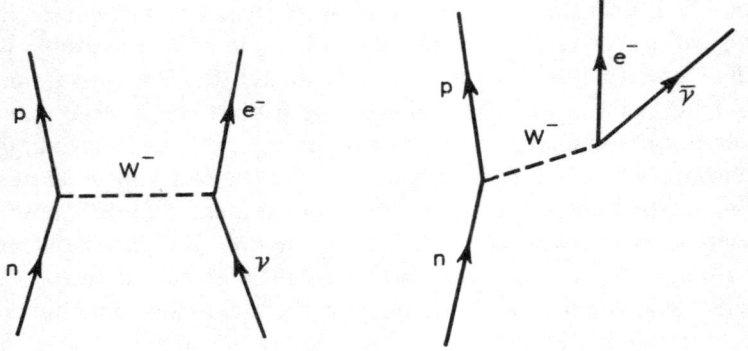

Abbildung 9.11 *Zwei verschiedene Betrachtungsweisen der gleichen Teilchen-Wechselwirkung – ein ankommendes Neutrino wird einfach gegen ein abgehendes Antineutrino ausgetauscht. Dies ist der Beta-Zerfall, bei dem ein Neutron in ein Proton, ein Elektron und ein Neutrino verwandelt wird.*

Da Photonen keine Masse haben, ist die Reichweite der elektromagnetischen Kraft theoretisch unendlich, wenngleich sie in unendlichem Abstand von einem geladenen Teilchen infinitesimal klein wird. Yukawas hypothetische Mesonen hatten, wie die Reichweite der starken Kernkraft erkennen läßt, eine so winzige Reichweite, daß ihre Masse zwischen dem 200fachen und 300fachen der Masse des Elektrons liegen mußte. Als Teilchen haben die Mesonen eine relativ große Masse. Die speziellen Mesonen, die an der starken Kernkraft beteiligt sind, fand man 1946 in der kosmischen Strahlung, und man nannte sie pi(π)-Mesonen oder Pionen. Das ungeladene oder neutrale Pion hat die 264fache Masse des Elektrons, das positive und das negative Pion wiegen je 273 Elektronenmassen auf. Abgerundet haben sie etwa 1/7 der Masse des Protons. Zwei Protonen werden im Kern dadurch zusammengehalten, daß sie ständig Pionen austauschen, deren Gewicht einen ansehnlichen Anteil ihres eigenen Gewichts ausmacht, und doch verlieren die Protonen nichts von ihrer Masse. Das ist nur dadurch möglich, daß die Protonen sich das Unbestimmtheitsprinzip zunutze machen können. Ein Pion wird erzeugt, geht zu einem anderen Proton über und verschwindet völlig in dem kurzen Augenblick, den die Unbestimmtheit zuläßt, während das Universum »nicht zuschaut«. Protonen und Neutronen – die Nukleonen –

214

können nur Mesonen austauschen, wenn sie sehr nahe beieinander sind, wenn sie sich, um es mit einem unangemessenen Ausdruck aus der normalen Welt zu sagen, praktisch »berühren«. Anderenfalls können die virtuellen Pionen in der kurzen Zeit, die ihnen das Unbestimmtheitsprinzip einräumt, den Abstand nicht überwinden. Dieses Modell liefert eine ganz tadellose Erklärung dafür, daß die starke Kernwechselwirkung eine Kraft ist, die auf Nukleonen außerhalb des Kerns gar keine Wirkung, auf Nukleonen im Kern dagegen eine sehr mächtige hat.[9]

Das Proton ist somit noch stärker als das Elektron von einer Wolke von Aktivität umgeben. Ein freies Proton sendet auf seinem Weg durch Raum (und Zeit) ständig virtuelle Photonen und virtuelle Mesonen aus und absorbiert sie wieder. Auch dieses Phänomen kann man wiederum ganz anders sehen. Man stelle sich vor, daß genau ein Proton genau ein Pion aussendet und wieder absorbiert. Ganz einfach. Man kann es aber auch so sehen: Zunächst ist ein Proton da; dann sind ein Proton und ein Pion da; schließlich ist wieder ein Proton da. Weil Protonen ununterscheidbare Teilchen sind, dürfen wir sagen, daß das erste Proton *verschwindet* und seine Massenenergie und zusätzlich ein bißchen mehr Energie, die es vom Unbestimmtheitsprinzip borgt, verausgabt, um ein Pion und ein neues Proton zu erschaffen. Kurz darauf stoßen die beiden Teilchen zusammen und verschwinden, wodurch ein drittes Proton erzeugt und das Energiegleichgewicht des Universums wiederhergestellt wird. Doch warum sollte es damit schon sein Bewenden haben? Könnte unser ursprüngliches Proton nicht seine Energie plus ein wenig mehr dafür verausgaben, ein *Neutron* und ein positiv geladenes Pion zu erzeugen? Das kann es. Könnte ein Proton dann nicht auch dieses positiv geladene Pion gegen ein Neutron vertauschen, so daß es zu einem Neutron »wird« und das Neutron zu einem Proton »wird«? Auch das ist möglich, genau wie der umgekehrte Vorgang, bei dem Neutronen sich in Protonen und negativ geladene Pionen »verwandeln«.

Jetzt wird die Sache verwickelt, denn es gibt keinen Grund, hier Halt zu machen. Auch ein Pion kann sich auf eigene Faust für kurze Zeit in ein Neutron und ein Antiproton verwandeln, bevor es wieder normal wird, und das kann sogar mit einem virtuellen Pion passieren, das seinerseits Bestandteil der Feynman-Struktur

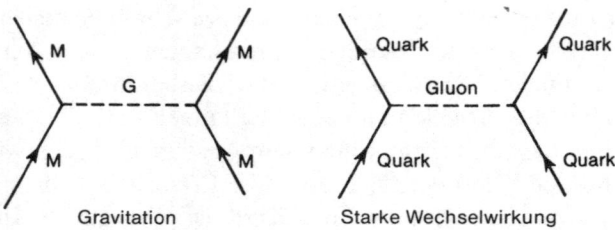

Gravitation   Starke Wechselwirkung

Abbildung 9.12 *Alle fundamentalen Kräfte können durch einen Austausch von Teilchen dargestellt werden. In diesen Beispielen wechselwirken zwei massereiche Teilchen (M) durch den Austausch eines Gravitons (G im Falle der Gravitation), und zwei Quarks (im Falle der starken Wechselwirkung) durch den Austausch eines Gluons.*

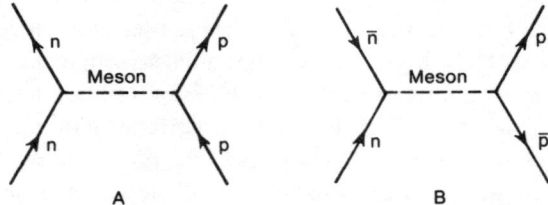

A   B

Abbildung 9.13 *Man kann in diesen Diagrammen die Richtung der Zeit beliebig festsetzen. Im Fall A bewegen sich ein Neutron und ein Proton nach oben und wechselwirken durch Austausch eines Mesons. Im Fall B bewegen sich ein Neutron und ein Antineutron von links nach rechts, treffen sich, vernichten sich und erzeugen ein Meson, das wieder zerfällt und ein Proton-Antiproton-Paar erzeugt. Solche »gekreuzten« Reaktionen machen deutlich, daß die Begriffe der Kraft und des Teilchens ununterscheidbar werden.*

eines Protons oder Neutrons ist. Ein Proton, das ruhig seiner Wege geht, kann plötzlich zu einem schwirrenden Gewimmel virtueller Teilchen explodieren, die alle miteinander wechselwirken, und anschließend wieder in sich selbst zurückfallen; alle Teilchen können als Kombination aus anderen Teilchen aufgefaßt werden, die sich an dem – wie Fritjof Capra sagt – »kosmischen Reigen« beteiligen. Damit ist die Geschichte noch immer nicht zu Ende. Noch sind wir nicht so weit, daß wir etwas für nichts bekommen, wenngleich wir schon eine ganze Menge für wenig bekommen haben. Jetzt wollen wir sehen, wie weit man überhaupt gehen kann.

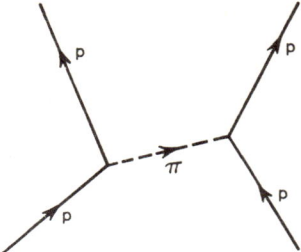

Abbildung 9.14 *Zwei Protonen stoßen einander durch Austausch eines Pions ab.*

Wenn die Energie, die einem Teilchen für eine hinreichend kurze Zeit zur Verfügung steht, von Natur aus unbestimmt ist, dann können wir auch sagen, daß es von Natur aus unbestimmt ist, ob ein Teilchen für eine hinreichend kurze Zeit existiert oder nicht. Solange bestimmte Regeln wie die Erhaltung der elektrischen Ladung und das Gleichgewicht zwischen Teilchen und Antiteilchen eingehalten werden, kann nichts verhindern, daß ein ganzer Stapel von Teilchen aus dem Nichts auftaucht, sich miteinander verbindet und wieder verschwindet, ehe das ganze Universum die Abweichung bemerkt. Ein Elektron und ein Positron können aus dem Nichts entstehen, vorausgesetzt, sie verschwinden rasch genug; auch für ein Proton und ein Antiproton ist das möglich. Genauer gesagt, bringen die Elektronen das Kunststück nur mit Hilfe eines Photons fertig – und die Protonen mit Hilfe eines Mesons, das für die nötige »Streuung« sorgt. Ein nicht existierendes Photon erzeugt ein Positron-Elektron-Paar, das sich dann vernichtet, um das Photon zu erzeugen, das die beiden Teilchen zuallererst geschaffen hat – denken Sie daran, daß das Photon den Unterschied zwischen Zukunft und Vergangenheit nicht kennt. Man kann sich auch vorstellen, daß ein Elektron in einem Zeitwirbel seinem eigenen Schwanz hinterherjagt. Zunächst taucht es aus dem Nichts auf, indem es wie das Kaninchen aus dem Hut des Zauberers springt, dann wandert es eine kurze Strecke in die Zeit vorwärts, bis es seinen Irrtum bemerkt, seine eigene Unwirklichkeit eingesteht und kehrtmacht, um wieder dahin zu gehen, woher es kam, rückwärts durch die Zeit zu seinem Ausgangspunkt. Dort macht es erneut kehrt, und so setzt sich die Schleife fort, dank einer Photonenwechselwirkung – eines energiereichen Streuvorgangs – an jedem »Ende« der Schleife.

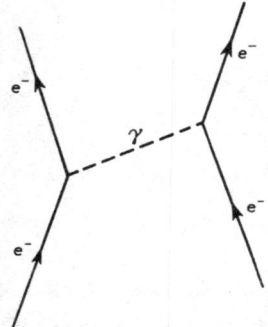

Abbildung 9.15 *Zwei Elektronen wechselwirken durch Austausch eines Photons.*

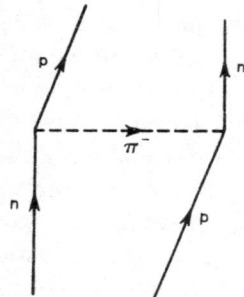

Abbildung 9.16 *Ein Neutron verwandelt sich mit Hilfe eines geladenen Pions in ein Proton, indem es mit einem Proton wechselwirkt, das zu einem Neutron wird.*

Nach den besten Theorien, die wir für das Teilchenverhalten haben, besteht das Vakuum, auch wenn keine »realen« Teilchen vorhanden sind, aus einer wimmelnden Masse von virtuellen Teilchen. Hier handelt es sich nicht bloß um ein nutzloses Herumspielen mit den Gleichungen, denn wenn wir den Effekt dieser Vakuumfluktuationen nicht berücksichtigen, bekommen wir einfach nicht die richtige Lösung für Probleme, bei denen es um die Streuung von Teilchen an anderen Teilchen geht. Dies ist ein durchschlagender Beweis dafür, daß die Theorie, die – Sie erinnern sich – direkt auf den Unbestimmtheitsrelationen beruht, richtig ist. Die virtuellen Teilchen und die Vakuumfluktuationen sind ebenso real wie der Rest der Quantentheorie, ebenso real wie der Welle-Teilchen-Dualismus, das Unbestimmtheitsprinzip und die Fernwir-

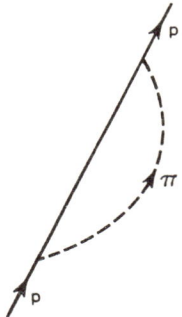

Abbildung 9.17 *Ein Proton kann auch ein »virtuelles« Pion erzeugen, vorausgesetzt, dieses wird rasch wieder absorbiert.*

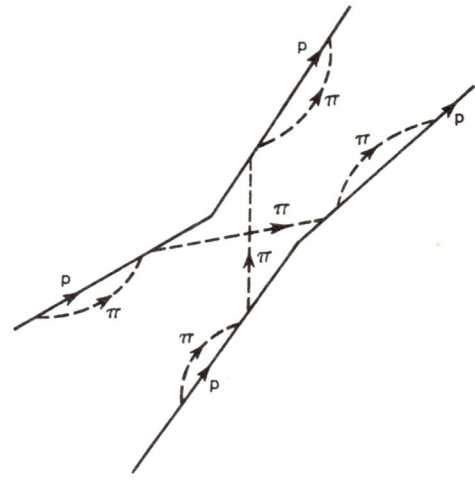

Abbildung 9.18 *Die gegenseitige Abstoßung zweier Protonen durch Pionaustausch ist komplizierter, als es in Abbildung 9.14 erschien.*

kung. In einer solchen Welt ist es wohl kaum angebracht, wenn man das Rätsel um Schrödingers Katze überhaupt als Paradoxon bezeichnet.

Schrödingers Katze

Im Druck erschien das berühmte Katzenparadoxon erstmals (in *Naturwissenschaften,* Band 23, Seite 812) im Jahre 1935, und im gleichen Jahr erschien die Arbeit von Einstein, Podolsky und Rosen. Nach Einsteins Ansicht zeigte Schrödingers Vorschlag »am hübschesten«, daß die Wellendarstellung der Materie eine unvollständige Darstellung der Realität ist;[10] in der Quantentheorie wird das Katzenparadoxon heute noch im Zusammenhang mit dem EPR-Argument diskutiert. Doch im Unterschied zum EPR-Argument ist es nicht zu jedermanns Zufriedenheit aufgelöst worden.

Dabei steckt hinter diesem Gedankenexperiment eine ganz einfache Vorstellung. Man denke sich, so schlug Schrödinger vor, eine Kiste, in der sich eine radioaktive Quelle befindet, ein Detektor, der das Vorhandensein von radioaktiven Teilchen feststellt (etwa einen Geigerzähler), eine Glasflasche mit einem Gift wie etwa Zyanid, und eine lebende Katze. Der Detektor ist so eingestellt, daß er gerade lange genug angeschaltet ist, so daß sich eine Chance von 50 Prozent dafür ergibt, daß eines der Atome des radioaktiven Materials zerfällt und der Detektor ein Teilchen registriert. Registriert der Detektor tatsächlich ein solches Ereignis, so wird die Glasflasche zertrümmert, und die Katze stirbt; wenn nicht, lebt die Katze. Was bei diesem Experiment herauskommt, können wir erst wissen, wenn wir die Kiste öffnen und hineinschauen; der radioaktive Zerfall vollzieht sich ganz und gar zufällig und ist außer in einem statistischen Sinne unvorhersagbar. So wie beim Zwei-Löcher-Experiment nach der strikten Kopenhagener Deutung eine gleiche Wahrscheinlichkeit dafür besteht, daß das Elektron durch das eine oder das andere Loch geht, und die beiden überlappenden Möglichkeiten zu einer Überlagerung von Zuständen führen, müßte sich auch hier aus den gleichen Wahrscheinlichkeiten für einen radioaktiven Zerfall und für keinen radioaktiven Zerfall eine Überlagerung von Zuständen ergeben. Das ganze Experiment einschließlich der Katze steht unter der Regel, daß die Überlagerung solange »real« ist, bis wir nachschauen, was aus dem Experiment geworden ist, und daß erst im Augenblick der Beobachtung die Wellenfunktion zu einem der beiden Zustände kollabiert. Bevor wir nicht hineinschauen, gibt es eine radioaktive Probe, die sowohl zerfallen als auch nicht zerfallen ist, eine Giftflasche, die weder zerbrochen noch unzerbrochen ist, und eine Katze, die sowohl tot als auch lebendig, weder lebendig noch tot ist.

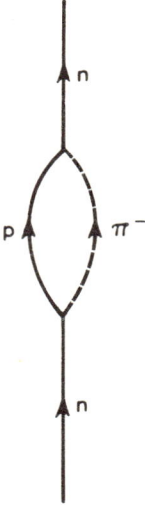

Abbildung 9.19 *Ein Neutron kann sich kurz in ein Proton und ein geladenes Pion verwandeln, wenn die beiden nur rasch wieder zusammenkommen.*

Sich ein Elementarteilchen wie ein Elektron vorzustellen, das sich weder hier noch dort, sondern in einer Überlagerung von Zuständen befindet, ist eine Sache; sehr viel schwerer fällt es, sich eine vertraute Sache wie eine Katze vorzustellen, die sich in einer solchen Art von Scheintod befindet. Schrödinger hatte sich das Beispiel ausgedacht, um zu zeigen, daß die strikte Kopenhagener Deutung einen Fehler enthält, denn offensichtlich kann die Katze nicht gleichzeitig lebendig und tot sein. Aber ist das wirklich »offensichtlicher« als die »Tatsache«, daß ein Elektron nicht gleichzeitig Teilchen und Welle sein kann? Der gesunde Menschenver-

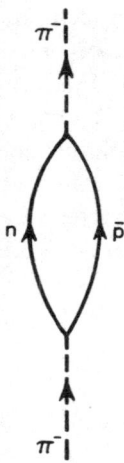

Abbildung 9.20 *Und für einen ebenso kurzen Zeitraum kann ein Pion ein virtuelles Neutron-Antiproton-Paar erzeugen.*

stand wurde als Führer in die Quantenrealität bereits auf die Probe gestellt und für unzuverlässig befunden. Das einzige, was wir im Hinblick auf die Quantenwelt mit Sicherheit wissen, ist, daß wir unserem gesunden Menschenverstand nicht trauen dürfen und nur an das glauben sollten, was wir direkt sehen oder mit Hilfe unserer Instrumente unzweideutig feststellen können. Wir wissen nicht, was in einer Kiste los ist, solange wir nicht hineinschauen.

Über die Katze in der Kiste hat man sich seit fünfzig Jahren gestritten. Dabei behauptet eine Richtung, es bestehe überhaupt kein Problem, da die Katze selbst durchaus entscheiden könne, ob sie lebendig oder tot ist, und daß das Bewußtsein der Katze ausreiche, um den Kollaps der Wellenfunktion auszulösen. Wenn das so ist, wo soll man dann die Grenze ziehen? Hat eine Ameise vielleicht ein Bewußtsein von dem, was geschieht, oder ein Bakterium? Auf der anderen Seite können wir uns, da es hier nur um ein Gedankenexperiment geht, vorstellen, daß ein Mensch als Freiwilliger die Stelle der Katze in der Kiste einnimmt (manchmal bezeichnet man den Freiwilligen als »Wigners Freund«, nach Eugene Wigner, einem Physiker, der über Abwandlungen des Katzenexperiments gründlich nachgedacht hat und, nebenbei gesagt, Diracs

Schwager ist). Der Mensch in der Kiste ist eindeutig ein kompetenter Beobachter, der die quantenmechanische Fähigkeit besitzt, Wellenfunktionen zum Kollaps zu bringen. Wenn wir die Kiste öffnen in der Annahme, ihn noch lebend anzutreffen, können wir ganz sicher sein, daß er nicht von irgendwelchen mystischen Erfahrungen berichten wird, sondern daß er einfach sagt, die radioaktive Quelle habe innerhalb der festgesetzten Frist keine Teilchen erzeugt. Dennoch können wir, die wir außerhalb der Kiste sind, die Verhältnisse innerhalb der Kiste korrekt nur als eine Überlagerung von Zuständen beschreiben, solange bis wir nachschauen.

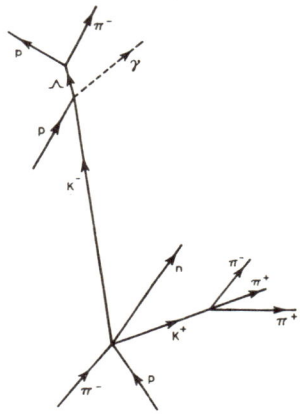

Abbildung 9.21 *Feynman-(Raum-Zeit-)Diagramm einer Wechselwirkung mehrerer Teilchen, wie sie ein Blasenkammer-Foto zeigt und in* Das Tao der Physik *von Fritjof Capra beschrieben wird.*

So ergibt sich eine endlose Kette. Stellen Sie sich vor, wir hätten das Experiment im voraus einer interessierten Öffentlichkeit angekündigt, doch um Störungen durch neugierige Reporter zu vermeiden, wäre es hinter verschlossenen Türen durchgeführt worden. Auch wenn wir die Kiste geöffnet und entweder unseren Freund begrüßt oder seine Leiche herausgezogen hätten, wüßten die Reporter draußen noch immer nicht, was los ist. Für sie stellt das gesamte Gebäude, in dem sich unser Laboratorium befindet, eine Überlagerung von Zuständen dar. Dies läßt sich bis zu einem unendlichen Regress fortsetzen.

Aber angenommen, wir ersetzen Wigners Freund durch einen Computer. Der Computer kann feststellen, ob der radioaktive

223

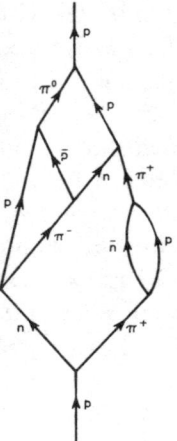

Abbildung 9.22 *K. Ford beschreibt in* The World of Elementary Particles *(New York 1963) Wechselwirkungen wie diese hier, bei der ein einzelnes Proton an einem Netzwerk von virtuellen Wechselwirkungen beteiligt sein könnte. Es gibt ständig derartige Wechselwirkungen. Kein Teilchen ist so einsam, wie es zunächst scheint.*

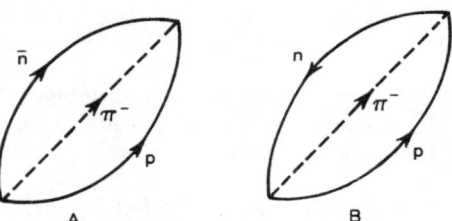

Abbildung 9.23 *Aus dem Nichts können ein Proton, ein Antineutron und ein Pion als eine Vakuumfluktuation für kurze Zeit auftauchen, bis sie sich vernichten (A). Die gleiche Wechselwirkung kann als eine zeitliche Schleife dargestellt werden, wobei sich ein Proton und ein Neutron, verbunden durch das Pion, in einem Zeitstrudel verfolgen (B). Beide Ansichten sind gleichermaßen gültig.*

Zerfall stattgefunden hat oder nicht. Kann ein Computer (zumindest innerhalb der Kiste) die Wellenfunktion zum Kollaps bringen? Warum nicht? Einer noch anderen Auffassung zufolge kommt es nicht darauf an, daß ein Mensch oder auch nur ein

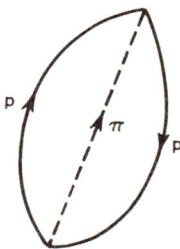

Abbildung 9.24 *Ebenso kann ein Proton gleichermaßen seinem eigenen Schwanz durch die Zeit hinterherjagen.*

Lebewesen bemerkt, wie das Experiment ausgeht, sondern darauf, daß das Ergebnis eines Ereignisses in der Quantenwelt auch registriert wird, daß es sich in der Makrowelt auswirkt. Es mag sein, daß das radioaktive Atom sich in einer Überlagerung von Zuständen befindet, doch es genügt sogar ein Geigerzähler, der nach den Zerfallsprodukten »schaut«, und schon wird das Atom in den einen oder anderen Zustand gezwungen, sei es des Zerfalls, sei es des Nichtzerfalls.

Anders als das EPR-Gedankenexperiment hat also das Experiment mit der Katze in der Kiste tatsächlich einen paradoxen Beigeschmack. Es läßt sich mit der strikten Kopenhagener Deutung nicht vereinbaren, wenn man nicht die »Realität« einer lebendigtoten Katze akzeptiert, und es hat Wigner und John Wheeler veranlaßt, die Möglichkeit in Erwägung zu ziehen, daß wegen des unendlichen Regresses von Ursache und Wirkung das ganze Universum seine »reale« Existenz allein der Tatsache verdanken könnte, daß es von intelligenten Wesen beobachtet wird. Die paradoxeste all der Möglichkeiten, die in der Quantentheorie stecken, geht direkt auf Schrödingers Katzenexperiment zurück, und sie stützt sich auf ein Experiment, das Wheeler als Experiment der verzögerten Entscheidung bezeichnet.

Das teilnehmende Universum

Wheeler hat sich im Laufe von vier Jahrzehnten in vielen Publikationen ausführlich über die Bedeutung der Quantentheorie geäußert.[11] Am deutlichsten wird sein Konzept eines »teilnehmenden Universums« wohl in seinem Beitrag zu einem Symposium, das aus Anlaß des hundertsten Jahrestages von Einsteins Geburtstag abgehalten wurde und dessen Protokolle unter dem Titel *Some Strangeness in the Proportion* von Harry Woolf herausgegeben wurden.

In diesem Beitrag (Kapitel 22 des Bandes) schildert er, wie er einmal bei einer Dinnerparty mit einigen Leuten das alte Ratespiel, bei dem nur zwanzig Fragen erlaubt sind, spielte. Als er dann hinausgeschickt wurde, damit die anderen Gäste sich auf das Objekt, das er erraten sollte, einigen konnten, blieb er »unglaublich lange« ausgesperrt, ein sicheres Anzeichen dafür, daß die Mitspieler nach einem besonders schwierigen Wort suchten, oder einen Streich aushedckten. Als dann das Spiel begann, wurden solche Fragen wie »Ist es ein Tier?« oder »Ist es grün?« zunächst rasch beantwortet, doch allmählich kamen die Antworten immer zögernder, ein merkwürdiges Verhalten, wenn – wie man doch annehmen mußte – die ganze Gesellschaft sich über das Objekt geeinigt hatte und man nur mit Ja oder Nein zu antworten brauchte. Warum mußte der jeweils Befragte vor einer so einfachen Antwort so lange nachdenken? Als schließlich nur noch eine Frage übrig war, riet Wheeler: »Ist es eine Wolke?«. Als seine Frage bejaht wurde, brach die ganze Gesellschaft in Gelächter aus und er wurde in das Geheimnis eingeweiht.

Man hatte sich verabredet, sich »nicht« auf ein zu erratendes Objekt zu einigen; vielmehr sollte jeder, wenn er gefragt wurde, im Hinblick auf ein reales Objekt, das ihm gerade vorschwebte, eine wahrheitsgemäße Antwort geben, eine Antwort, die zugleich *mit allen vorherigen Antworten im Einklang stehen* sollte. Das machte es dem Befragten im Fortgang des Spiels ebenso schwer wie dem Fragesteller.

Was hat dies mit der Quantentheorie zu tun? So wie wir uns vorstellen, daß da draußen die reale Welt ist, auch dann, wenn wir nicht hinschauen, glaubte Wheeler, es gäbe eine reale Antwort auf seine Fragen nach dem Rategegenstand. Aber es gab sie nicht. Das einzig Reale waren die Antworten auf seine Fragen, genau wie das einzige, das wir über die Quantenwelt wissen, die Resultate von Experimenten sind. In einem gewissen Sinne wurde die Wolke durch das Fragen erzeugt, und im gleichen Sinne wird das Elektron durch unser experimentelles Forschen erzeugt. In dieser Geschichte steckt das fundamentale Axiom der Quantentheorie, nach der ein elementares Phänomen solange kein Phänomen ist, wie es nicht ein registriertes Phänomen ist. Der Vorgang des Registrierens kann aber unserer gewohnten Realitätsvorstellung seltsame Streiche spielen.

Um sein Konzept zu verdeutlichen, hat Wheeler ein weiteres Gedankenexperiment angestellt, eine Abwandlung des Zwei-Spalten-Experiments. In dieser Version des Spiels werden die beiden Spalten mit einer Linse kombiniert, die das Licht, das durch das System wandert, bündelt, und der übliche Schirm ist ersetzt durch eine weitere Linse, welche die Photonen, die aus den beiden Spalten kommen, ablenken kann. Ein Photon, das den einen Spalt durchläuft, geht durch den zweiten Schirm und wird von der zweiten Linse zu einem links angebrachten Detektor abgelenkt, ein Photon, das durch den anderen Spalt geht, zu einem rechts angebrachten Detektor. Bei dieser Versuchsanordnung wissen wir, durch welchen Spalt ein Photon gegangen ist, mit der gleichen Sicherheit wie in der Version, in der wir die einzelnen Spalte beobachten, um zu sehen, ob das Photon hindurchgeht. Genau wie in jenem Fall können wir, wenn wir jeweils nur ein Photon durch die Apparatur hindurchlassen, unzweideutig feststellen, welchen Weg es verfolgt, und es gibt keine Interferenz, weil es keine Überlagerung von Zuständen gibt.

Jetzt verändern wir die Anordnung erneut. Wir bedecken die zweite Linse in der Art einer Jalousie mit Streifen eines fotografischen Films. Die Streifen können geschlossen sein und bilden dann einen vollständigen Schirm, der verhindert, daß die Photonen durch die Linse gehen und abgelenkt werden. Oder die Streifen können offen sein und wie zuvor die Photonen durchlassen. Wenn nun die Streifen geschlossen sind, treffen die Photonen genau wie beim klassischen Zwei-Löcher-Experiment auf einen Schirm. Wir können nicht sagen, durch welches Loch die einzelnen Photonen gegangen sind, und wir erhalten ein Interferenzmuster, so als ob jedes einzelne Photon durch beide Spalten zugleich gegangen sei. Jetzt kommt der Trick. Bei dieser Anordnung brauchen wir die Entscheidung, ob wir die Streifen öffnen oder schließen, erst zu treffen, nachdem das Photon bereits die beiden Löcher passiert hat. Wir können warten, bis das Photon durch die beiden Spalte hindurchgegangen ist, und *dann* entscheiden, ob wir ein Experiment machen wollen, bei dem es nur durch ein Loch gegangen ist, oder eines, bei dem es durch »beide zugleich« hindurchging. Bei diesem Experiment der verzögerten Entscheidung hat etwas, das wir *jetzt* tun, einen unwiderruflichen Einfluß auf das, was wir über die Vergangenheit sagen können. Die Geschichte hängt, zumindest für ein Photon, davon ab, wie wir uns entscheiden, eine Messung vorzunehmen.

Philosophen haben lange darüber nachgedacht, daß die Geschichte keinen Sinn hat – das Vergangene hat ja keine Existenz –, es sei denn, sie wird in der Gegenwart aufgezeichnet. Wheelers Experiment der verzögerten Entscheidung übersetzt diesen abstrakten Gedanken in etwas Konkretes, Praktisches. »Wir haben ebensowenig ein Recht, zu sagen, was das Photon macht, ehe es nicht registriert ist, wie wir sagen dürfen, um welches Wort es geht, ehe nicht das Frage- und Antwortspiel beendet ist« (*Some Strangeness,* S. 358).

Wie weit kann man diese Vorstellung noch treiben? Die unbekümmerten Quantenköche, die ihre Computer bauen und mit Erbmaterial manipulieren, werden sagen, dies alles sei philosophische Spekulation und habe in der normalen, makroskopischen Welt nichts zu bedeuten.

Doch alles in der makroskopischen Welt besteht aus Teilchen, die den Quantenregeln gehorchen. Alles, was wir als real bezeichnen, besteht aus Dingen, die nicht als real aufgefaßt werden können; »können wir etwas anderes sagen, als daß sie alle in einer Weise, die noch zu entdecken ist, auf der Statistik von Milliarden und Abermilliarden solcher Akte der Beobachter-Teilnahme beruhen müssen?«

Wheeler, der vor dem großen intuitiven Sprung keine Angst hat – denken Sie an seine Vision von dem einen Elektron, das sich durch Raum und Zeit hindurchwebt –, faßt das ganze Universum als einen teilnehmenden, selbst-angeregten Kreislauf auf. Beginnend mit dem Urknall, dehnt das Universum sich aus und kühlt ab; nach Milliarden von Jahren bringt es Wesen hervor, die fähig sind, das Universum zu beobachten, und »Akte der Beobachterteil-

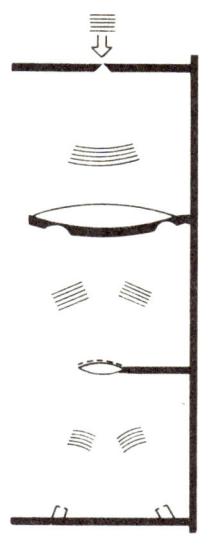

Abbildung 9.25 *Wheelers Doppelspalt-Experiment der verzögerten Entscheidung (siehe Text).*

nahme verleihen – über den Mechanismus des Experiments der verzögerten Entscheidung – ihrerseits dem Universum faßbare ›Realität‹, nicht nur jetzt, sondern rückwirkend bis zum Anfang«. Es könnte demnach sein, daß wir durch die Beobachtung der Photonen der kosmischen Hintergrundstrahlung, die ein Echo des Urknalls sind, den Urknall und das Universum erschaffen. Falls Wheeler recht hat, war Feynman mit der Äußerung, daß das Zwei-Löcher-Experiment »das *einzige* Geheimnis enthält,« der Wahrheit noch näher, als ihm bewußt gewesen sein mag.

Wir sind, Wheeler folgend, in den Bereich der Metaphysik geraten, und ich kann mir vorstellen, daß viele Leser jetzt denken: Da das alles auf hypothetischen Gedankenexperimenten beruht, kann man jedes beliebige Spiel spielen, und es kommt im Grunde nicht darauf an, welche Deutung der Realität man sich zu eigen macht. Was wir brauchen, sind solide Ergebnisse von realen Experimenten, auf deren Grundlage wir beurteilen können, welche der vielen metaphysischen Optionen, die uns offenstehen, die beste Interpretation liefert. Solche soliden Ergebnisse hat gerade Anfang der

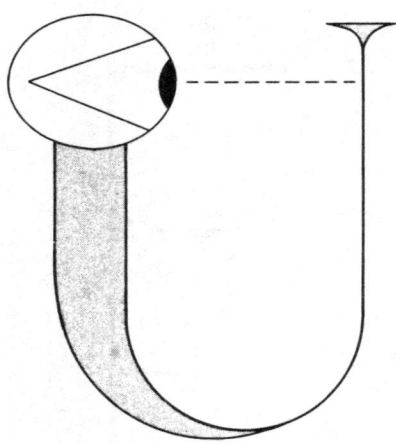

Abbildung 9.26 *Das ganze Universum kann man sich als ein Experiment der verzögerten Entscheidung denken, bei dem die Existenz von Beobachtern, die bemerken, was geschieht, der Entstehung von allem faßbare Realität verleiht.*

80er Jahre das Experiment von Aspect geliefert – den Beweis, daß die Verrücktheit der Quantenwelt nicht nur real, sondern beobachtbar und meßbar ist.

10. Kapitel: Probieren geht über studieren

Der direkte, experimentelle Beweis für die paradoxe Realität der Quantenwelt geht auf neuere Versionen des EPR-Gedankenexperiments zurück. Bei den modernen Experimenten geht es nicht darum, den Ort und Impuls von Teilchen zu messen, sondern den Spin und die Polarisation, eine Eigenschaft des Lichts, die in gewisser Weise dem Spin eines materiellen Teilchens analog ist. David Bohm vom Birkbeck College in London hat 1952 als erster den Vorschlag gemacht, in einer neuen Version des EPR-Gedankenexperiments den Spin zu messen, doch erst in den 60er Jahren wurde ernsthaft erwogen, tatsächlich Experimente auszuführen, um die Vorhersagen der Quantentheorie in solchen Situationen nachzuprüfen. Den konzeptionellen Durchbruch brachte 1964 eine Arbeit des Physikers John Bell, der am CERN, dem europäischen Forschungszentrum bei Genf, tätig war.[1] Doch um die Experimente zu verstehen, müssen wir diese wichtige Arbeit zunächst auf sich beruhen lassen und sicherstellen, daß wir eine klare Vorstellung davon haben, was »Spin« und »Polarisation« bedeuten.

Das Spin-Paradoxon

Zum Glück können wir bei diesen Experimenten viele der Eigentümlichkeiten des Spins vernachlässigen, die ein Teilchen wie das Elektron auszeichnen. Es geht nicht darum, daß das Teilchen sich zweimal »um sich selbst drehen« muß, bevor es uns wieder die gleiche Seite zuwendet. Es geht darum, daß der Spin eines Teilchens eine Richtung im Raum definiert – aufwärts und abwärts –, ähnlich wie die Umdrehung der Erde die Richtung der Nord-Süd-Achse definiert. Gegenüber einem gleichförmigen magnetischen

Feld kann sich ein Elektron nur in einem von zwei möglichen Zuständen ausrichten, parallel zum Feld oder antiparallel, »aufwärts« oder »abwärts«, gemäß einer willkürlichen Festsetzung. Bohms Variation über das EPR-Argument geht von einem Paar von Protonen aus, die in einer Konfiguration miteinander verbunden sind, die man als Singulett bezeichnet. Der Gesamtdrehimpuls eines solchen Protonenpaares ist immer Null. Nun können wir uns vorstellen, daß dieses »Molekül« sich in seine beiden Bestandteile aufspaltet und die Teilchen in entgegengesetzter Richtung davonfliegen. Jedes dieser zwei Protonen kann einen Drehimpuls oder Spin haben, doch muß er von gleichem Betrag und entgegengesetzt sein, damit die Gesamtsumme für das Paar weiterhin Null ist, wie zuvor, als sie noch zusammen waren.[2]

In dieser einfachen Vorhersage stimmen Quantentheorie und klassische Mechanik überein. Kennt man den Spin eines Teilchens des Paares, kennt man auch den Spin des anderen, da die Summe Null ist. Wie mißt man aber den Spin eines Teilchens? In der klassischen Welt ist die Messung einfach. Da wir es mit Teilchen in einer dreidimensionalen Welt zu tun haben, müssen wir drei Spinrichtungen messen. Addiert man die drei Komponenten (nach den Regeln der Vektorrechnung, auf die ich hier nicht eingehen kann), so ergibt sich die Spinsumme. In der Quantenwelt ist die Situation jedoch ganz anders. Erstens verändert man dadurch, daß man eine Spinkomponente mißt, die übrigen Komponenten; die Spinvektoren sind komplementäre Eigenschaften – die Spinkomponenten vertauschen nicht miteinander –, und man kann sie ebensowenig gleichzeitig messen wie den Ort und den Impuls. Zweitens ist der Spin eines Teilchens, wie es das Elektron oder das Proton ist, seinerseits quantisiert. Mißt man den Spin in einer beliebigen Richtung, so erhält man als Ergebnis nur aufwärts oder abwärts, was auch als $+1$ beziehungsweise -1 geschrieben wird. Mißt man den Spin beispielsweise in einer Richtung, die wir als z-Achse bezeichnen können, so erhält man vielleicht das Ergebnis $+1$ (die Wahrscheinlichkeit für dieses Resultat beträgt exakt 50 Prozent). Nun messen wir den Spin in einer anderen Richtung, sagen wir, längs der y-Achse. Unabhängig davon, was wir als Ergebnis erhalten, gehen wir noch einmal zurück und messen erneut den Spin in der ersten Richtung, den wir bereits »kennen«. Diesen Versuch wiederholen wir öfter und schauen uns dann die Ergebnisse an. Es zeigt sich, daß unabhängig davon, daß wir den Spin des Teilchens in der z-Richtung gemessen haben und wußten, daß er »aufwärts« war, bevor wir den Spin der y-Richtung maßen, nach der y-Messung bei der wiederholten z-Messung nur halb so oft das Ergebnis »aufwärts« herauskommt. Die Messung des »komplementären« Spin-Vektors hat die quantentheoretische Unbestimmtheit des zuvor gemessenen Zustandes wiederhergestellt.[3] Was geschieht also, wenn wir den Spin eines unserer beiden auseinanderfliegenden Teilchen zu messen versuchen? Wenn man jedes Teilchen für sich betrachtet, kann man sich vorstellen, daß seine Spin-Komponenten Zufallsschwankungen unterliegen, die jeden Versuch, den Gesamt-Spin eines Teilchens zu messen, unscharf werden lassen. Zusammengenommen müssen die beiden Teilchen aber genau gleichen und entgegengesetzten Spin haben. Die Zufallsschwankungen im Spin des einen Teilchens müssen daher aufgewogen werden durch gleiche und entgegengesetzte »Zufalls«schwankungen der Spinkomponenten des anderen, weit entfernten Teilchens. Wie im ursprünglichen EPR-Argument sind die Teilchen durch Fernwirkung verbunden. Einstein empfand diese »geisterhafte« Nichtlokalität als absurd, sah in ihr einen Hinweis auf einen Fehler der Quantentheorie. John Bell hat gezeigt, wie eine Versuchsanordnung aussehen könnte, mit der diese geisterhafte Nichtlokalität gemessen und die Quantentheorie als richtig bewiesen werden kann.

Das Rätsel der Polarisation

Bei den Experimenten, die man bislang gemacht hat, um dies zu überprüfen, ging es zumeist um die Polarisation von Photonen und weniger um den Spin von Materieteilchen, aber das Prinzip ist das gleiche. Die Polarisation ist eine Eigenschaft, die eine mit einem Photon oder einem Photonenstrahl verbundene Richtung im Raum definiert, so wie der Spin eine mit einem Materieteilchen verbundene Richtung im Raum definiert. Die Wirkung von Polaroid-Sonnenbrillen beruht darauf, daß sie alle Photonen, die nicht eine bestimmte Polarisation aufweisen, blockieren, wodurch das,

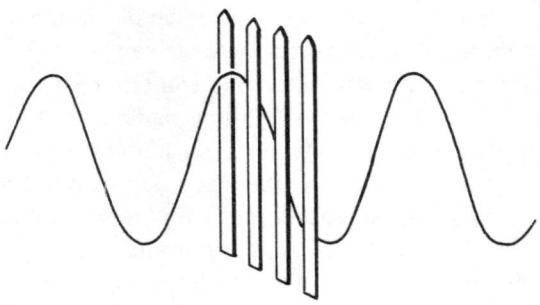

Abbildung 10.1 *Vertikal polarisierte Wellen schlüpfen durch einen »Lattenzaun«.*

was der Träger einer solchen Brille sieht, dunkler erscheint. Man kann sich das so vorstellen, als bestünden die Gläser der Sonnenbrille aus einer Reihe von Stäben wie bei einer Jalousie, und als trügen die Photonen lange Speere. Alle Photonen, die ihre Speere quer vor der Brust tragen, können zwischen den Stäben hindurchschlüpfen und werden von Ihren Augen gesehen; alle Photonen, die ihre Speere hochhalten, können durch die schmalen Spalten nicht hindurch und werden abgeblockt. In normalem Licht kommen alle Arten von Polarisation vor – die Speere der Photonen weisen die unterschiedlichsten Neigungswinkel auf. Es kommt auch eine Art von Polarisation vor, die man zirkulare Polarisation nennt, bei der sich die Richtung der Polarisation laufend ändert, so als würde sie – um ein anderes Bild zu wählen – repräsentiert durch die Orientierung des Dirigentenstabes, den eine Tambourmajorin an der Spitze eines Umzugs herumwirbeln läßt. Diese Art der Polarisation, die es als linksdrehende und rechtsdrehende gibt, kann man benutzen, um zu überprüfen, ob die quantentheoretische Weltsicht zutrifft. Linear-polarisiertes Licht, bei dem alle Photonen ihre Speere mit dem gleichen Neigungswinkel halten, kann unter geeigneten Umständen durch Reflexion erzeugt werden, aber auch dadurch, daß das Licht durch ein Medium wie etwa eine Polaroid-Linse hindurchgeschickt wird, die nur eine bestimmte Polarisation durchläßt. Linear-polarisiertes Licht zeigt erneut, daß die Quantenregeln der Unbestimmtheit funktionieren.

Die Polarisation eines Atoms in der einen oder anderen Richtung ist – wie der Spin eines Teilchens auf der Quantenebene –

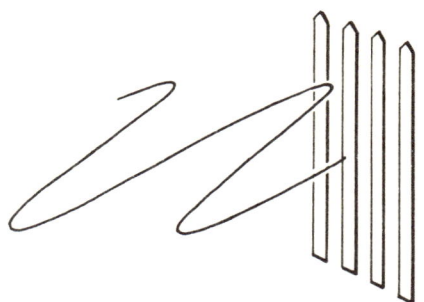

Abbildung 10.2 *Horizontal polarisierte Wellen werden blockiert.*

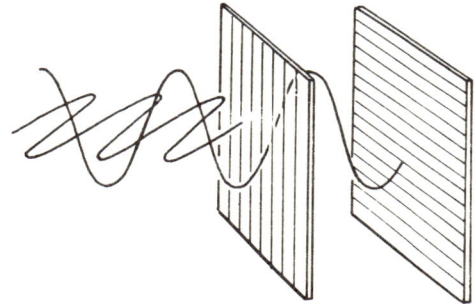

Abbildung 10.3 *Gekreuzte Polarisatoren stoppen alle Wellen.*

eine »Ja- oder Nein«-Eigenschaft. Entweder ist es in einer bestimmten Richtung – zum Beispiel senkrecht – polarisiert oder nicht. Photonen, die eine bestimmte Jalousie durchsetzt haben, müßten daher durch eine andere, die rechtwinklig zu ihr steht, abgeblockt werden. Entspricht der erste Polarisator einer Jalousie mit horizontalen Schlitzen, so der zweite einem Lattenzaun mit vertikalen Ritzen. Stellt man zwei Teile von polarisierendem Material auf diese Weise »über Kreuz«, so geht natürlich kein Licht hindurch. Nehmen wir aber an, der zweite Polarisator würde so gehalten, daß seine »Schlitze« mit denen des ersten einen Winkel von 45° bilden. Die Photonen, die auf diesen zweiten Polarisator treffen, weichen von seiner Orientierung alle um 45° ab, und nach der klassischen Vorstellung dürften sie nicht hindurchgehen. Die Quantenvorstellung weicht davon ab. Aus ihrer Sicht hat jedes

Photon eine Chance von 50 Prozent, durch den falsch ausgerichteten Polarisator hindurchzugehen, und tatsächlich kommt die Hälfte der einfallenden Photonen durch. Nun wird es wirklich merkwürdig. Die durchkommenden Photonen sind nämlich gedreht worden. Sie sind mit 45° gegen den ersten Polarisator polarisiert, und man fragt sich, was geschehen wird, wenn sie jetzt auf einen anderen Polarisator treffen, der rechtwinklig zum ersten steht. Da der rechte Winkel 90° aufweist, müssen sie auch gegenüber diesem Polarisator um 45° geneigt sein. Daher kommt wie zuvor die Hälfte von ihnen durch.

Stehen zwei Polarisatoren über Kreuz, so kommt also überhaupt kein Licht durch. Stellt man aber zwischen die beiden Gekreuzten einen dritten Polarisator, mit einer Neigung von 45° gegen beide, so kommt ein Viertel des Lichts, das durch den ersten Polarisator gegangen ist, auch durch die beiden anderen. Das ist so, als hätten wir zwei Zäune, die zusammen streunende Tiere hundertprozentig von unserem Grundstück fernhalten, aber weil wir vorsichtig sind, haben wir, um ganz sicher zu gehen, zwischen den beiden einen dritten Zaun errichtet. Jetzt stellen wir zu unserer Überraschung fest, daß einige der streunenden Tiere, die von dem Doppelzaun ferngehalten wurden, keine Schwierigkeiten haben, direkt durch den dreifachen Zaun hindurchzumarschieren, so als wäre er überhaupt nicht da. Durch eine Änderung des Experiments ändern wir die Natur der Quantenrealität. Indem wir nämlich Polarisatoren verwenden, die unterschiedliche Winkel zueinander bilden, messen wir die unterschiedlichen Vektor-Elemente der Polarisation, und durch jede neue Messung werden die Erkenntnisse, die wir aus allen vorhergegangenen Messungen gewonnen haben, ungültig.

Damit sind wir wieder bei einer anderen Variation über das EPR-Thema. Wir haben es nur mit Photonen statt mit materiellen Teilchen zu tun, aber das Experiment ist im Grunde das gleiche. Jetzt denken wir uns, daß ein atomarer Prozeß zwei Photonen erzeugt, die in entgegengesetzter Richtung davonfliegen. Das geschieht bei vielen Prozessen, die in der Realität vorkommen, und dabei besteht zwischen der Polarisation der beiden Photonen immer eine Korrelation. Entweder sind sie im gleichen Sinne oder in irgendeiner Weise entgegengesetzt polarisiert. Der Einfachheit

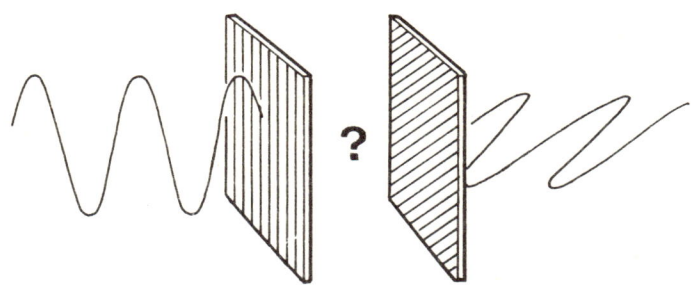

Abbildung 10.4 *Zwei um 45° gegeneinander gedrehte Polarisatoren lassen die Hälfte der Wellen durch, die durch den ersten kommen!*

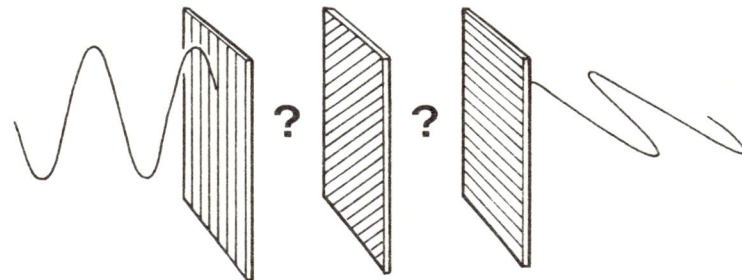

Abbildung 10.5 *Drei solche Polarisatoren lassen ein Viertel der Wellen durch, die durch den ersten kommen – obwohl nichts durchkommt, wenn man den mittleren Polarisator herausnimmt.*

halber nehmen wir in unserem Gedankenexperiment an, daß es sich um eine gleichsinnige Polarisation handelt. Nun beschließen wir, nachdem die beiden Photonen ihren Entstehungsort längst verlassen haben, die Polarisation des einen zu messen. Die Ausrichtung unseres polarisierenden Materials können wir ganz beliebig wählen, und entsprechend besteht eine bestimmte Wahrscheinlichkeit dafür, daß das Photon hindurchgehen wird. Hinterher wissen wir, ob das Photon bezüglich der von uns gewählten Richtung im Raum »aufwärts« oder »abwärts« polarisiert ist, und wir wissen, daß das andere, weit entfernte Photon im gleichen Sinne polarisiert ist. Aber woher weiß das andere Photon das? Wie schafft es das, daß es sich so ausrichtet, um den Test, den das erste Photon besteht, ebenfalls zu bestehen, und den Test, den das erste Photon nicht besteht, ebenfalls nicht zu bestehen? Wir bringen, indem wir die Polarisation des ersten Photons messen, die Wellenfunktion zum Zusammenbruch, und zwar nicht nur für ein Photon, sondern *gleichzeitig* auch für ein anderes, weit entferntes.

Dies ist alles sehr merkwürdig, und doch stellt es das gleiche Rätsel dar, auf das Einstein und seine Kollegen schon Mitte der dreißiger Jahre die Wissenschaftler aufmerksam machten. Mehr als ein halbes Jahrhundert der Diskussion über die Bedeutung eines Gedankenexperiments wiegt ein einziges wirkliches Experiment, und Bell gab den Experimentatoren einen Weg an, wie sie die Effekte dieser geisterhaften Fernwirkungen messen könnten.

Der Bell-Test

Bernard d'Espagnat von der Universität Paris-Sud ist ein Theoretiker, der sich wie David Bohm ausgiebig mit den Konsequenzen von Experimenten zum EPR-Paradoxon befaßt hat. In seinem schon erwähnten Artikel im *Scientific American* und in seinem Beitrag zu dem von Mehra herausgegebenen Band *The Physicist's Conception of Nature* hat er dargelegt, was dem Ansatz, mit dem Bell an das Rätsel herangeht, zugrundeliegt. Er sagt, unserer gewohnten Realitätsauffassung lägen drei fundamentale Annahmen zugrunde: erstens, daß es reale Dinge gibt, die unabhängig davon, ob wir sie beobachten oder nicht existieren; zweitens, daß es gerechtfertigt ist, aus sich regelmäßig wiederholenden Beobachtungen oder Experimenten allgemeine Schlußfolgerungen zu ziehen, und drittens, daß keine Wirkung sich schneller ausbreiten kann als mit Lichtgeschwindigkeit, was er als »Lokalität« bezeichnet. Diese drei Grundannahmen bilden zusammen die Basis von »lokalen realistischen« Auffassungen der Welt.

Der Bell-Test geht von einer lokalen realistischen Auffassung der Welt aus. Was nun das Experiment mit dem Protonenspin betrifft, kann der Experimentator zwar nicht alle drei Spin-Komponenten eines und desselben Teilchens kennen, aber er kann nach Belieben eine von ihnen messen. Wenn wir die drei Komponenten mit X, Y und Z bezeichnen, so kommt er jedesmal, wenn er für den X-Spin des einen Protons den Wert + 1 feststelllt, für den X-Spin des anderen auf den Wert − 1, usw. Nun kann er aber bei dem einen Proton den X-Spin und bei dem anderen den Y-Spin (oder den Z-Spin, aber nicht beide) messen, und auf diese Weise müßte es möglich sein, sowohl über den X-Spin als auch über den Y-Spin beider Protonen des Paares etwas herauszubekommen. Das ist schon theoretisch gar nicht einfach, denn man muß wahllos bei einer Vielzahl von Protonenpaaren die Spin-Komponenten messen und dann diejenigen ausscheiden, bei denen man zufällig an beiden Paargliedern den gleichen Spin-Vektor gemessen hat. Aber es ist möglich, und so erhält der Experimentator als theoretisches Ergebnis Paare von Spin-Komponenten, die an Paaren von Protonen festgestellt wurden und als XY, XZ und YZ geschrieben werden können. Was Bell in seinem mittlerweile klassischen Artikel von 1964 zeigte, war folgendes: Falls man ein solches Experiment durchführt, muß – nach den »lokalen realistischen Auffassungen der Welt« – die Zahl der Paare, bei denen sowohl die X- als auch die Y-Spin-Komponente positiv ist (X^+Y^+) immer kleiner sein als die Summe der Paare, bei denen die XZ-und die YZ-Messungen sämtlich positive Spin-Werte ergeben ($X^+Z^+ + Y^+Z^+$).

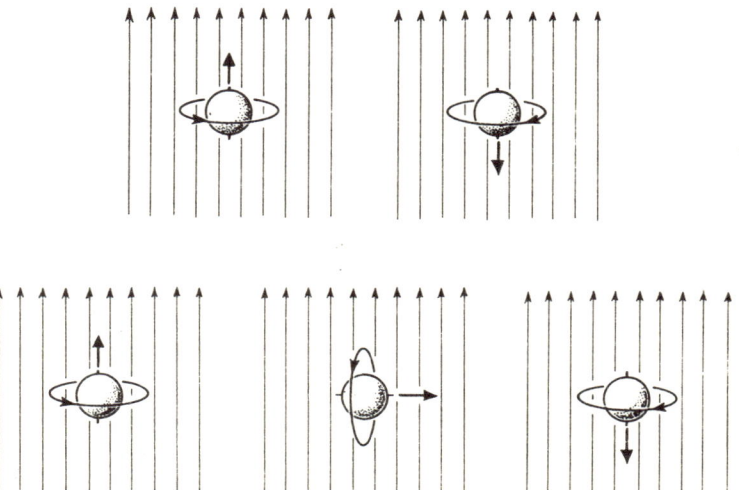

Abbildung 10.6 *Teilchen mit halbzahligem Spin können sich nur parallel oder antiparallel zu einem Magnetfeld ausrichten. Teilchen mit ganzzahligem Spin können sich auch quer zum Feld stellen.*

Dieses Ergebnis folgt direkt aus der offenkundigen Tatsache, daß ein Proton, bei dem ein Spin X^+Y^- gemessen wird, insgesamt entweder den Spin-Zustand $X^+Y^-Z^+$ oder $X^+Y^-Z^-$ haben muß. Alles ergibt sich aus einer einfachen mathematischen Überlegung, der die Mengenlehre zugrundeliegt. Doch in der Quantenmechanik herrschen andere mathematische Regeln, und wenn man sie korrekt befolgt, gelangt man zur entgegengesetzten Vorhersage, daß nämlich die Zahl der X^+Y^+-Paare nicht kleiner, sondern *größer* ist, als die Anzahl der X^+Z^+- und der Y^+Z^+-Paare zusammengenommen.

Bell war bei seiner Berechnung zunächst von der »lokalen realistischen Auffassung der Welt« ausgegangen, und die zuerst genannte Ungleichung bezeichnet man als »Bell-Ungleichung«; wenn die Bell-Ungleichung *verletzt* wäre, dann wäre die lokale realistische Auffassung der Welt falsch, dagegen hätte die Quantentheorie einen weiteren Test bestanden.

Der Beweis

Für den Test kommt ebensogut die Messung des Spins von materiellen Teilchen, die sehr schwierig durchzuführen ist, wie auch die Messung der Polarisation von Photonen in Frage, die leichter, wenn auch immer noch schwer genug durchzuführen ist. Manchen Physikern ist bei Experimenten mit Photonen nicht ganz wohl, weil Photonen keine Ruhemasse haben, sich mit Lichtgeschwindigkeit bewegen und keinen zeitlichen Unterschied kennen. Es ist nicht ganz klar, was der Begriff der Lokalität für ein Photon bedeutet. Bei den meisten bislang durchgeführten Überprüfungen der Bell-Ungleichung ging es um die Messung der Polarisation von Photonen, und daher ist es von größter Bedeutung, daß der einzige bislang durchgeführte Test, bei dem tatsächlich Protonen-Spins gemessen wurden, Ergebnisse brachte, die ebenfalls die Bellsche Ungleichung verletzen und folglich die quantentheoretische Auffassung der Welt stützen.

Diese Überprüfung der Bell-Ungleichung, die eine Gruppe am französischen Kernforschungszentrum Saclay 1976 durchführte, war nicht die erste. Man hielt sich dabei ganz genau an das ursprüngliche Gedankenexperiment und beschoß eine Zielscheibe (Target), die viele Wasserstoffatome enthält, mit Protonen von niedriger Energie. Wenn ein Proton auf den Kern eines Wasserstoffatoms trifft, der ebenfalls ein Proton ist, so wechselwirken die beiden Teilchen über den Singulett-Zustand, und ihre Spin-Komponenten können gemessen werden. Die Schwierigkeiten der Messung sind enorm. Nur einige der Protonen werden von den Detektoren registriert, und anders als in der idealen Welt des Gedankenexperiments ist es bei Messungen nicht immer möglich, die Spin-Komponenten unzweideutig festzustellen. Gleichwohl beweisen die Ergebnisse dieses französischen Versuchs eindeutig, daß lokale realistische Auffassungen der Welt falsch sind.

Die ersten Überprüfungen der Bell-Ungleichung wurden an der University of California in Berkeley mit Hilfe von Photonen durchgeführt, und 1972 erschien der Bericht darüber. Bis 1975 sind sechs derartige Überprüfungen vorgenommen worden, und vier davon brachten Ergebnisse, die die Bell-Ungleichung verletzen. Mag es auch unklar sein, was Lokalität für Photonen bedeutet, so ist dies doch ein weiterer schlagender Beweis für die Quantenmechanik, besonders, da man bei den Experimenten zwei grundverschiedene Verfahren anwandte. Bei den ersten Photonenversuchen kamen die Photonen aus Kalzium- oder Quecksilberatomen, die man mit Laserlicht zu einem bestimmten Energiezustand anregen kann.[4] Der Rückweg aus diesem angeregten Zustand in den Grundzustand schließt zwei Übergänge ein; zunächst geht das Elektron in einen anderen, tieferen Energiezustand über und dann in den Grundzustand; bei jedem Übergang entsteht ein Photon. Die bei diesen Experimenten gewählten Übergänge erzeugen also zwei Photonen mit einer korrelierten Polarisation. Sie können mit Hilfe von Photonenzählern, die hinter polarisierenden Filtern angebracht werden, analysiert werden.

Eine weitere Variation über das Thema brachten Mitte der 70er Jahre die ersten Messungen von Gammastrahlen, die entstehen, wenn ein Elektron und ein Positron sich vernichten. Auch hier muß die Polarisation der beiden Photonen korreliert sein, und wieder ergab sich bei der Messung der Polarisation, daß die Bell-Ungleichung verletzt wird.

Von den ersten sieben Überprüfungen der Bell-Ungleichung

fielen also fünf zugunsten der Quantenmechanik aus. In seinem Artikel im *Scientific American* betont d'Espagnat, daß dies sogar ein noch stärkerer Beweis für die Quantentheorie ist, als es auf den ersten Blick scheint. Wegen der Art der Experimente und der Schwierigkeiten der Durchführung »konnten vielfältige systematische Fehler in der Planung des Experiments den Beweis für eine reale Korrelation vernichten . . . Andererseits kann man sich kaum einen experimentellen Fehler vorstellen, der bei fünf unabhängigen Experimenten eine falsche Korrelation erzeugen konnte. Noch mehr, die Ergebnisse dieser Experimente verletzen nicht nur die Bellsche Ungleichung, sondern sie verletzen sie genau in der Weise, wie es die Quantenmechanik vorhersagt«.

Seit der Mitte der 70er Jahre hat es weitere Überprüfungen gegeben, bei denen etwa noch vorhandene Schwachstellen in der Versuchsanordnung beseitigt werden sollten. Die Enden der Apparatur müssen so weit voneinander entfernt sein, daß ein »Signal« zwischen den Detektoren, das eine Scheinkorrelation hervorrufen könnte, sich schneller als Licht ausbreiten müßte. Dafür wurde gesorgt, und dennoch wurde die Bell-Ungleichung verletzt gefunden. Eine Korrelation könnte auch deshalb auftreten, weil die Photonen schon bei ihrer Erzeugung »wissen«, wie die Versuchsanordnung, die sie einfangen soll, beschaffen ist. Das könnte, ohne daß Signale schneller sein müßten als das Licht, dann der Fall sein, wenn durch die Beschaffenheit der Apparatur eine Gesamt-Wellenfunktion entstünde, die das Photon schon bei seiner Entstehung beeinflußt. Deshalb hat man bei der bislang letzten Prüfung der Bell-Ungleichung dafür gesorgt, daß die Struktur des Experiments geändert wird, während die Photonen noch fliegen, ganz ähnlich wie bei dem Doppel-Spalt-Versuch, der in John Wheelers Gedankenexperiment verändert werden kann, während das Photon unterwegs ist. Es handelt sich um das Experiment, das das Team von Alain Aspect 1982 an der Universität Paris-Sud durchführte und bei dem das letzte größere Schlupfloch geschlossen wurde, das den lokalen realistischen Theorien noch geblieben war.

Aspect und seine Kollegen hatten bereits mit Photonen aus einem Kaskadenprozeß die Ungleichung überprüft und festgestellt, daß sie verletzt wurde. Sie verbesserten ihre Versuchsanordnung durch einen Schalter, der die Richtung eines Lichtstrahls, der ihn durchläuft, verändert. Der Schalter kann den Strahl auf einen von zwei polarisierenden Filtern lenken, die jeweils eine andere Polarisationsrichtung messen, wobei sich hinter jedem Filter ein Photonendetektor befindet. Der Schalter, den der Lichtstrahl durchläuft, verändert dessen Richtung mit außerordentlicher Schnelligkeit, nämlich alle 10 Nanosekunden (hundertmillionstel einer Sekunde, 10×10^{-9} sec); dafür sorgt eine automatische Vorrichtung, die ein annähernd zufälliges Signal erzeugt. Da ein Photon für den Weg von dem Atom, aus dem es bei dem Experiment entsteht, bis zum Detektor 20 Nanosekunden braucht, ist es ausgeschlossen, daß eine Information über die Versuchsanordnung sich von einem Ende der Apparatur zum anderen ausbreiten und das Ergebnis der Messungen beeinflussen kann, es sei denn, sie würde sich schneller ausbreiten als das Licht.

Was bedeutet das?

Die Versuchsanordnung ist nahezu perfekt; die Umschaltung des Lichtstrahls erfolgt zwar nicht ganz und gar zufällig, aber sie erfolgt unabhängig für jeden der beiden Photonenstrahlen. Das einzige Schlupfloch, das wirklich noch übrig bleibt, ist die Tatsache, daß die meisten der erzeugten Photonen überhaupt nicht registriert werden, weil die Detektoren sehr ineffizient sind. Man könnte also immer noch argumentieren, daß nur die Photonen registriert werden, die die Bell-Ungleichung verletzen, während die anderen der Ungleichung gehorchen würden, wenn man sie nur registrieren könnte. Bislang wird allerdings noch nicht an ein Experiment gedacht, durch das diese unwahrscheinliche Möglichkeit überprüft werden könnte, und tatsächlich kann man wohl auch nur in äußerster Verzweiflung auf dieses Argument verfallen. Seit die Ergebnisse von Aspects Experiment kurz vor Weihnachten 1982 veröffentlicht wurden[5], zweifelt niemand mehr ernsthaft daran, daß der Bell-Test die Vorhersagen der Quantentheorie bestätigt. Die Ergebnisse dieses Experiments – die besten, die man mit heutigen Verfahren erzielen kann – verletzen die Ungleichungen sogar stärker als die aller vorhergegangenen Überprüfungen und stimmen sehr gut mit den Vorhersagen der Quantenmechanik überein. Dazu schrieb d'Espagnat: »Kürzlich sind Experimente durchgeführt worden, die Einstein gezwungen haben würden, seine Naturauffassung in einem Punkt, den er immer für wesentlich hielt, zu ändern . . . Wir können getrost sagen, daß Nichttrennbarkeit [von Systemen] jetzt einer der gesichertsten allgemeinen Begriffe der Physik ist.«[6]

Das bedeutet nicht, daß auch nur die geringste Wahrscheinlichkeit dafür besteht, daß wir Nachrichten schneller als mit Lichtgeschwindigkeit aussenden können. Es besteht keine Aussicht dafür, daß man auf diese Weise brauchbare Informationen übermitteln wird, denn es ist nicht möglich, ein Ereignis, daß ein anderes *verursacht,* mit dem verursachten Ereignis auf diese Weise zu verknüpfen. Der Effekt zeichnet sich dadurch aus, daß er nur für Ereignisse zutrifft, die eine *gemeinsame* Ursache haben: Die Vernichtung eines Positron-Elektron-Paares, die Rückkehr eines Elektrons in den Grundzustand oder die Trennung eines Paares von Protonen aus dem Singulett-Zustand. Stellen Sie sich folgende Situation vor: Von einem gemeinsamen Entstehungsort fliegen Photonen zu zwei räumlich weit voneinander getrennten Detektoren, und mit Hilfe eines raffinierten Verfahrens kann die Polarisationsrichtung eines der Photonenstrahlen verändert werden, mit der Folge, daß ein Beobachter, der sich weit entfernt bei dem zweiten Detektor befindet, Veränderungen in der Polarisation des anderen Strahls bemerkt. Was ist das überhaupt für ein Signal, das da verändert wird? Die ursprüngliche Polarisation oder der Spin der Teilchen in dem Strahl sind das Ergebnis zufälliger Quantenprozesse und enthalten an sich keinerlei Informationen. Der Beobachter wird lediglich ein zufälliges Muster sehen, das sich von dem zufälligen Muster unterscheidet, das er ohne die raffinierten Manipulationen des ersten Polarisators sehen würde! Da ihr zufälliges Muster keinerlei Information enthält, wäre es völlig unbrauchbar. Die Information steckt in dem Unterschied zwischen den beiden zufälligen Mustern, aber das erste Muster hat in der realen Welt nie existiert, und so ist es unmöglich, an die Informationen heranzukommen.

Seien Sie darüber nicht allzu sehr enttäuscht, denn tatsächlich bieten Ihnen das Aspect-Experiment und seine Vorläufer ein ganz anderes Weltbild als unser Alltagsverstand es liefert. Nach den

Ergebnissen dieser Versuche bleiben Teilchen, die irgendwann einmal in einer Wechselwirkung zusammen waren, in einem gewissen Sinne Teile eines einzigen Systems, das insgesamt auf weitere Wechselwirkungen reagiert. Praktisch alles, was wir sehen und anfassen können, besteht aus Anhäufungen von Teilchen, die mit anderen Teilchen irgendwann einmal in Wechselwirkung standen, bis hin zurück zum Urknall, mit dem das Universum, wie wir es kennen, entstanden ist. Die Atome in meinem Körper bestehen aus Teilchen, die sich in dem kosmischen Feuerball einst dicht an dicht mit anderen Teilchen drängten, die jetzt Bestandteil eines fernen Sternes sind, und auch mit Teilchen, die vielleicht den Körper eines Lebewesens auf einem fernen, noch unentdeckten Planeten bilden. Ja, die Teilchen, aus denen mein Körper besteht, drängelten sich einst dicht an dicht und wechselwirkten mit den Teilchen, die jetzt Ihren Körper bilden. Wir – Sie und ich – sind ebenso Bestandteil eines einzigen Systems wie die zwei Photonen, die beim Aspect-Experiment auseinanderfliegen.

Theoretiker wie d'Espagnat und David Bohm meinen, wir müßten akzeptieren, daß buchstäblich alles mit allem zusammenhängt und Phänomene wie das menschliche Bewußtsein nur mit einer holistischen Betrachtung des Universums zu erklären sein werden.

Noch ist es zu früh, als daß die Physiker und Philosophen, die tastend nach einem solchen neuen Bild suchen, in dem Bewußtsein und Universum miteinander verknüpft sind, schon befriedigend hätten umreißen können, wie es in etwa aussehen wird, und auf eine spekulative Erörterung der vielen Möglichkeiten, die einem aufgedrängt werden, wollen wir uns hier nicht einlassen. Ich kann aber aus meiner eigenen Erfahrung ein in den soliden Traditionen der Physik und der Astronomie verwurzeltes Beispiel geben. Eines der großen Rätsel der Physik ist die Eigenschaft der Trägheit, des Widerstandes, den ein Objekt nicht der Bewegung, aber einer *Veränderung* seiner Bewegung entgegensetzt. Im freien Raum bewegt sich ein Objekt mit konstanter Geschwindigkeit solange geradlinig, bis es von einer äußeren Kraft angestoßen wird – dies war eine der großen Entdeckungen Newtons. Wie stark der Stoß sein muß, damit das Objekt seine Bewegungsrichtung ändert, hängt davon ab, wieviel Materie es enthält. Aber woher »weiß« das Objekt, daß es sich mit konstanter Geschwindigkeit auf einer geraden Linie bewegt – woran mißt es seine Geschwindigkeit? Seit Newton ist den Philosophen bewußt, daß der Maßstab, an dem die Trägheit anscheinend gemessen wird, in dem Bezugsrahmen besteht, den man früher als »die Fixsterne« bezeichnete, während wir heute von fernen Galaxien sprechen würden. Die Erde, die sich rotierend durch den Raum bewegt, ein langes Foucault-Pendel, wie man es in vielen wissenschaftlichen Museen findet, ein Astronaut und ein Atom – sie alle »wissen«, welche durchschnittliche Verteilung die Materie im Universum hat.

Wie oder warum der Effekt funktioniert, weiß niemand, und es hat darüber schon faszinierende, wenn auch fruchtlose Spekulationen gegeben. Wenn es in einem leeren Universum nur ein Teilchen gäbe, könnte es keine Trägheit haben, weil es nichts gäbe, woran seine Bewegungen oder sein Widerstand gegen die Bewegungen gemessen werden könnte. Aber angenommen, es gäbe in einem ansonsten leeren Universum nur zwei Teilchen: Würden sie die gleiche Trägheit haben wie in unserem Universum? Angenommen wir könnten die Hälfte der Materie in unserem Universum wegzaubern: Würde der Rest immer noch die gleiche Trägheit haben, oder wäre sie halb so groß? (oder doppelt so groß?) Das Rätsel ist heute so ungelöst wie vor 300 Jahren, aber vielleicht gibt uns das Ende der lokalen realistischen Auffassungen der Welt einen Hinweis. Wenn alles, was beim Urknall miteinander wechselwirkte, mit allem, mit dem es einmal in Wechselwirkung stand, in Verbindung bleibt, dann »weiß« jedes Teilchen in jedem Stern und jeder Galaxie, die wir sehen können, von der Existenz jedes anderen Teilchens. Mit dem Rätsel der Trägheit sollten sich nicht die Kosmologen und Relativisten befassen, sondern es gehört ganz entschieden in den Bereich der Quantenmechanik.

Das erscheint Ihnen paradox? Richard Feynman hat in seinen *Vorlesungen* die Situation auf den Punkt gebracht: »Das ›Paradoxe‹ ist lediglich ein Konflikt zwischen der Realität und Ihrem Gefühl, was Realität ›sein sollte‹.« Erscheint Ihnen das sinnlos wie die Frage, wie viele Engel auf einer Nadelspitze Platz haben? Schon Anfang 1983, nur wenige Wochen nach der Veröffentlichung der Ergebnisse des Aspect-Experiments, berichteten Wissenschaftler von der Universität von Sussex in England von den Ergebnissen ihrer Versuche, die nicht nur unabhängig von dem anderen Experiment bestätigten, daß auf der Quantenebene alles miteinander zusammenhängt, sondern zusätzlich praktische Anwendungsmöglichkeiten in Aussicht stellten, darunter eine neue Generation von Computern, die gegenüber der derzeitigen Halbleitertechnik einen ebenso großen Fortschritt bedeuten würden, wie ihn das Transistorradio als Verständigungsmittel gegenüber der Signalflagge darstellte.

Bestätigung und Anwendungen

Das Sussex-Team unter Leitung von Terry Clark ist an das Problem, wie die Quantenrealität gemessen werden kann, umgekehrt herangegangen. Statt sich Versuche auszudenken, die in der Größenordnung normaler Quantenteilchen laufen – das ist die Größenordnung von Atomen oder kleiner –, haben sie sich bemüht, »Quantenteilchen« zu konstruieren, die mehr in der Größenordnung üblicher Meßvorrichtungen liegen. Sie benutzten, ausgehend von der Eigenschaft der Supraleitung, einen Ring aus supraleitendem Material mit einem Querschnitt von etwa einem halben Zentimeter, der an einer Stelle eine Einschnürung aufweist, bei der sich der Ring auf nur ein Zehnmillionstel eines Quadratzentimeters verengt. Dieses »schwache Glied«, erfunden von Brian Josephson, der den Josephson-Übergang entwickelte, sorgt dafür, daß der Ring aus supraleitendem Material sich wie ein offener Zylinder verhält, wie ihn etwa eine Orgelpfeife oder eine Blechdose ohne Boden und Deckel darstellt. Die Schrödingerschen Wellen, die das Verhalten von supraleitenden Elektronen in dem Ring beschreiben, verhalten sich ähnlich wie die stehenden Schallwellen in einer Orgelpfeife, und man kann sie auch »abstimmen«, indem man ein variables elektromagnetisches Feld im Frequenzbereich der Radiowellen anlegt. Tatsächlich simuliert die Elektronenwelle, die sich durch den ganzen Ring erstreckt, ein einzelnes Quantenteilchen, und mit einem empfindlichen Radiofrequenz-Detektor konnte die Sussexgruppe die Effekte eines Quantenübergangs der Elektronenwelle in dem Ring beobachten. Es war praktisch so, als würden sie mit einem einzelnen Quantenteilchen arbeiten, das einen Durchmesser von einem halben Zentimeter hat, ein ähnliches, aber noch dramatischeres Beispiel als der schon erwähnte kleine Becher mit supraflüssigem Helium.

Bei dem Experiment konnten einzelne Quantenübergänge direkt gemessen werden, und es lieferte einen weiteren klaren Beweis für die Nichtlokalität. Weil sich die Elektronen in dem Supraleiter wie ein einziges Boson verhalten, erstreckt sich die Schrödingerwelle, die einen Quantenübergang macht, über den ganzen Ring. Dieses ganze Pseudoboson sorgt gleichzeitig für den Übergang. Es wurde *nicht* beobachtet, daß zuerst eine Seite des Rings den Übergang vollzieht und die andere Seite ihn lediglich nachholt, nachdem ein Signal, das sich mit Lichtgeschwindigkeit fortpflanzt, Zeit hatte, durch den Ring zu eilen und den Rest des »Teilchens« zu beeinflussen. In gewisser Weise ist dieses Experiment noch eindringlicher als die Überprüfung der Bellschen Ungleichung durch Aspect. Dessen Experiment beruhte auf Argumenten, die zwar mathematisch eindeutig, aber für den Laien nicht ohne weiteres verständlich sind. Sehr viel faßlicher ist die Vorstellung von einem einzelnen »Teilchen«, das einen Querschnitt von einem halben Zentimeter hat und sich dennoch wie ein einzelnes Quantenteilchen verhält und auf jeden Reiz, den es von außen erfährt, momentan in voller Gänze reagiert.

Inzwischen befassen sich Clark und seine Mitarbeiter mit der nächsten logischen Fortentwicklung. Sie hoffen ein größeres »Makro-Atom« zu konstruieren, eventuell in der Form eines geraden Zylinders von sechs Meter Länge. Falls diese Vorrichtung in der erwarteten Weise auf einen äußeren Reiz reagiert, könnte sich die Tür zu einer überlichtschnellen Kommunikation in der Tat einen Spalt weit geöffnet haben. Ein Detektor, der am einen Ende des Zylinders dessen Quantenzustand mißt, wird auf eine Veränderung des Quantenzustands, die durch einen Reiz am anderen Ende ausgelöst wurde, momentan ansprechen. Für die konventionelle Nachrichtenübermittlung würde uns das noch nicht viel bringen; wir könnten beispielsweise kein Makro-Atom bauen, das von hier bis zum Mond reicht, um mit seiner Hilfe die lästige Verzögerung in der Verständigung zwischen Mondforschern und der Bodenkontrolle hier auf der Erde auszuschalten. Dennoch gäbe es direkte praktische Anwendungsmöglichkeiten.

Einer der entscheidenden Faktoren, die die Leistungsfähigkeit der fortgeschrittensten Computer beschränken, ist die Geschwindigkeit, mit der die Elektronen in den Schaltungen von einer Komponente zur anderen wandern. Die Verzögerungen sind geringfügig – sie liegen im Bereich von Nanosekunden –, aber sie sind ganz erheblich. Durch die Sussex-Experimente ist es nicht wahrscheinlicher geworden, daß wir augenblicklich über große Entfernungen Nachrichten übermitteln können, aber der Bau von Computern, in denen alle Komponenten augenblicklich auf eine Veränderung im Zustand einer Komponente reagieren, ist tatsächlich in den Bereich des Möglichen gerückt. Diese Aussicht hat Terry Clark zu der Behauptung ermutigt, daß,»wenn die entsprechenden Erkenntnisse erst in Hardware umgesetzt sein werden, die bereits erstaunliche Elektronik des 20. Jahrhunderts im Vergleich dazu wie eine Signalflagge wirken wird«.[7]

Nicht nur, daß die Kopenhagener Deutung durch die Experimente in jeder praktischen Hinsicht voll bestätigt wird; es sieht auch noch so aus, als stünden uns Entwicklungen bevor, die über das, was uns die Quantenmechanik schon an Fortschritten beschert hat, ebenso weit hinausgehen, wie diese Fortschritte über die Möglichkeiten der klassischen Physik hinausgegangen sind. Gleichwohl bleibt die Kopenhagener Deutung intellektuell unbefriedigend. Was geschieht mit all diesen geisterhaften Quantenwelten, die mit ihren Wellenfunktionen zusammenbrechen, wenn wir an einem subatomaren System eine Messung vornehmen? Wie kann eine von vielen sich überlappenden Realitäten, die nicht mehr und nicht weniger real ist als diejenige, die wir schließlich messen, einfach verschwinden, wenn die Messung durchgeführt wird? Die beste Antwort ist die, daß die anderen Realitäten nicht verschwinden und daß Schrödingers Katze gleichzeitig lebendig und tot ist, aber in zwei oder mehr verschiedenen Welten. Die Kopenhagener Deutung mitsamt ihren praktischen Konsequenzen ist vollständig enthalten in einer umfassenderen Realitätsauffassung, der Vielwelten-Interpretation.

11. Kapitel: Viele Welten

Bisher habe ich mich in diesem Buch bemüht, nicht Partei zu ergreifen, sondern die Geschichte der Quanten in all ihren Aspekten darzustellen und für sich selbst sprechen zu lassen. Jetzt ist die Zeit gekommen, Farbe zu bekennen. In diesem letzten Kapitel lasse ich jeden Anschein der Unparteilichkeit fahren und stelle die Interpretation der Quantenmechanik dar, die ich am befriedigendsten und angenehmsten finde. Dies ist nicht die Auffassung der Mehrheit; die meisten Physiker, die sich über derlei Dinge überhaupt Gedanken machen, sind mit den kollabierenden Wellenfunktionen der Kopenhagener Deutung zufrieden. Es ist aber die Auffassung einer ansehnlichen Minderheit, und sie hat den Vorzug, die Kopenhagener Deutung in sich zu enthalten. Diese verbesserte Interpretation hat allerdings eine unangenehme Eigenschaft, die es verhinderte, daß sie die Physiker im Sturm eroberte: aus ihr folgt, daß es – irgendwie zeitlich neben unserer Realität – viele andere Welten, möglicherweise eine unendliche Anzahl von Welten gibt, die parallel zu unserem Universum existieren, aber für immer von ihm abgeschnitten sind.

Wer beobachtet die Beobachter?

Diese Vielwelten-Interpretation der Quantenmechanik stammt von Hugh Everett, der in den 50er Jahren an der Princeton University promovierte. Es erschien ihm merkwürdig, daß nach der Kopenhagener Deutung Wellenfunktionen auf magische Weise kollabieren, wenn man sie beobachtet, und so diskutierte er mit vielen über Alternativen, auch mit John Wheeler, der ihn ermutigte, seinen andersartigen Ansatz zur Doktorarbeit auszubauen.

Diese alternative Auffassung geht von einer ganz einfachen Frage aus, die sich logisch ergibt, wenn man sich überlegt, daß die Wellenfunktion immer wieder kollabieren muß, falls ich in einem geschlossenen Raum ein Experiment durchführe, dann herauskomme und Ihnen das Ergebnis mitteile, das Sie dann einem Freund in Frankfurt mitteilen, der es wiederum einem anderen erzählt usw. Bei jedem Schritt wird die Wellenfunktion komplexer und umfaßt mehr von der »realen Welt«. Die Alternativen bleiben aber auf jeder Stufe gleichermaßen gültige, einander überlappende Realitäten, bis die Nachricht vom Ergebnis des Experiments eintrifft. Wir können uns vorstellen, daß sich die Nachricht auf diese Weise durch das ganze Universum ausbreitet, bis das ganze Universum sich in einem Zustand von überlappenden Wellenfunktionen befindet, von alternativen Realitäten, die erst im Moment der Beobachtung zu einer einzigen Welt kollabieren. Aber wer beobachtete das Universum?

Das Universum ist seiner Definition nach in sich geschlossen. Es enthält alles, so daß es keinen äußeren Beobachter gibt, der die Existenz des Universums bemerkt und dadurch sein komplexes Geflecht von miteinander wechselwirkenden alternativen Realitäten zu einer einzigen Wellenfunktion kollabieren läßt. Wheelers Annahme, daß das Bewußtsein – wir selbst – der entscheidende Beobachter ist, der durch rückwirkende Kausalität bis zurück zum Urknall wirksam ist, wäre eine Möglichkeit, aus diesem Dilemma herauszukommen, aber sie enthält einen Zirkel, der ebenso rätselhaft ist, wie das Rätsel, das damit gelöst werden soll. Dem würde ich sogar das solipsistische Argument vorziehen, daß es nur einen Beobachter im Universum gibt, mich selbst, und daß meine Beobachtungen der ausschlaggebende Faktor sind, der aus der Unzahl der Quantenmöglichkeiten die Realität herauskristallisiert. Für jemanden, dessen Beitrag zur Welt darin besteht, Bücher zu schreiben, die von anderen gelesen werden, ist ein extremer Solipsismus allerdings eine höchst unbefriedigende Philosophie. Everetts Vielwelten-Interpretation ist eine andere, befriedigendere und vollständigere Möglichkeit.

Everetts Deutung geht dahin, daß die einander überlagernden Wellenfunktionen des gesamten Universums, die alternativen Realitäten, durch deren Wechselwirkung auf der Quantenebene meßbare Interferenz entsteht, nicht kollabieren. Sie alle sind gleichermaßen real und existieren in ihrem jeweiligen Teil des »Hyperraums« (und der Hyperzeit). Wenn wir auf der Quantenebene eine Messung durchführen, müssen wir aufgrund des Beobachtungsvorgangs eine dieser Alternativen auswählen, die dann zu einem Bestandteil dessen wird, was wir als die »reale« Welt sehen; durch den Akt der Beobachtung werden die Bande, welche die alternativen Realitäten zusammenhalten, durchtrennt, und die einzelnen Realitäten können ihren jeweils eigenen Weg durch den Hyperraum einschlagen, wobei jede alternative Realität ihren eigenen Beobachter enthält, der die gleiche Beobachtung gemacht hat, aber eine andere »Quanten-Antwort« erhalten hat und glaubt, er habe dafür gesorgt, daß die Wellenfunktion zu einer einzigen Quantenmöglichkeit »kollabiert«.

Schrödingers Katzen

Es ist schwer zu verstehen, was es bedeuten soll, wenn vom Kollaps der Wellenfunktion des ganzen Universums die Rede ist; sehr viel leichter sieht man ein, daß Everetts Ansatz einen Fortschritt darstellt, wenn wir uns einem vertrauteren Beispiel zuwenden. Unsere Suche nach der realen Katze, die in Schrödingers paradoxer Kiste verborgen ist, ist endlich ans Ziel gekommen, denn diese Kiste ist genau das, was ich brauche, um zu zeigen, was die Vielwelten-Interpretation der Quantenmechanik leistet. Die Überraschung besteht darin, daß die Spur nicht zu einer realen Katze führt, sondern zu zweien.

Die Gleichungen der Quantenmechanik sagen uns, daß es in der Kiste aus Schrödingers berühmtem Gedankenexperiment gleichermaßen reale Wellenfunktionen für eine »lebendige Katze« und eine »tote Katze« gibt. Die konventionelle Kopenhagener Deutung sieht diese Möglichkeiten aus einer anderen Perspektive und sagt im Grunde, daß beide Wellenfunktionen gleichermaßen *unreal* seien und nur eine von ihnen zur Wirklichkeit gerinne, wenn wir in die Kiste hineinschauen. Everetts Deutung nimmt die Quantengleichungen beim Wort und sagt, beide Katzen seien real. Es gibt eine lebendige Katze, und es gibt eine tote Katze; sie befinden sich nur in verschiedenen Welten. Es ist nicht so, daß das radioaktive Atom in der Kiste entweder zerfallen ist oder nicht, sondern es ist sowohl zerfallen als auch nicht zerfallen. Vor eine Entscheidung gestellt, hat sich die ganze Welt, das Universum, in zwei Versionen seiner selbst aufgespalten, die in jeder Hinsicht identisch sind, außer daß in der einen Version das Atom zerfallen und die Katze gestorben ist, während in der anderen das Atom nicht zerfallen ist und die Katze lebt. Das klingt wie Science Fiction, reicht aber sehr viel tiefer als jede Science Fiction, denn es beruht auf einwandfreien mathematischen Gleichungen, die sich widerspruchsfrei und logisch als Konsequenz daraus ergeben, daß die Quantenmechanik wörtlich genommen wird.

Über die Science Fiction hinaus

Die Bedeutung von Everetts 1957 erschienener Arbeit liegt darin, daß er diese scheinbar ungeheuerliche Idee aufgegriffen und mit Hilfe der geltenden Regeln der Quantentheorie auf eine sichere mathematische Grundlage gestellt hat. Über die Natur des Universums zu spekulieren, ist eine Sache, eine ganz andere dagegen, diese Spekulationen zu einer vollständigen, schlüssigen Theorie der Realität weiterzuentwickeln. Everett war in der Tat nicht der erste, der solche Spekulationen angestellt hat, doch hat es den Anschein, als habe er seine Gedanken ganz unabhängig von allen früheren Äußerungen über mehrfache Realitäten und parallele Welten entwickelt. Die meisten der älteren Spekulationen und viele weitere seit 1957 gehören tatsächlich in das Genre der Science Fiction. Die älteste Version, die ich aufspüren konnte, findet sich in Jack Williamsons *The Legion of Time,* erstmals 1938 in Fortsetzungen in einer Zeitschrift erschienen.[1]

Viele Science Fiction-Geschichten spielen in »parallelen« Realitäten, in denen der Süden den amerikanischen Sezessionskrieg gewonnen oder die spanische Armada England erobert hat usw. Manche schildern die Abenteuer eines Helden, der sich seitwärts durch die Zeit aus einer alternativen Realität in die andere begibt; einige wenige beschreiben in einem dementsprechenden Jargon, wie eine solche alternative Welt sich von der unseren abspalten könnte. Williamsons Geschichte handelt von zwei alternativen Welten, die es beide nicht schaffen, konkrete Realität zu werden, bis ein entscheidender Schritt zu einem entscheidenden Zeitpunkt in der Vergangenheit ergriffen wird, an dem die Wege der beiden Welten sich getrennt haben (in dieser Geschichte gibt es auch »konventionelle« Reisen in der Zeit, und die Handlung beschreibt ebenso einen Kreis wie das Argument). Der Kollaps einer Wellenfunktion, wie ihn die konventionelle Kopenhagener Deutung beschreibt, klingt an, und daß Williamson mit den neuen Ideen der 30er Jahre vertraut war, wird deutlich an einer Stelle, an der eine der Personen erklärt, was geschieht: Konkrete Teilchen sind jetzt durch Wahrscheinlichkeitswellen ersetzt worden, und die Weltlinien von Objekten sind nicht mehr die festen und einfachen Bahnen, die sie früher waren. Die Geodäten verzweigen sich in eine unendliche Zahl möglicher Bereiche, ganz wie es dem subatomaren Indeterminismus entspricht.

Williamsons Welt ist eine Welt geisterhafter Realitäten, in der die heroische Handlung spielt, wobei die eine von ihnen kollabiert und verschwindet, als die Entscheidung, auf die es ankommt, getroffen wird, während die andere dazu ausersehen ist, konkrete Realität zu werden. Everetts Welt ist eine Welt vieler *konkreter* Realitäten, in der alle Welten gleichermaßen real sind und leider nicht einmal Helden sich aus einer Realität in die benachbarte begeben können. Everetts Version ist jedoch nicht wissenschaftliche Fiktion, sondern wissenschaftliche Tatsache.

Greifen wir noch einmal auf das grundlegende Experiment der Quantenphysik zurück, das Zwei-Löcher-Experiment. Auch im Rahmen der konventionellen Kopenhagener Deutung wird, wenngleich nur wenige Quantenköche sich dessen bewußt sind, das Interferenzmuster, das bei diesem Experiment auf dem Schirm entsteht, als Interferenz von zwei alternativen Realitäten erklärt, wobei in der einen das Teilchen durch Loch A und in der anderen durch Loch B geht. Wenn wir bei den Löchern nachsehen, finden wir, daß das Teilchen nur durch eines hindurchgeht, und es gibt keine Interferenz. Wie entscheidet das Teilchen aber, durch welches Loch es geht? Nach der Kopenhagener Deutung entscheidet es sich zufällig in Übereinstimmung mit den Quantenwahrscheinlichkeiten: Gott würfelt in der Tat mit dem Universum. Nach der

Viele-Welten-Deutung entscheidet es sich nicht. Auf der Quanten-ebene vor eine Entscheidung gestellt, spaltet sich nicht nur das Teilchen selbst, sondern das ganze Universum in zwei Versionen auf. In dem einen Universum geht das Teilchen durch Loch A, in dem anderen durch Loch B. In jedem Universum gibt es einen Beobachter, der sieht, daß das Teilchen durch nur ein Loch geht. Anschließend sind die beiden Universen für immer völlig vonein-ander getrennt und haben keine Wechselwirkung – das ist der Grund, warum es auf dem Schirm keine Interferenz gibt.

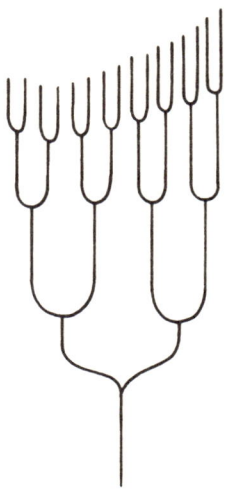

Abbildung 11.1 *Der Ausdruck »parallele Welten« weckt die Vorstellung, daß die alternativen Realitäten in der »Hyper-Raumzeit« Seite an Seite liegen. Dieses Bild ist falsch.*

Wenn Sie dieses Bild mit der Anzahl der Quantenereignisse multiplizieren, die sich ständig in jedem Gebiet des Universums vollziehen, verstehen Sie vielleicht, warum konventionelle Physi-ker vor dieser Idee zurückschrecken. Und doch ist es, wie Everett vor 25 Jahren bewies, eine logische, in sich schlüssige Beschrei-bung der Quantenrealität, die in keinem Widerspruch zu experi-mentellen Ergebnissen und Beobachtungstatsachen steht.

Trotz ihrer einwandfreien mathematischen Begründung rief Everetts neue Deutung der Quantenmechanik kaum einen Wel-

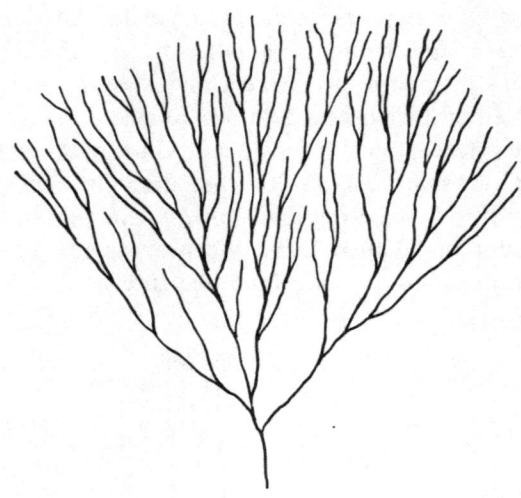

Abbildung 11.2 *Nach einem besseren Bild spaltet sich das Universum ständig auf, wie ein sich verzweigender Baum. Aber auch das ist noch eine falsche Vorstellung.*

lenschlag hervor, als sie 1957 in den Teich der wissenschaftlichen Erkenntnis fiel. In gekürzter Fassung erschien seine Arbeit in *Reviews of Modern Physics*[2], zusammen mit einem Artikel von Wheeler, der auf die Bedeutung von Everetts Arbeit hinwies.[3] Seine Vorstellungen wurden jedoch weitgehend ignoriert und erst über zehn Jahre später von Bryce DeWitt von der University of North Carolina aufgegriffen.

Es ist nicht ganz klar, warum es so lange gedauert hat, bis Everetts Idee überhaupt ein Echo fand, auch wenn ihr in den 70er Jahren ein gewisser Erfolg beschieden war. Abgesehen von dem schweren mathematischen Apparat erklärte Everett in seinem *Reviews*-Artikel genau, warum das Argument, die Aufspaltung des Universums in viele Welten könne nicht real sein, weil wir keine Erfahrung davon haben, nicht stichhaltig ist. All die einzelnen Elemente einer Überlagerung von Zuständen gehorchen der Wellengleichung, wobei es ihnen völlig gleichgültig ist, ob die anderen Elemente wirklich sind oder nicht; und da kein Zweig auch nur den geringsten Effekt auf einen anderen hat, kann kein Beobachter den Aufspaltungsprozeß jemals bemerken. Das Gegenargument entspricht der Behauptung, die Erde könne sich unmöglich auf einer Bahn um die Sonne befinden, weil wir sonst die Bewegung spüren müßten. »In beiden Fällen«, so Everett, »sagt die Theorie selbst voraus, daß unsere Erfahrung so sein wird, wie sie tatsächlich ist.«

Über Einstein hinaus?

Die Theorie, die der Viele-Welten-Interpretation zugrundeliegt, ist begrifflich einfach, kausal und liefert Vorhersagen, die mit der Erfahrung übereinstimmen. Wheeler tat sein Möglichstes, um auf die neue Idee aufmerksam zu machen: »Es fällt schwer, deutlich zu machen, wie einschneidend die Theorie des ›relativen Zustands‹ von klassischen Vorstellungen abweicht. Das Unbehagen, das einem dieser Schritt zunächst bereitet, findet in der Geschichte der Wissenschaft nur wenige Entsprechungen, so etwa als Newton die Schwerkraft durch etwas so Absurdes wie die Fernwirkung erklärte, als Maxwell etwas so Natürliches wie die Fernwirkung durch etwas so Unnatürliches wie die Feldtheorie beschrieb und als Einstein leugnete, daß irgendein Koordinatensystem ausgezeichnet sei ... Aus der ganzen übrigen Physik läßt sich nichts Vergleichbares anführen, abgesehen von dem Prinzip der Allgemeinen Relativitätstheorie, daß alle regulären Koordinatensysteme gleichberechtigt seien.«[4]

»Außer Everetts Konzept«, so schloß Wheeler, »ist kein in sich schlüssiges Gedankensystem zur Hand, das erklären würde, was man sich unter der Quantisierung eines geschlossenen Systems wie des Universums der Allgemeinen Relativitätstheorie vorzustellen hat.« Das sind wahrlich starke Worte. Allerdings weist die Everett-Interpretation einen entscheidenden Mangel auf: Sie versucht nämlich, die Kopenhagener Deutung von ihrem angestammten Platz in der Physik zu verdrängen. Die Vielwelten-Version der Quantenmechanik macht, soweit es um das wahrscheinliche Ergebnis eines Experiments oder einer Beobachtung geht, *exakt die gleichen Vorhersagen* wie die Kopenhagener Auffassung. Das ist zugleich eine Stärke und eine Schwäche. Da die Kopenhagener Deutung in dieser praktischen Hinsicht nie versagt hat, muß jede neue Deutung, wo immer sie überprüft werden kann, die gleichen »Antworten« geben wie die Kopenhagener Deutung; insofern hat die Everett-Deutung ihre erste Prüfung bestanden. Die einzige Verbesserung, die sie gegenüber der Kopenhagener Auffassung bringt, besteht jedoch darin, daß sie die Doppelspalt-Experimente und Tests von jener Art, wie sie Einstein, Podolsky und Rosen sich ausgedacht haben, von ihren scheinbaren Paradoxien befreit. Für all die Quantenköche ist der Unterschied zwischen den beiden Deutungen kaum zu erkennen, und die natürliche Neigung geht dahin, Vertrautes festzuhalten. Doch für alle, die sich jemals mit den EPR-Gedankenexperimenten und neuerdings mit den verschiedenen Überprüfungen der Bell-Ungleichung befaßt haben, ist die Everett-Deutung jedoch sehr viel ansprechender. Ihr zufolge ist es nicht so, daß unsere Entscheidung, welche Spin-Komponente wir messen wollen, die Spin-Komponente eines anderen Teilchens irgendwo weit draußen im Universum auf magische Weise zwingt, einen komplementären Zustand anzunehmen; vielmehr entscheiden wir, wenn wir entscheiden, welche Spin-Komponente wir messen wollen, darüber, in welchem Zweig der Realität wir leben. In diesem Zweig des Hyperraums haben das andere Teilchen und dasjenige, das wir messen, immer einen komplementären Spin. Die *Entscheidung* und nicht der Zweifel bestimmt, welche der Quantenwelten wir bei unseren Experimenten messen und damit, in welcher wir leben. Wenn alle möglichen Ergebnisse eines Experiments tatsächlich eintreffen und jedes mögliche Ergebnis von jeweils eigenen Beobachtern beobachtet wird, ist es nicht erstaunlich, wenn das, was wir beobachten, eines der möglichen Ergebnisse des Experiments ist.

Ein zweiter Blick

Die Viele-Welten-Deutung der Quantenmechanik wurde von der Physikergemeinschaft geradezu geflissentlich ignoriert, bis DeWitt in den späten 60er Jahren die Idee aufgriff, selbst etwas über das Konzept schrieb und seinen Studenten Neill Graham ermutigte, einen Aspekt von Everetts Arbeit zu seiner eigenen Doktorarbeit auszubauen. Wie DeWitt in einem Artikel in *Physics Today* 1970 erklärte[5], leuchtet einem die Everett-Deutung sofort ein, wenn man sie auf das Paradoxon von Schrödingers Katze anwendet. Wir brauchen uns über das rätselhafte Phänomen einer Katze, die sowohl tot als auch lebendig und weder lebendig noch tot ist, nicht mehr den Kopf zu zerbrechen. Wir wissen vielmehr, daß die Kiste unserer Welt seine Katze enthält, die entweder lebendig oder tot ist und daß in der Welt nebenan ein anderer Beobachter ist, der vor einer identischen Kiste steht, die ebenfalls eine Katze enthält, die entweder tot oder lebendig ist. Wenn aber das Universum »sich ständig in eine enorme Zahl von Zweigen spaltet«, dann »spaltet jeder Quantenübergang, der auf jedem Stern, in jeder Galaxie, in jedem fernen Winkel des Universums stattfindet, unsere lokale Welt auf der Erde in Myrriaden von Kopien ihrer Selbst auf«.

DeWitt spricht davon, wie schockiert er war, als er sich zum ersten Mal mit dieser Vorstellung konfrontiert sah, dem »Gedanken, daß 10^{100} ein wenig unvollkommene Kopien meiner selbst sich ständig in weitere Kopien aufspalten«. Doch seine eigene Arbeit, Everetts Doktorarbeit und Grahams neuerliche Untersuchung des Phänomens überzeugten ihn schließlich. Er überlegte sich sogar, wie weit die Aufspaltung gehen kann. In einem endlichen Universum – und es spricht einiges dafür, daß, falls die allgemeine Relativitätstheorie eine gute Beschreibung der Realität ist, das Universum endlich ist[6] – kann es nur eine endliche Zahl von »Zweigen« an dem Quantenbaum geben, und es kann sein, daß im Hyperraum einfach nicht genügend Platz ist für die bizarreren Möglichkeiten, für die Feinstruktur der, wie DeWitt sagt »abartigen Welten«, für Realitäten, deren Verhalten seltsam verzerrt ist. Wenn die Everett-Interpretation auch besagt, daß alles, was *möglich* ist, auch in irgendeiner Version der Realität wirklich wird, so heißt das auf keinen Fall, daß alles, was *denkbar* ist, auch wirklich werden kann. Wir können uns unmögliche Dinge ausdenken, die in den realen Welten keinen Platz finden werden. In einer Welt, die ansonsten mit der unseren identisch wäre, könnten Schweine (die ansonsten mit unseren Schweinen identisch wären) selbst dann, wenn sie Flügel hätten, *nicht* fliegen; Helden, gleichgültig, wie super sie sind, können nicht durch die Ritzen in der Zeit seitwärts in alternative Realitäten schlüpfen, obwohl Science Fiction-Autoren über die Konsequenzen solcher Aktionen spekulieren usw.

DeWitt kommt zu einer ähnlich dramatischen Schlußfolgerung wie Wheeler: »Der Standpunkt Everetts, Wheelers und Grahams bietet eine wahrhaft beeindruckende Sicht. Dabei ist es eine vollkommen kausale Sicht, die sogar Einstein akzeptiert haben könnte . . . Sie kann eher als die meisten anderen für sich in Anspruch nehmen, das natürliche Endergebnis des 1925 von Heisenberg begonnenen Deutungsprogramms zu sein.«

Es ist wohl nur gerecht, wenn ich an dieser Stelle erwähne, daß Wheeler kürzlich Zweifel an der ganzen Sache angemeldet hat. Bei einem Symposium aus Anlaß des Hundertsten Geburtstages Einsteins antwortete er auf eine Frage bezüglich der Viele-Welten-Theorie: »Ich gestehe, daß ich dieser Auffassung, die ich anfangs befürwortet habe, schließlich widerstrebend meine Unterstützung entziehen mußte, weil ich fürchte, daß sie ein zu schweres metaphysisches Gepäck mit sich schleppt.«[7] Das ist nicht so zu verstehen, als würde damit der Everett-Interpretation der Boden entzogen; ebensowenig hat die Tatsache, daß Einstein im Hinblick auf die statistische Grundlage der Quantenmechanik seine Meinung änderte, dieser Interpretation den Boden entzogen. Es ist auch nicht so zu verstehen, daß das, was Wheeler 1957 gesagt hatte, nicht mehr gilt. Auch heute gilt immer noch, daß abgesehen von Everetts Theorie kein in sich schlüssiges Gedankensystem zur Hand ist, das erklären könnte, was man unter Quantisierung des Universums zu verstehen hat. Wheelers Sinneswandel macht aber deutlich, wie schwer es vielen fällt, die Viele-Welten-Theorie zu akzeptieren. Was mich betrifft, so finde ich das damit verbundene metaphysische Gepäck sehr viel weniger lästig als die Kopenhagener Deutung von Schrödingers Experiment mit der Katze, und es stört mich sehr viel weniger als die Tatsache, daß es dreimal so viele Dimensionen des »Phasenraums« geben muß, wie es Teilchen im Universum gibt. Das Konzept ist nicht fremdartiger als andere, die einem nur deshalb vertraut erscheinen, weil sie so allgemein diskutiert werden, und im übrigen bietet die Viele-Welten-Interpretation neuartige Einsichten bezüglich der Frage, warum das Universum, in dem wir leben, so ist, wie es ist. Die Theorie ist noch lange nicht erledigt und verdient weiterhin, daß man sich ernsthaft mit ihr befaßt.

Über Everett hinaus

Kosmologen sprechen heute ganz unbekümmert von Ereignissen, die sich abgespielt haben, kurz nachdem das Universum im Urknall geboren war, und sie berechnen die Reaktionen, die abgelaufen sind, als das Alter des Universums 10^{-35} sec oder weniger betrug. Bei diesen Reaktionen handelt es sich um ein wirres Durcheinander von Teilchen und Strahlung, von Paarerzeugung und Paarvernichtung. Die Annahmen darüber, wie diese Reaktionen abgelaufen sind, stammen teils aus der Theorie, teils aus Beobachtung der Wechselwirkung von Teilchen, die man in riesigen Beschleunigern wie dem, den das CERN bei Genf betreibt, gewonnen hat. Nach diesen Berechnungen können die Gesetze der Physik, die wir mit unseren kümmerlichen Experimenten hier auf der Erde festgestellt haben, logisch und widerspruchsfrei erklären, wie das Universum aus einem Zustand von nahezu unendlicher Dichte in jenen Zustand gelangte, den wir heute beobachten. Die Theoretiker wagen sich sogar schon an eine Vorhersage des Verhältnisses zwischen Materie und Antimaterie sowie zwischen Materie und Strahlung im Universum.[8] Wer sich schon einmal für Naturwissenschaft interessiert hat – und sei es auch nur oberflächlich und vorübergehend –, hat von der Urknalltheorie der Entstehung des Universums schon gehört. Die Theoretiker spielen unbekümmert mit Zahlen, die Ereignisse beschreiben, welche sich angeblich in Sekundenbruchteilen vor etwa 15 Milliarden Jahren abgespielt haben. Aber macht man sich eigentlich klar, was diese Ideen wirklich bedeuten? Man könte geradezu den Verstand verlieren, wenn man zu begreifen sucht, was hinter diesen Vorstellungen steckt. Wer vermag denn eine Zahl wie 10^{-35} sec in ihrer wirklichen Bedeutung zu erfassen oder gar die Natur des Universums zu verstehen, als es 10^{-35} sec alt war? Wissenschaftlern, die sich mit derart ausgefallenen Extremen der Natur befassen, sollte es doch nicht allzu schwer fallen, sich mit ein bißchen Phantasie auf die Vorstellung von parallelen Welten einzulassen.

Dieser Ausdruck, der aus der Science Fiction stammt und sehr treffend klingt, ist in Wirklichkeit ganz unangemessen. Wenn es um alternative Realitäten geht, stellt man sich das gern in der Weise vor, daß von einem Hauptstamm alternative Zweige ausfächern, die dann parallel zueinander im Hyperraum verlaufen, ähnlich wie die sich verzweigenden Gleise eines großen Rangierbahnhofs. Die Science Fiction-Autoren stellen sich das so vor, daß all die Welten wie eine Superautobahn mit Millionen von parallelen Fahrbahnen nebeneinander die Zeit durcheilen, wobei unsere engsten Nachbarn fast mit unserer eigenen Welt identisch sind und die Unterschiede immer deutlicher werden, je weiter wir »in der Zeit seitwärts« gehen. Diese Vorstellung führt ganz natürlich zu der Spekulation, daß es möglich sein könnte, auf der Superautobahn die Spur zu wechseln und in die Welt nebenan zu schlüpfen. Leider entspricht die mathematische Beschreibung nicht ganz diesem hübschen Bild.

Mathematiker haben keine Schwierigkeiten, mit mehr als den uns vertrauten drei räumlichen Dimensionen umzugehen, die in unserem Alltagsleben so wichtig sind. Die Gesamtheit unserer Welt – ein Zweig in Everetts Viele-Welten-Realität – wird mathematisch in vier Dimensionen beschrieben, drei räumlichen und einer zeitlichen, die alle rechtwinklig aufeinander stehen, und für Mathematiker ist es nur ein routinemäßiges Jonglieren mit Zahlen, wenn sie weitere Dimensionen beschreiben, die alle rechtwinklig aufeinander und auf unseren vier Dimensionen stehen. Tatsächlich liegen die alternativen Realitäten nicht parallel zu unserer Welt, sondern rechtwinklig zu ihr, als *senkrechte* Welten, die »seitwärts« in den Hyperraum abzweigen. Es fällt schwer, sich das zu veranschaulichen,[9] aber so erkennt man leichter, warum es unmöglich ist, seitwärts in eine alternative Realität hineinzuschlüpfen. Falls Sie seitwärts im rechten Winkel zu unserer Welt losgingen, würden Sie sich eine eigene neue Welt schaffen. Das ist es, was nach der Vielewelten-Theorie tatsächlich jedesmal passiert, wenn das Universum vor einer Quantenentscheidung steht. In eine der alternativen Realitäten, die infolge eines Katze-in-der-Kiste-Experiments oder eines Zwei-Löcher-Experiments durch eine solche Aufspaltung des Universums entsteht, kommen Sie nur hinein, wenn Sie in unserer vierdimensionalen Realität zeitlich bis zum Zeitpunkt des Experiments zurückgehen, um dann auf dem alternativen Zweig, rechtwinklig zu unserer vierdimensionalen Welt, zeitlich vorwärts zu gehen.

Das wird aber vermutlich nicht möglich sein. Nach herkömmlicher Lehre sind echte Reisen in der Zeit notwendigerweise unmöglich wegen der damit verbundenen Paradoxien, beispielsweise derjenigen, daß Sie in der Zeit zurückgehen und Ihren Großvater treffen, bevor Ihr Vater gezeugt wurde. Andererseits scheinen Teilchen auf der Quantenebene ständig durch die Zeit zu reisen, und Frank Tipler hat gezeigt, daß die Gleichungen der allgemeinen Relativitätstheorie Zeitreisen zulassen. Man kann sich ein echtes Reisen vorwärts und rückwärts in der Zeit, bei dem solche Paradoxien ausgeschlossen sind, durchaus vorstellen, muß dabei jedoch von der Realität alternativer Universen ausgehen. David Gerold hat diese Möglichkeiten in *The Man Who Folded Himself* erkundet, einem unterhaltsamen Sience Fiction-Buch, das zu lesen sich lohnt, weil es uns die Verwicklungen und Verästelungen einer Viele-Welten-Realität zeigt. Es geht, um auf das klassische Beispiel zurückzugreifen, darum, daß Sie, wenn Sie in der Zeit zurückgehen und Ihren Großvater töten, eine alternative Welt erschaffen – beziehungsweise, je nach Ihrem Standpunkt, in eine alternative Welt eintreten, die von der Welt, in der Sie abgereist sind, rechtwinklig abzweigt. In dieser »neuen« Realität sind Ihr Vater und Sie selbst nie geboren, aber es gibt kein Paradoxon, weil Sie in der »originalen« Realität dennoch geboren sind und die Reise zurück in die Zeit und in einen alternativen Zweig hinein machen. Sie brauchen nur die Rückreise anzutreten, um die Untat, die Sie begangen haben, ungeschehen zu machen, und Sie landen wieder in dem ursprünglichen Zweig der Realität oder doch in einem, der ihm recht ähnlich ist.

Aber auch Gerold »erklärt« die seltsamen Begebenheiten, die seinem Helden zustoßen, nicht damit, daß die Realitäten senkrecht aufeinander stehen, und soweit mir bekannt ist, hat bislang noch niemand den mathematischen Apparat der Everett-Interpretation in diesem Sinne physikalisch gedeutet; das Motiv der Reise in der Zeit bekommt damit sicherlich eine neue Wendung, die von den Science Fiction-Autoren bislang noch nicht wahrgenommen worden ist – ich biete sie ihnen hiermit an.[10] Ich muß dabei betonen, daß die alternativen Realitäten nach diesem Bild nicht »längs« zu der unseren liegen, so daß man ohne große Mühe in sie hinein- und wieder herausschlüpfen könnte. Jeder Zweig der Realität steht rechtwinklig auf allen anderen Zweigen. Es mag eine

Welt geben, in der Bonaparte nicht den Vornamen Napoleon, sondern Pierre trug, in der aber die Geschichte im übrigen praktisch genauso verlief wie in unserem Zweig der Realität; es mag eine Welt geben, in der dieser Bonaparte nie existiert hat. Beide sind unserer Welt gleichermaßen fern und von hieraus unzugänglich. Beide können nur erreicht werden, wenn man in unserer Welt in der Zeit zurückkreist bis zu dem entsprechenden Verzweigungspunkt und dann in einem rechten Winkel (einem der vielen rechten Winkel!) zu unserer eigenen Realität wieder in der Zeit vorwärtsschreitet.

Man kann dieses Konzept so ausweiten, daß das Paradoxe an den Zeitreisen, das bei Science Fiction-Autoren und -Lesern so beliebt ist und über das die Philosophen sich den Kopf zerbrechen, entfällt. Alle *möglichen* Dinge werden in irgendeinem Zweig der Realität tatsächlich geschehen. In diese möglichen Realitäten kommt man jedoch nicht hinein, indem man in der Zeit seitwärts reist, sondern man muß zurück und dann vorwärts in einen Zweig hinein. Der vielleicht beste Science Fiction-Roman, der je geschrieben wurde, benutzt die Viele-Welten-Interpretation, wenn ich mir auch nicht sicher bin, ob der Autor Gregory Benford das bewußt getan hat. In seinem Buch *Timescape* (deutsch: *Zeitschaft*) wird das Schicksal einer Welt grundlegend dadurch verändert, daß aus den 1990er Jahren Nachrichten in die 1960er Jahre zurückgeschickt werden. Die Geschichte ist gut geschrieben und spannend und kann auch ohne das Science Fiction-Thema bestehen. Einen Punkt möchte ich hier jedoch aufgreifen: Weil die Welt durch die Handlungen derjenigen, die die Botschaften aus der Zukunft empfangen, verändert wird, existiert die Zukunft, aus der diese Botschaften kamen, für sie nicht. Woher sind also die Botschaften gekommen? Sie, lieber Leser, könnten sich vielleicht auf die alte Kopenhagener Deutung berufen und argumentieren, daß ein Geist geisterhafte Botschaften zurückschickt, die einen Einfluß darauf haben, wie die Wellenfunktion kollabiert, aber es wird Ihnen schwerfallen, dieses Argument aufrechtzuerhalten. In der Vielewelten-Interpretation kann man sich jedoch ohne weiteres vorstellen, daß Botschaften aus einer Realität in der Zeit bis zu einem Verzweigungspunkt zurückgehen, wo sie von Menschen empfangen werden, die sich daraufhin in der Zeit vorwärts in ihren eigenen, andersartigen Zweig der Realität bewegen. Beide alternativen Welten existieren, doch wird die Verbindung zwischen ihnen in dem Augenblick abgebrochen, da die kritischen Entscheidungen im Hinblick auf die Zukunft getroffen werden.[11] *Timescape* läßt sich nicht nur gut lesen, sondern enthält tatsächlich ein »Gedankenexperiment«, das genauso faszinierend und für die Quantenmechanik ebenso relevant ist wie das EPR-Experiment oder Schrödingers Katze. Everett selbst hätte es vielleicht nicht so gesehen, aber eine aus vielen Welten zusammengesetzte Realität ist genau die Art von Realität, die erklärt, warum wir hier solche Fragen erörtern.

Unser spezieller Platz

Nach der Vielewelten-Theorie, so wie ich sie verstehe, ist die Zukunft, was unsere bewußte Wahrnehmung der Welt anbelangt, nicht determiniert, die Vergangenheit aber wohl. Durch den Akt der Beobachtung haben wir aus den vielen Realitäten eine »reale« Geschichte ausgewählt, und sobald jemand in unserer Welt einen Baum gesehen hat, bleibt er dort, auch wenn niemand nach ihm schaut. Das gilt auch rückwirkend bis hin zum Urknall. Möglicherweise sind an jeder Abzweigung der Quanten-Autobahn viele neue Realitäten erzeugt worden, doch der Weg, der zu uns hinführt, ist klar und eindeutig. In die Zukunft führen jedoch viele Wege, und jeden davon wird irgendeine Version vom »uns« einschlagen. Jede Version von uns wird glauben, einen eindeutigen Weg zu gehen, und auf eine eindeutige Vergangenheit zu blicken, aber die Zukunft wird unerkennbar sein, da es so viele Arten von Zukunft gibt. Es mag sogar sein, daß wir Botschaften aus der Zukunft empfangen, sei es auf mechanischem Wege wie in *Timescape*, sei es – falls Ihnen diese Möglichkeit zusagt – durch Träume oder außersinnliche Wahrnehmungen. Wir werden jedoch mit diesen Botschaften kaum etwas anfangen können. Da es eine Vielzahl von künftigen Welten gibt, muß man damit rechnen, daß solche Botschaften verworren und widersprüchlich sein werden. Falls wir sie befolgen, werden wir mit ziemlicher Wahrscheinlichkeit in einem anderen Zweig der Realität landen als dem, aus dem die

»Botschaften« gekommen sind, und es ist daher höchst unwahrscheinlich, daß sie sich je »bewahrheiten« werden. Wer glaubt, die Quantentheorie biete uns einen Schlüssel zu praktischer außersinnlicher Wahrnehmung, Telepathie und dergleichen, macht sich nur etwas vor.

Die Vorstellung, das Universum sei ein abrollendes Feynman-Diagramm, über das das jeweilige »Jetzt« stetig hinweggleitet, ist eine zu grobe Vereinfachung. Besser stellt man sich ein vieldimensionales Feynman-Diagramm vor, das all die möglichen Welten darstellt, über die bis in die letzten Verästelungen hinein das »Jetzt« hinwegrollt. In diesem Zusammenhang ist aber noch eine ganz wichtige Frage unbeantwortet, und zwar: Warum sehen wir gerade die Realität, die wir sehen; warum sind die vielfach gebrochenen Wege, die beim Urknall begannen und zu uns hinführten, gerade so beschaffen gewesen, daß intelligentes Leben im Universum entstand?

Die Antwort ist in einer Vorstellung enthalten, die man vielfach als »anthrophisches Prinzip« bezeichnet. Danach konnte sich, von geringfügigen Variationen abgesehen, nur unter den Bedingungen, die in unserem Universum bestehen, Leben entwickeln, und daher schaut eine intelligente Spezies wie wir zwangsläufig auf ein Universum wie das, welches wir um uns herum erblicken.[12] Wäre das Universum nicht so, wie es ist, so wären wir nicht da, um es zu beobachten. Wir können uns vorstellen, daß das Universum nach dem Urknall ganz andere Quantenwege hätte einschlagen können. In einigen dieser vorstellbaren Welten wird es, weil kurz nach dem Beginn der Ausdehnung des Universums andere Quantenentscheidungen getroffen wurden, nie zur Ausbildung von Sternen und Planeten gekommen sein, und ein Leben, wie wir es kennen, gibt es dort nicht. Um ein einschlägiges Beispiel zu nennen: In unserem Universum scheinen Materieteilchen zu überwiegen, während es keine oder nur wenig Antimaterie gibt. Es ist möglich, daß es dafür keinen fundamentalen Grund gibt – vielleicht haben sich in jener Phase des Urknalls, als das Universum noch ein Feuerball war, die Reaktionen zufällig so ergeben. Ebensogut könnte das Universum leer sein, oder es könnte hauptsächlich aus dem bestehen, was wir Antimaterie nennen, und es gäbe keine Materie oder doch nur wenig. Im leeren Universum gäbe es kein Leben, wie wir es kennen; im Antimaterie-Universum könnte es Lebewesen wie uns geben, es wäre so etwas wie eine wirklich gewordene spiegelbildliche Welt. Das Rätselhafte ist, warum aus dem Urknall eine Welt hervorgegangen ist, die ideale Bedingungen für das Leben bietet.

Das anthrophische Prinzip besagt, daß viele mögliche Welten existieren können und wir ein unausweichliches Produkt des Universums sind, in dem wir uns befinden. Aber wo sind die anderen Welten? Sind es Geister wie die wechselwirkenden Welten der Kopenhagener Deutung? Entsprechen sie vielleicht anderen Lebenszyklen des Universums vor dem Urknall, mit dem die Zeit und der Raum wie wir sie kennen, entstanden sind? Oder sind es vielleicht die vielen Welten Everetts, die alle rechtwinklig zu unserer eigenen existieren? Dies ist nach meiner Meinung bei weitem die beste Erklärung, die wir heute haben, und die Auflösung des fundamentalen Rätsels, warum wir gerade dieses Universum sehen, macht, wie ich finde, das metaphysische Gepäck, das die Everett-Interpretation mit sich schleppt, reichlich wett. Die Mehrzahl der alternativen Quantenrealitäten ist für das Leben ungeeignet und leer. Leben kann nur unter ganz speziellen Bedingungen existieren, und daher werden Lebewesen, die auf den Quantenweg, der zu ihnen geführt hat, zurückblicken, ganz spezielle Vorgänge erkennen – Verzweigungen der Quantenstraße, die nicht einmal, statistisch gesehen, die wahrscheinlichsten zu sein brauchen, die jedoch diejenigen sind, welche zu intelligentem Leben führen. Die vielen Welten, die der unseren ähneln, aber eine andere Geschichte haben – eine Geschichte, in der Großbritannien noch immer seine nordamerikanischen Kolonien besitzt oder in der die Eingeborenen Nordamerikas Europa besiedeln –, sie machen zusammen nur einen winzigen Bruchteil einer sehr viel größeren Realität aus. Aus der Unmenge von Quantenmöglichkeiten hat nicht der Zufall, sondern die Entscheidung jene speziellen Bedingungen ausgewählt, die sich für das Leben eignen. Alle Welten sind gleichermaßen real, aber nur geeignete Welten enthalten Beobachter.

Mit der erfolgreichen Überprüfung der Bell-Ungleichung durch die Experimente des Aspect-Teams sind alle möglichen Interpretationen der Quantenmechanik, die jemals vorgetragen wurden, bis auf zwei ausgeschieden. Entweder müssen wir die Kopenhagener Deutung mit ihren geisterhaften Realitäten und halbtoten Katzen akzeptieren, oder wir müssen die Everett-Deutung mit ihren vielen Welten akzeptieren. Es ist natürlich denkbar, daß keines der beiden »besten« Angebote im Supermarkt der Wissenschaft stimmt und beide falsch sind. Es gibt möglicherweise noch eine andere Interpretation der quantenmechanischen Realität, die sämtliche Rätsel löst, welche die Kopenhagener Interpretation und die Everett-Interpretation lösen, einschließlich des Bell-Tests, und die über unser gegenwärtiges Verständnis hinausgeht, vielleicht in dem gleichen Sinne, in dem die allgemeine Relativitätstheorie über die spezielle Relativitätstheorie hinausgeht und diese in sich enthält. Wenn Sie jedoch meinen, dies sei die bequeme Option, ein leichter Ausweg aus dem Dilemma, so bedenken Sie bitte, daß jede in diesem Sinne »neue« Interpretation *alles* erklären muß, was wir seit Plancks großem Sprung ins Dunkle gelernt haben, und daß sie alles ebensogut oder besser erklären muß als die beiden derzeitigen Erklärungen. Das ist in der Tat ein hoher Anspruch, aber die Naturwissenschaftler pflegen nicht die Hände in den Schoß zu legen und darauf zu warten, daß jemand kommt, der eine »bessere« Antwort auf unsere Probleme hat. Solange es aber eine bessere Antwort nicht gibt, müssen wir uns mit den Folgerungen aus der besten Antwort, die wir bisher bekommen haben, abfinden. Nachdem sich die besten Köpfe des 20. Jahrhunderts seit über fünfzig Jahren intensiv bemüht haben, das Rätsel der Quantenrealität zu lösen, müssen wir akzeptieren, daß die Wissenschaft für den Aufbau der Welt gegenwärtig nur diese zwei alternativen Erklärungen zu bieten hat. Auf den ersten Blick wirken beide nicht gerade leicht verständlich. Um es einfach auszudrücken: Entweder ist nichts real, oder alles ist real.

Es ist denkbar, daß diese Frage nie geklärt wird, denn es könnte sich als unmöglich erweisen, durch ein Experiment zwischen den beiden Interpretationen zu entscheiden, einfach deshalb, weil uns Reisen in der Zeit verwehrt sind. Es ist jedoch vollkommen klar, daß Max Jammer, einer der fähigsten Philosophen der Quantentheorie, nicht übertrieb, als er sagte, »die Vielewelten-Theorie sei zweifellos eine der kühnsten und ehrgeizigsten Theorien, die in der Geschichte der Wissenschaft jemals aufgestellt wurden«.[13] Sie erklärt buchstäblich alles, das Leben und den Tod von Katzen eingeschlossen. Mir, der ich ein unheilbarer Optimist bin, sagt diese Interpretation der Quantenmechanik am meisten zu. Alle Dinge sind möglich, und wir sind es, die durch unser Handeln den eigenen Weg durch die vielen Welten des Quants wählen. In der Welt, in der wir leben, ist das, was wir sehen, das, was wir bekommen; es gibt keine verborgenen Variablen; Gott würfelt nicht; und alles ist real. Von Niels Bohr wird immer wieder die Anekdote erzählt, daß in den 20er Jahren jemand mit einer verwegenen Idee zu ihm kam und behauptete, eines der Rätsel der Quantentheorie gelöst zu haben, und er erwiderte: »Ihre Theorie ist verrückt, aber sie ist nicht verrückt genug, um wahr zu sein.«[14] Ich finde, Everetts Theorie ist verrückt genug, um wahr zu sein, und das könnte der passende Ausklang sein, mit dem wir unsere Suche nach Schrödingers Katze beenden.

Epilog: Unerledigtes

Die Geschichte der Quantentheorie, so wie ich sie hier erzählt habe, scheint eindeutig abgeklärt zu sein, mit Ausnahme der quasi philosophischen Frage, ob man der Kopenhagener Deutung oder der Vielewelten-Version den Vorzug gibt. Dies ist die beste Möglichkeit, wie man die Geschichte in einem Buch darstellen kann, aber es ist nicht die ganze Wahrheit. Die Geschichte der Quantentheorie ist noch nicht beendet, und die Theoretiker schlagen sich heute mit Problemen herum, die unter Umständen zu einem Schritt nach vorn führen könnten, der ebenso fundamental wäre, wie der Schritt, den Bohr tat, als er das Atom quantisierte. Diese unerledigten Punkte beschreiben zu wollen, ist eine vertrackte und unbefriedigende Sache; die allgemein anerkannten Ansichten darüber, was wichtig ist und was man getrost ignorieren kann, können sich bis zu dem Zeitpunkt, wo der Bericht in Druck geht, schon geändert haben. Um Ihnen aber einen Eindruck davon zu geben, wie die Dinge weitergehen können, beschreibe ich in diesem Epilog, was an der Quantengeschichte noch unvollendet ist, und ich werde einige Hinweise geben, worauf man künftig achtgeben sollte.

Das deutlichste Anzeichen dafür, daß an der Quantentheorie noch mehr ist, als einem auf den ersten Blick auffällt, kommt aus jenem Zweig der Quantentheorie, der im allgemeinen als Kronjuwel gilt, als der größte Triumph der Theorie. Es geht um die Quantenelektrodynamik oder kurz QED, jene Theorie, die die elektromagnetische Wechselwirkung quantenmechanisch »erklärt«. Die QED, die sich in den 40er Jahren entfaltete, hat sich als so erfolgreich erwiesen, daß man sie als Modell für eine Theorie der starken Wechselwirkung benutzte, eine Theorie, die ihrerseits Quantenchromodynamik oder QCD getauft wurde, weil es in ihr um die

Wechselwirkungen zwischen Teilchen geht, die man Quarks nennt, deren Eigenschaften die Theoretiker drolligerweise mit Hilfe von Farbbezeichnungen auseinanderhalten. Die QED selbst weist jedoch einen erheblichen Mangel auf. Die Theorie funktioniert zwar, aber nur, nachdem der mathematische Apparat so zurechtfrisiert wurde, daß er mit unseren Beobachtungen der Welt übereinstimmt.

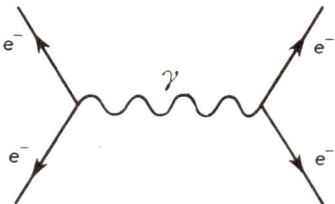

Abbildung E.1 *Das klassische Feynman-Diagramm von Teilchen-Wechselwirkungen.*

Die Probleme hängen damit zusammen, daß das Elektron in der Quantentheorie nicht das nackte Teilchen der klassischen Theorie ist, sondern von einer Wolke von virtuellen Teilchen umgeben ist. Diese Teilchenwolke hat zwangsläufig Einfluß auf die Masse des Elektrons. Es ist durchaus möglich, die Quantengleichungen so aufzustellen, daß sie der Summe »Elektron + Wolke« entsprechen, aber wenn man diese Gleichungen dann auflöst, ergeben sich unendlich große »Antworten«. Ausgehend von der Schrödinger-Gleichung, dem Eckpfeiler der Quantenkocherei, führt die korrekte mathematische Behandlung des Elektrons auf unendliche Masse, unendliche Energie und unendliche Ladung. Es besteht keine mathematisch erlaubte Möglichkeit, die unendlichen Größen loszuwerden, aber man kann sie loswerden, indem man mogelt. Die Masse des Elektrons ist uns durch direkte experimentelle Messungen bekannt, und wir wissen, daß dies die Antwort ist, die unsere Theorie uns für die Masse von Elektron + Wolke geben müßte. Deshalb entfernen die Theoretiker die unendlichen Größen aus den Gleichungen, indem sie praktisch eine unendliche Größe durch eine andere dividieren. Wenn man in der Mathematik Unendlich durch Unendlich teilt, kommt etwas Unbestimmtes heraus, und deshalb sagen sie, daß das Ergebnis dasjenige sein

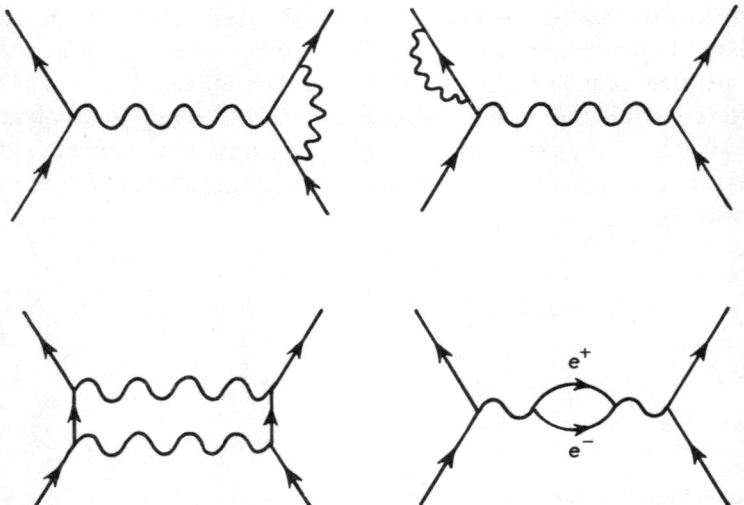

e$^+$

e$^-$

Abbildung E.2 *Die Gesetze der Elektrodynamik müssen quantentheoretisch korrigiert werden, weil virtuelle Teilchen vorkommen – die Diagramme zeigen geschlossene Schleifen. Dies sind die Situationen, die zu unendlichen Größen führen, welche nur durch den unbefriedigenden Trick der Renormierung zu beseitigen sind.*

müsse, was wir brauchen, nämlich die gemessene Masse des Elektrons. Diesen Kunstgriff bezeichnet man als Renormierung.

Um in etwa zu erfassen, was das bedeutet, stellen Sie sich vor, daß ein Mann, der 75 kg wiegt, zum Mond fliegt, wo die Schwerkraft an der Oberfläche nur ein Sechstel der Schwerkraft an der Oberfläche der Erde beträgt. Er hat eine gewöhnliche Badezimmerwaage, die auf der Erde eingestellt wurde, mitgenommen, und obwohl sein Körper nichts an Masse verloren hat, zeigt sie sein Gewicht lediglich mit 12,5 kg an. Unter diesen Umständen wäre es wohl vernünftig, die Badezimmerwaage zu »renormieren«, indem man an der Stellschraube solange herumdreht, bis das angezeigte Gewicht wieder 75 kg ist. Der Trick funktioniert aber nur, weil wir wissen, wieviel der Mann nach irdischen Maßstäben wirklich wiegt und wir uns bei der Buchführung an das irdische Gewicht halten wollen. Würde die Waage ein unendliches Gewicht anzeigen, so könnten wir sie nur dadurch auf die Realität einstellen, daß wir eine unendliche Korrektur vornehmen, und das ist es, was die Quantentheoretiker in der QED tun. Nun ergibt sich zwar, wenn wir 75 durch 6 teilen, eindeutig 12,5, doch wenn wir 12,5 × Unendlich durch Unendlich teilen, ergibt sich leider *nicht* eindeutig 12,5, sondern jedes beliebige Ergebnis.

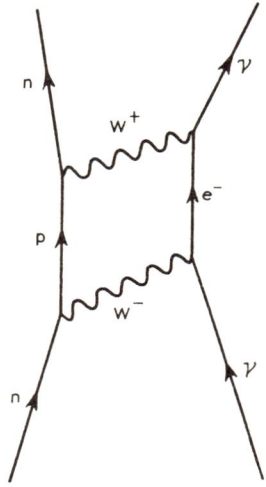

Abbildung E.3 *Zwischen einem Neutrino und einem Neutron brauchen nur zwei W-Bosonen ausgetauscht zu werden, und schon erfordert die Berechnung, anders als beim Austausch nur eines Bosons, eine* unendliche *Korrektur.*

Trotzdem leistet der Kunstgriff ungeheuer viel. Nachdem die unendlichen Größen aufgehoben sind, leisten die Lösungen der Schrödinger-Gleichung, was die Physiker sich nur wünschen können, und beschreiben ohne die geringste Abweichung die subtilsten Effekte elektromagnetischer Wechselwirkungen bei atomaren Spektren. Da die Ergebnisse unanfechtbar sind, akzeptieren die meisten Theoretiker die QED als eine gute Idee und machen sich über die unendlichen Größen keine Gedanken, genau wie die Quantenköche, die sich über die Kopenhagener Deutung oder das Unbestimmtheitsprinzip ja auch keine Gedanken machen. Daß der Trick funktioniert, ändert aber nichts daran, daß es ein Trick ist, und derjenige, dessen Meinung bezüglich der Quantentheorie den höchsten Respekt verdient, ist darüber äußerst unglücklich. Bei einem Vortrag, den er noch 1975[1] in Neuseeland gehalten hat, bemerkte Paul Dirac:»Ich muß sagen, daß ich mit der Situation sehr unzufrieden bin, weil diese sogenannte ›gute Theorie‹ tatsächlich einschließt, daß man unendliche Größen, die in ihren Gleichungen auftauchen, vernachlässigt, auf ganz willkürliche Weise vernachlässigt. Unter mathematischem Aspekt ist das nicht gerade vernünftig. Mathematisch vernünftig wäre es, eine Größe zu vernachlässigen, wenn sich herausstellt, daß sie klein ist, nicht aber, sie zu vernachlässigen, weil sie unendlich groß ist und man sie nicht brauchen kann!«

Nachdem er das zur Begründung seines Urteils, daß »diese Schrödinger-Gleichung keine Lösungen hat«, dargelegt hatte, schloß Dirac seinen Vortrag, indem er betonte, daß die Theorie, wenn sie mathematisch vernünftig werden solle, *drastisch* verändert werden müsse. »Einfache Änderungen werden nicht genügen ... Ich bin überzeugt, daß die erforderliche Veränderung ebenso dramatisch sein wird wie der Übergang von der Bohrschen Theorie zur Quantenmechanik.« Aber wo finden wir eine solche neue Theorie? Wenn ich das wüßte, wäre ich wohl Anwärter auf den Nobelpreis; ich kann Sie aber auf einige interessante Entwicklungen hinweisen, die sich in der heutigen Physik abzeichnen und eines Tages vielleicht sogar Diracs bohrenden Fragen nach einer guten Theorie genügen werden.

Getwistete Raumzeit

Der Weg zu einem besseren Verständnis der Natur des Universums liegt möglicherweise in jenem Teil der physikalischen Welt, der in der Quantentheorie bislang weitgehend ignoriert worden ist. Die Quantenmechanik sagt uns eine Menge über materielle Teilchen, sie sagt uns aber kaum etwas über den leeren Raum. Doch wie Eddington vor über fünfzig Jahren in *Das Weltbild der Physik* bemerkte, ist die Revolution, die uns die Vorstellung bescherte, daß die feste Materie ganz überwiegend aus leerem Raum besteht, fundamentaler als die Revolution, welche die Relativitätstheorie bewirkte. Selbst ein fester Gegenstand wie mein Schreibtisch oder dieses Buch besteht in Wirklichkeit fast nur aus leerem Raum. Das Verhältnis zwischen Materie und Raum ist noch kleiner als das zwischen den Ausmaßen eines Sandkorns und der Albert Hall in London. Das einzige, was uns die Quantentheorie über diese vernachlässigten 99,9999 ... Prozent des Universums zu sagen scheint, ist, daß sie von Aktivität wimmeln, daß sie einen Malstrom von virtuellen Teilchen darstellen. Die Quantengleichungen, die in der QED unendliche Lösungen ergeben, sagen uns leider auch, daß die Energiedichte des Vakuums unendlich ist, und die Renormierung muß sogar auf den leeren Raum angewandt werden. Verknüpft man die gängigen Quantengleichungen mit denen der allgemeinen Relativitätstheorie, um so zu einer besseren Beschreibung der Realität zu gelangen, wird die Situation noch schlimmer: Es kommen noch immer unendliche Größen vor, aber jetzt können sie nicht einmal mehr renormiert werden. Damit sind wir offensichtlich auf dem Holzweg. Aber welcher Weg ist der richtige?

Um hier weiterzukommen, hat Roger Penrose von der Universität Oxford grundsätzliche Überlegungen angestellt. Er hat verschiedene Möglichkeiten geprüft, wie eine geometrische Beschreibung des Vakuums und von Teilchen im Vakuum aussehen könnte, und Geometrien entworfen, die eine verzerrte Raumzeit und gekrümmte Teile der Raumzeit enthalten, die wir als Teilchen wahrnehmen. Die Theorie, die er aufgestellt hat, heißt aus naheliegenden Gründen »Twistor«-Theorie; leider ist nicht nur der mathematische Teil den meisten unzugänglich, sondern auch die Theorie selbst ist noch längst nicht vollständig. Doch es geht um das Konzept: Penrose möchte sowohl die winzigen Teilchen als auch die weiten Strecken von leerem Raum innerhalb eines festen Gegenstandes, wie ihn dieses Buch darstellt, mit Hilfe einer einzigen Theorie erklären. Die Theorie mag falsch sein, aber indem sie frontal ein Problem angeht, das weitgehend ignoriert wird, wirft sie doch ein Schlaglicht auf einen möglichen Grund für das Versagen der gängigen Theorie.

Man kann sich Verzerrungen der Raumzeit auf der Quantenebene auch noch anders vorstellen. Wenn man die Gravitationskonstante, die Plancksche Konstante und die Lichtgeschwindigkeit (die drei fundamentalen Konstanten der Physik) kombiniert, gelangt man zu einer einzigartigen, grundlegenden Längeneinheit,

die man sich als das Quantum der Länge denken kann und die das
kleinste Raumgebiet darstellt, das sinnvoll beschrieben werden
kann. Sie ist wirklich sehr klein – etwa 10^{-35} m – und wird als
Plancksche Länge bezeichnet. Jongliert man in einer anderen
Richtung mit den fundamentalen Konstanten, so erhält man eine
und nur eine fundamentale Zeiteinheit: die Plancksche Zeit, die
etwa 10^{-43} sec beträgt.[2] Es ist sinnlos, von einem Zeitintervall zu
reden, das noch kürzer ist, oder von einer räumlichen Abmessung,
die kleiner ist als die Plancksche Länge.

Quantenfluktuationen in der Geometrie des Raums sind auf der
Ebene der Atome, ja selbst der Elementarteilchen völlig vernach-
lässigbar, aber auf dieser ganz fundamentalen Ebene kann man
sich den Raum selbst als einen Schaum von Quantenfluktuationen
vorstellen. John Wheeler, der diese Idee entwickelte, bringt das
Bild von einem Ozean, der für einen Piloten, der hoch über dem
Ozean fliegt, glatt erscheint, während er den Insassen eines Ret-
tungsbootes, das auf seiner stürmischen, sich ständig wandelnden
Oberfläche umhergestoßen wird, ganz anders erscheint.[3] Auf der
Quantenebene könnte die Raumzeit selbst topologisch sehr kom-
plex sein und »Wurmlöcher« und »Brücken« aufweisen, die verschiedene Gebiete der Raumzeit miteinander verbinden; nach einer anderen Variation über das Thema könnte der leere Raum aus
Schwarzen Löchern von der Größe der Planckschen Länge bestehen, die eng aneinandergepackt sind.

Das alles sind unbestimmte, unbefriedigende und verwirrende
Vorstellungen. Es gibt bislang noch keine fundamentalen Antworten, aber es schadet nichts, wenn man sich klarmacht, daß unser
Verständnis des »leeren Raums« tatsächlich verworren und unklar, verschwommen und unbefriedigend ist. Es ist doch eine Er-
weiterung des Horizonts, wenn man sich einmal vorzustellen versucht, daß sämtliche materiellen Teilchen vielleicht nicht mehr sind
als getwistete Fragmente des leeren Raumes. Wahrscheinlich wird,
wenn die Theorien, die wir »verstehen«, versagen, der Fortschritt
von solchen Dingen kommen, die wir noch nicht verstehen, und so
könnte es interessant sein, wenn man darauf achtgibt, was die
Quantengeometrien in den nächsten Jahren bringen werden. Bis
jetzt galten die Berichte über wissenschaftliche Neuentwicklungen
jedoch zwei Aspekten des guten, alten Teilchen-Ansatzes.

Gebrochene Symmetrie

Symmetrie ist ein grundlegender Begriff der Physik. Die fundamentalen Gleichungen sind beispielsweise zeitsymmetrisch und funktionieren ebensogut vorwärts wie rückwärts in der Zeit. Andere Symmetrien kann man im geometrischen Sinne verstehen. Man stelle sich vor, daß eine rotierende Kugel von einem Spiegel reflektiert wird. Blickt man von oben auf die Kugel herab, so könnte es etwa sein, daß sie sich gegen den Uhrzeigersinn dreht; das Spiegelbild wird sich in diesem Falle im Uhrzeigersinn drehen. Sowohl die reale Kugel als auch das Spiegelbild bewegen sich in einer von den Gesetzen der Physik zugelassenen Weise, die in diesem Sinne symmetrisch sind (und natürlich würde sich die spiegelbildliche Kugel ebenfalls in der gleichen Richtung drehen, in der man die reale Kugel rotieren sieht, falls die Zeit rückwärts liefe). Wenn die Zeit umgedreht wird *und* die spiegelbildliche Umkehr stattgefunden hat, sind wir wieder da, wo wir angefangen haben). In der Natur gibt es viele weitere Arten von Symmetrien. Manche sind, in unserer Alltagssprache beschrieben, leicht zu verstehen: So kann man etwa das Elektron und das Positron als Spiegelbilder voneinander auffassen, aber auch das eine als zeitumgekehrtes Gegenstück des anderen. Eine umgekehrte positive Ladung ist eine negative Ladung. Nimmt man diese drei Vorstellungen zusammen – die Spiegelung im Raum (als Paritätsänderung bezeichnet, weil dabei rechts und links vertauscht werden), die Spiegelung in der Zeit und die Spiegelung der Ladung –, so hat man eines der stärksten physikalischen Grundprinzipien, das PCT-Theorem, demzufolge die Gesetze der Physik unberührt bleiben, wenn man gleichzeitig *alle drei* in ihr gespiegeltes Gegenstück verwandelt. Auf dem PCT-Theorem beruht die Annahme, daß die Emission eines Teilchens *exakt* der Absorption seines Antiteilchens äquivalent sei.

Andere Symmetrien sind allerdings mit Hilfe der Alltagssprache sehr viel schwerer zu begreifen und können nur mit Hilfe der Sprache der Mathematik völlig verstanden werden. Diese Symmetrien sind aber entscheidend, wenn man die neuesten Nachrichten von der Teilchenfront verstehen will, und deshalb sei hier ein einfaches physikalisches Beispiel erörtert: Stellen Sie sich vor, ein

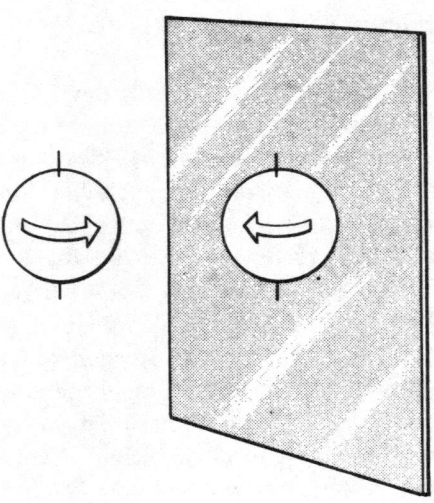

Abbildung E.4 *Spiegelsymmetrie. In der Spiegelwelt dreht sich die Kugel im gleichen Sinne wie in der realen Welt bei Zeitumkehr.*

Ball würde auf einer Treppe balanciert. Bringen wir den Ball auf eine andere Stufe, so verändern wir seine potentielle Energie in dem Schwerefeld, in dem er sich befindet. Wie wir den Ball bewegen, ist gleichgültig – wir können ihn auf eine Weltreise mitnehmen oder in einer Rakete zum Mars schicken und zurück, bevor wir ihn auf die neue Stufe legen. Die Veränderung der potentiellen Energie hängt einzig von der Höhe der beiden Stufen ab, derjenigen, auf der er zuerst war und derjenigen, auf der er landet. Es spielt auch keine Rolle, von wo aus wir die potentielle Energie messen. Wir können unsere Messungen vom Keller aus vornehmen und jeder Stufe eine hohe potentielle Energie zuschreiben. Wir können aber auch von der unteren der beiden Stufen aus messen, und dann entspricht diese Stufe einem Zustand mit einer potentiellen Energie Null.[4] Der *Unterschied* der potentiellen Energie zwischen den beiden Zuständen ist immer der gleiche. Dies ist eine Art von Symmetrie, und da wir die Grundlinie, von der aus wir die Messungen machen, »eichen« können, nennt man eine solche Symmetrie Eichsymmetrie.

Mit den elektrischen Kräften verhält es sich genauso. Maxwells

Elektromagnetismus ist daher eichinvariant, und die QED ist zugleich eine Eichtheorie, ebenso wie die nach dem Vorbild der QED geschaffene QCD. Wenn wir es auf der Quantenebene mit Materiefeldern zu tun haben, treten Komplikationen auf, die sich aber alle befriedigend mit einer Theorie erklären lassen, die Eichsymmetrie aufweist. Einer der kritischen Punkte der QED besteht jedoch darin, daß sie nur deshalb eichsymmetrisch ist, weil das Photon keine Masse hat. Hätte das Photon auch nur die geringste Masse, so wäre es, wie sich zeigt, unmöglich, die Theorie zu renormalisieren, und wir hätten die unendlichen Größen am Hals. Das wird zu einem Problem, wenn Physiker die erfolgreiche Eichtheorie der elektromagnetischen Wechselwirkung als Modell benutzen wollten, um eine ähnliche Theorie der schwachen Wechselwirkung aufzustellen, die unter anderem für den radioaktiven Zerfall und die Emission von Betateilchen (Elektronen) aus radioaktiven Kernen verantwortlich ist. So wie die elektrische Kraft vom Photon getragen oder vermittelt wird, scheint es, daß auch die schwache Kraft von ihrem eigenen Boson vermittelt werden müsse. Die Situation ist jedoch komplizierter. Damit bei schwachen Wechselwirkungen überhaupt elektrische Ladung übertragen werden kann, muß das schwache Boson (das »Photon« des schwachen Feldes) eine Ladung tragen. Es muß daher tatsächlich mindestens zwei dieser Teilchen geben, Bosonen, die man W^+ und W^- getauft hat; und da nicht bei allen schwachen Wechselwirkungen eine Ladungsübertragung stattfindet, mußten die Theoretiker einen dritten Vermittler, das neutrale Boson Z^o erfinden, um die Reihe der schwachen Photonen vollzumachen. Die von der Theorie geforderte Existenz dieses Teilchens versetzte die Physiker zunächst in Verlegenheit, denn sie hatten keine experimentellen Beweise für seine Existenz.

Die korrekten mathematischen Symmetrien bei der schwachen Wechselwirkung, die zwei W-Teilchen[5] und das neutrale Z^o, wurden 1960 von Sheldon Glashow von der Harvard-Universität errechnet und 1961 veröffentlicht. Seine Theorie war nicht vollständig, aber sie ließ doch die Möglichkeit erkennen, die schwache und die elektromagnetische Wechselwirkung in einer Theorie zusammenzufassen. Das entscheidende Problem war, daß nach der Theorie die W-Teilchen anders als das Photon nicht nur Ladung tragen, sondern auch Masse haben mußten, wodurch es unmöglich wird, die Theorie zu renormieren, und außerdem die Analogie zum Elektromagnetismus hinfällig wird, bei dem das Photon masselos ist. Sie müssen Masse haben, weil die schwache Wechselwirkung nur eine kurze Reichweite hat: Wären sie masselos, so wäre die Reichweite unendlich wie bei der elektromagnetischen Wechselwirkung. Das Problem liegt jedoch nicht so sehr bei der Masse selbst, sondern beim Spin der Teilchen. Nach den Quantenregeln können alle masselosen Teilchen wie das Photon nur einen Spin haben, der parallel oder antiparallel zu ihrer Bewegungsrichtung liegt. Bei einem Teilchen mit Masse wie dem Teilchen W kann der Spin auch senkrecht zur Bewegungsrichtung liegen, und dieser zusätzliche Spin-Zustand verursacht all die Probleme. Wären die W's masselos, dann gäbe es eine Art von Symmetrie zwischen dem W und dem Photon und damit auch zwischen der schwachen und der elektromagnetischen Wechselwirkung, so daß es möglich wäre, sie in einer renormierbaren Theorie, die beide Kräfte erklären würde, zusammenzufassen. Das Problem entsteht dadurch, daß diese Symmetrie »gebrochen« ist.

Was kann man sich darunter vorstellen, daß eine mathematische Symmetrie gebrochen ist? Das beste Beispiel liefert der Magnetismus. Man kann sich einen Stab aus magnetischem Material so vorstellen, als enthielte er eine Vielzahl von winzigen inneren Magneten, die den einzelnen Atomen entsprechen. Ist das magnetische Material heiß, so drehen sich diese winzigen inneren Magnete, prallen zufällig aufeinander und weisen in alle Richtungen, und der Stab insgesamt besitzt kein Magnetfeld, keine magnetische Asymmetrie. Wird er aber unter eine bestimmte Temperatur, die sogenannte Curietemperatur, abgekühlt, so nimmt er plötzlich einen magnetisierten Zustand an, und all die inneren Magneten werden im gleichen Sinne ausgerichtet. Bei hoher Temperatur entspricht dem niedrigsten Energiezustand keine Magnetisierung, bei niedriger Temperatur sind im niedrigsten Energiezustand die inneren Magneten ausgerichtet (in welcher Richtung, ist gleichgültig). Die Symmetrie ist gebrochen, und die Veränderung kam dadurch zustande, daß die thermische Energie der Atome bei hohen Temperaturen die magnetischen Kräfte überwiegt, während bei niedrigen Temperaturen die magnetischen Kräfte die thermische Bewegung der Atome überwiegen.

Ende der 60er Jahre traten Abdus Salam, der am Imperial College in London tätig war, und Steven Weinberg aus Harvard unabhängig voneinander mit einem Modell der schwachen Wechselwirkung hervor, das aus der mathematischen Symmetrie abgeleitet war, die Glashow Anfang der 60er Jahre und unabhängig von ihm Salam einige Jahre später entwickelt hatten. In der neuen Theorie erfordert die Symmetriebrechung ein neues Feld, das Higgsfeld, und dazugehörige Teilchen, ebenfalls Higgs genannt. Die elektromagnetische und die schwache Wechselwirkung werden zu einem einzigen symmetrischen Eichfeld zusammengefaßt, der elektroschwachen Wechselwirkung, die durch masselose Bosonen vermittelt wird. Der niederländische Physiker Gerard t'Hooft zeigte 1971, als man begann, diese Theorie ernstzunehmen, daß es sich um eine renormierbare Theorie handelt. 1973 fanden sich schließlich Beweise für das Z^0-Teilchen, und die elektroschwache Theorie war eindeutig bewiesen. Die kombinierte Wechselwirkung »funktioniert« nur unter Bedingungen sehr hoher Energiedichte, wie sie im Urknall vorliegen, während sie bei niedrigeren Energien spontan in der Weise zerfällt, daß die massereichen W- und Z^0-Teilchen auftreten und die elektromagnetische beziehungsweise die schwache Wechselwirkung ihre getrennten Wege gehen.

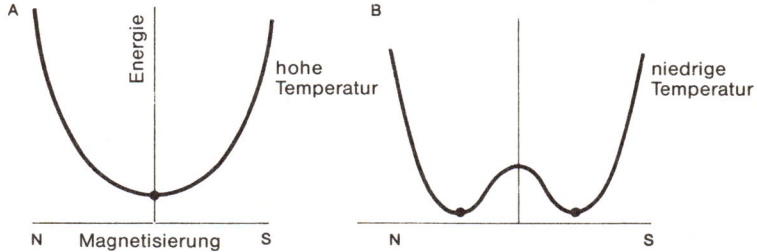

Abbildung E.5 *Symmetriebrechung erfolgt, wenn ein Stab aus magnetischem Material abgekühlt wird.*

Die Bedeutung dieser neuen Theorie kann man daran ermessen, daß Glashow, Salam und Weinberg dafür 1979 gemeinsam den Nobelpreis erhielten, obwohl es zu diesem Zeitpunkt noch keinen direkten experimentellen Beweis dafür gab, daß ihre Idee richtig war. Doch im Frühjahr 1983 berichteten die CERN-Forscher in

Genf von Teilchenexperimenten bei sehr hohen Energien (die man erreichte, indem man einen Strahl von energiereichen Protonen frontal auf einen Strahl von energiereichen Antiprotonen prallen ließ), deren Ergebnisse sich am besten erklären lassen mit W- und Z^o-Teilchen mit einer Masse von etwa 80 GeV beziehungsweise 90 GeV. Diese stimmen sehr gut mit den Vorhersagen der Theorie überein, und die Glashow-Salam-Weinberg-Theorie ist insofern eine »gute« Theorie, als sie überprüfbare Vorhersagen macht, im Unterschied zu Glashows älterer Theorie. In der Zwischenzeit sind die Theoretiker nicht müßig gewesen. Wenn sich zwei Wechselwirkungen in einer Theorie zusammenfassen lassen, warum sollte dann nicht eine große einheitliche Theorie möglich sein, die alle fundamentalen Wechselwirkungen einschließt? Einsteins Traum ist seiner Verwirklichung so nahegerückt wie noch nie, aber nicht in der Form einer Symmetrie, sondern einer Supersymmetrie und Superschwerkraft.

Superschwerkraft

Das Problem mit den Eichtheorien ist, abgesehen von der Schwierigkeit der Renormierung, daß sie nicht eindeutig sind. Nicht nur, daß die einzelne Eichtheorie unendliche Größen enthält, die durch Renormierung zurechtgestutzt werden müssen, damit die Theorie der Realität entspricht, sondern es gibt außerdem eine unendliche Zahl von möglichen Eichtheorien, und diejenigen, die man auswählt, um die Wechselwirkungen der Physik zu beschreiben, müssen ebenso *ad hoc* zurechtgestutzt werden, damit sie mit den Beobachtungen der realen Welt übereinstimmen. Was noch schlimmer ist, die Eichtheorien sagen nichts darüber aus, wieviele verschiedene Teilchenarten es geben sollte, wieviele Baryonen oder Leptonen (Teilchen aus der gleichen Familie wie das Elektron) oder Eichbosonen oder was auch immer. Die Physiker möchten die physikalische Welt gern mit Hilfe einer eindeutigen Theorie erklären, die nur eine bestimmte Anzahl von bestimmten Teilchenarten fordert. Ein Schritt in Richtung auf eine solche Theorie wurde 1974 mit der Erfindung der Supersymmetrie getan.

Die Idee stammte von Julius Wess von der Universität Karlsruhe und von Bruno Zumino von der University of California in Berkeley. Ausgangspunkt der beiden war eine Hypothese darüber, wie eine vollkommen symmetrische Welt beschaffen sein müßte, in der jedem Fermion ein Boson mit der gleichen Masse entsprechen würde. In der Natur beobachten wir solche Symmetrie nicht, aber das könnte man damit erklären, daß die Symmetrie gebrochen wurde wie im Falle der elektromagnetischen und der schwachen Wechselwirkung. Mathematisch ergeben sich natürlich Möglichkeiten, die Supersymmetrien zu beschreiben, die während des Urknalls existieren, dann aber in der Weise gebrochen werden, daß die bekannten physikalischen Teilchen eine kleine Masse annehmen, während ihre Superpartner sehr große Masse behalten. Die Superteilchen könnten dann nur für eine sehr kurze Zeit existieren, ehe sie in einen Schauer von weniger massereichen Teilchen zerbrechen; um heute die Superteilchen zu erzeugen, müßten wir Bedingungen schaffen wie im Urknall, mit wirklich sehr hohen Energien, und es wird niemanden überraschen, daß selbst die kollidierenden Protonen-Antiprotonen-Strahlen bei CERN sie nicht erzeugen können.

Das alles ist noch mit sehr viel »Wenn und Aber« versehen. Es weist aber auch einen großen Pluspunkt auf. Es gibt immer noch verschiedene Spielarten einer supersymmetrischen Feldtheorie, die das Thema variieren, aber alle enthalten Einschränkungen der Symmetrie, und das bedeutet, daß die Theorie nur die Existenz einer begrenzten Anzahl verschiedener Teilchenarten zuläßt. Einige Versionen enthalten Hunderte von verschiedenen fundamentalen Teilchen, eine entmutigende Perspektive, doch andere lassen sehr viel weniger Teilchen zu, und keine der Theorien sagt voraus, daß die Zahl der »fundamentalen« Teilchen unendlich sein könnte. Was noch besser ist: Die Teilchen sind in den einzelnen supersymmetrischen Theorien in Verwandtschaftsgruppen zusammengefaßt. In der einfachsten Version gibt es nur ein Boson mit Spin Null und einen Partner mit Spin 1/2, eine kompliziertere Version hat zwei Bosonen mit Spin 1, ein Fermion mit Spin 1/2 und ein Fermion mit Spin 3/2 usw. Die beste Nachricht kommt aber noch. Bei Supersymmetrien braucht man sich wegen der Renormierung keine Gedanken zu machen. In einigen dieser Theorien braucht man die unendlichen Größen nicht *ad hoc* zu

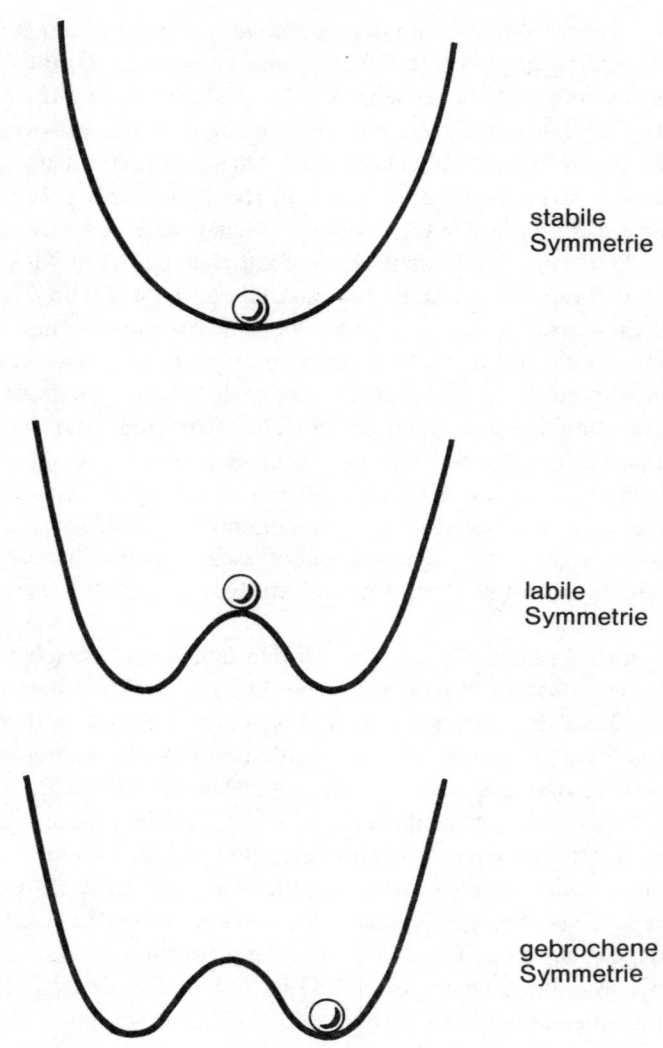

stable
Symmetrie

labile
Symmetrie

gebrochene
Symmetrie

Abbildung E.6 *Die Brechung der magnetischen Symmetrie in Abbildung E.5 kann man am Beispiel einer Kugel in einem Tal erklären. Bei nur einem Tal ist die Kugel in einem stabilen symmetrischen Zustand. Sind zwei Täler da, so ist die symmetrische Position instabil, und die Kugel muß irgendwann – eher früher als später – unter Brechung der Symmetrie in das eine oder andere Tal rollen.*

beseitigen, sondern sie heben sich von selbst auf, ohne daß man die Regeln der Mathematik verletzen müßte, und es bleiben vernünftige endliche Größen übrig.

Die Supersymmetrie macht sich gut, aber sie ist noch nicht das letzte Wort. Etwas fehlt noch, und die Physiker wissen nicht, was. Verschiedene Theorien stimmen recht gut mit verschiedenen Erscheinungen der realen Welt überein, aber keine supersymmetrische Theorie erklärt die gesamte reale Welt. Es gibt allerdings eine supersymmetrische Theorie, die besondere Erwähnung verdient. Man nennt sie die $N = 8$ Superschwerkraft.

Dieser Superschwerkraft liegt ein hypothetisches Teilchen zugrunde, das Graviton, welches das Gravitationsfeld trägt. Es wird begleitet von acht weiteren Teilchen (daher das $N = 8$), Gravitinos genannt, 56 »realen« Teilchen wie etwa Quarks und Elektronen und 98 Teilchen, die Wechselwirkungen vermitteln (Photonen, W's und viele weitere Gluonen). Das ist eine eindrucksvolle Zahl von Teilchen, aber die Theorie sagt sie exakt voraus und läßt weitere Teilchen nicht zu. Vor welchen Schwierigkeiten die Physiker bei der Überprüfung der Theorie stehen, läßt sich am Beispiel der Gravitinos zeigen. Bislang hat man diese Teilchen nicht gefunden, und dafür gibt es zwei diametral entgegengesetzte Gründe. Möglicherweise sind die Gravitinos unfaßbare, geisterhafte Teilchen mit ganz geringer Masse, die nie mit irgend etwas wechselwirken. Sie könnten aber auch so massereich sein, daß unsere heutigen Teilchenbeschleuniger nicht die nötige Energie bereitstellen können, damit man sie erzeugen und beobachten kann.

Die Probleme sind immens, doch für Theorien wie die Superschwerkraft spricht zumindest, daß sie widerspruchsfrei und endlich sind und nicht renormalisiert werden müssen. Sie vermitteln einem das Gefühl, daß die Physiker auf der richtigen Spur sind. Wie können sie aber jemals sicher sein, wenn die Teilchenbeschleuniger nicht ausreichen, um die Theorien zu überprüfen? Wegen dieser Unzulänglichkeit nimmt die Kosmologie, die das gesamte Universum erforscht, heute einen solchen Aufschwung. Heinz Pagels, geschäftsführender Direktor der New Yorker Akademie der Wissenschaften, sagte 1983: »Wir sind bereits in die Ära einer Physik nach dem Beschleuniger eingetreten, für welche die gesamte Geschichte des Universums zum Prüfgelände der fundamentalen Physik wird.«[6] Umgekehrt widmen sich die Kosmologen mit nicht geringerem Eifer der Teilchenphysik.

Ist das Universum eine Vakuumfluktuation?

Vielleicht ist die Kosmologie in Wirklichkeit nur ein Zweig der Teilchenphysik. Es gibt nämlich eine Konzeption, die man zunächst für vollkommen verrückt hielt, die es aber im Laufe der letzten zehn Jahre zu dem beinahe respektablen Stand gebracht hat, daß man sie bloß noch als unerhört betrachtet; nach dieser Konzeption ist das Universum mit allem, was es enthält, nicht mehr und nicht weniger als eine jener Vakuumfluktuationen, die es zulassen, daß Anhäufungen von Teilchen aus dem Nichts hervorbrechen, eine Weile existieren und dann wieder vom Vakuum verschluckt werden. Die Konzeption ist sehr eng mit der Möglichkeit verknüpft, daß das Universum schwerkraftmäßig geschlossen sein könnte. Ein Universum, das im Feuerball eines Urknalls geboren wird, sich eine Weile ausdehnt, um dann wieder zu einem Feuerball zu schrumpfen und zu verschwinden, *ist* eine Vakuumfluktuation, wenn auch in sehr großem Maßstab. Falls die Schwerkraft des Universums genau die Waage hält zwischen endloser Ausdehnung und letztendlichem Wiedereinsturz, müssen sich die negative Gravitationsenergie des Universums und die positive Massenenergie der gesamten, in ihm enthaltenen Materie gegenseitig aufheben. Ein geschlossenes Universum hat die Gesamtenergie Null, und es ist nicht so schwierig, mit der Gesamtenergie Null aus einer Vakuumfluktuation etwas zu machen, wenngleich es ein ganz anständiges Kunststück ist, dafür zu sorgen, daß all die Teilchen sich voneinander entfernen und daß sich vorübergehend die ganze faszinierende Vielfalt ergibt, die wir um uns herum beobachten.

Mir liegt diese Idee besonders am Herzen, weil ich in den 70er Jahren an ihrer Neuformulierung beteiligt war. Sie läßt sich bis zu Ludwig Boltzmann zurückverfolgen, dem Physiker des 19. Jahrhunderts, der die moderne Thermodynamik und die statistische Mechanik mitbegründet hat. Da das Universum sich im thermodynamischen Gleichgewicht befinden müßte, es aber offensichtlich nicht ist, könnte, so spekulierte Boltzmann, seine gegenwärtige Erscheinung das Ergebnis einer zeitweiligen Abweichung vom Gleichgewicht sein, die nach den Gesetzen der Statistik zulässig ist, vorausgesetzt, daß im Mittel das Gleichgewicht langfristig erhalten bleibt. Die Wahrscheinlichkeit dafür, daß es in der Größenordnung des beobachtbaren Universums zu einer solchen Fluktuation kommt, ist äußerst gering, aber falls das Universum seit unendlicher Zeit in einem stetigen Zustand existierte, wäre es praktisch sicher, daß es schließlich zu einem solchen Ereignis kommt, und da nur eine Abweichung vom Gleichgewicht die Existenz von Leben zuläßt, ist es nicht erstaunlich, daß wir uns jetzt in einer der seltenen Abweichungen des Universums vom Gleichgewicht befinden.

Boltzmann fand mit seinen Vorstellungen keinen Anklang, doch in Variationen kam das Thema immer wieder auf. Jene Variation, die mein Interesse weckte und über die ich 1971 in *Nature* schrieb, bestand in der Vorstellung, daß das Universum, im Feuer geboren, sich ausdehnen und wieder in Nichts zusammenstürzen könnte.[7] Zwei Jahre später reichte Edward Tryon von der City University von New York bei *Nature* einen Artikel ein, in dem der Gedanke, daß der Urknall eine Vakuumfluktuation sein könnte, weiterentwickelt wurde, und in seinem Begleitschreiben erklärte Tryon, daß mein anonym erschienener Artikel der Ausgangspunkt für seine Überlegungen gewesen sei.[8] Ich habe also ein spezielles Interesse an diesem kosmologischen Modell. Doch wird jetzt Tryon natürlich vollkommen zu Recht das Verdienst zuerkannt, die Vorstellung vom Universum als einer Vakuumfluktuation in moderner Formulierung vorgetragen zu haben. Vorher ist niemand auf den Gedanken gekommen, doch wie Tryon bei dieser Gelegenheit darlegte, kann das Universum, falls seine Energiebilanz gleich Null ist, gemäß

$$\Delta E \Delta t = h/2\pi$$

tatsächlich sehr lange existieren. »Ich behaupte nicht, daß Welten wie die unsere häufig vorkommen, sondern nur, daß die zu erwartende Häufigkeit ungleich Null ist«, sagte er. »Aus der Logik der Sache ergibt sich jedoch, daß Beobachter sich stets in Welten befinden, die imstande sind, Leben hervorzubringen, und solche Universen sind von imponierender Größe.«

Zehn Jahre lang blieb die Idee unbeachtet. In letzter Zeit beginnt man jedoch, sich ernsthaft mit einer neuen Version zu befassen. Aus den Berechnungen hatte sich, anders als Tryon zunächst hoffte, ergeben, daß ein neues, als Vakuumfluktuation entstandenes »Quantenuniversum« wirklich winzig sein würde, ein kurzlebiges Phänomen, das nur einen geringen Bruchteil der Raumzeit ausfüllen würde. Dann fanden Kosmologen jedoch eine Möglichkeit, dieses winzige Universum in einer dramatischen Expansion aufblühen zu lassen, so daß es in weniger als einem Augenblick zur Größe des Universums, in dem wir leben, anwachsen konnte. »Inflation« ist das Schlagwort der Kosmologen in der Mitte der 80er Jahre, und die Inflation oder Aufblähung könnte vielleicht erklären, wie aus einer winzigen Vakuumfluktuation das Universum, in dem wir leben, entstanden sein kann.

Aufblähung (Inflation) und Universum

An weiteren Teilchen, die es vielleicht im Universum geben könnte, waren die Kosmologen schon vorher interessiert, weil sie ständig Ausschau halten nach der »fehlenden Masse«, die dafür sorgen würde, daß wir ein geschlossenes Universum haben. Was sie besonders gut brauchen könnten, sind Gravitinos mit einer Masse von etwa 1000 eV pro Teilchen: Sie würden nicht nur zu einem geschlossenen Universum beitragen, sondern nach den Gleichungen, die die Ausdehnung des Universums nach dem Urknall beschreiben, wären solche Teilchen genau das Richtige, um die Bildung von Materieansammlungen von der Größe der Galaxien zu ermöglichen. Neutrinos mit einer Masse von etwa 10 eV wären genau das Richtige, um die Entstehung von Ansammlungen von Materie in der Größenordnung von Galaxienhaufen zu ermutigen usw. In den letzten Jahren ist das Interesse der Kosmologen an der Teilchenphysik noch stärker gewachsen, weil nach der neuesten Interpretation der Symmetriebrechung die gebrochene Symmetrie selbst die treibende Kraft gewesen sein könnte, die unsere Raum-Zeit-Blase in ihren Expansionszustand versetzt hat.

Die Idee stammt ursprünglich von Alan Guth vom Massachusetts Institute of Technology. Sie ist aus der Vorstellung abgeleitet, daß in einer sehr heißen, sehr dichten Phase des Universums alle physikalischen Wechselwirkungen (mit Ausnahme der Schwerkraft; die Theorie schließt noch nicht die Supersymmetrie ein) in einer einzigen symmetrischen Wechselwirkung vereint waren. Als sich das Universum abzukühlen begann, wurde die Symmetrie gebrochen, und die grundlegenden Kräfte der Natur – der Elektromagnetismus und die starke sowie die schwache Kernkraft – gingen ihre eigenen Wege. Selbstverständlich ist der Zustand des Universums vor und nach der Symmetriebrechung grundlegend verschieden. Der Wechsel von einem Zustand zum anderen ist so etwas wie ein Phasenübergang, ähnlich wie beim Wasser, wenn es zu Eis gefriert oder sich am Siedepunkt in Dampf verwandelt. Doch im Unterschied zu diesen vertrauten Phasenübergängen muß die Brechung der Symmetrie im frühen Universum der Theorie zufolge eine ungeheuer große abstoßende Gravitationskraft erzeugt haben, die im Bruchteil einer Sekunde alles auseinandergesprengt hat.

Wir sprechen hier von den ganz frühen Anfängen des Universums, bevor es etwa 10^{-35} sec alt war und die »Temperatur« mehr als 10^{28} K betragen haben dürfte, sofern es überhaupt einen Sinn hat, bei einem solchen Zustand von Temperatur zu sprechen. Die durch die Symmetriebrechung hervorgerufene Expansion dürfte exponentiell gewesen sein und die Größe jedes winzigen Raumvolumens alle 10^{-35} sec verdoppelt haben. Durch diese rasante Expansion dürfte sich ein Gebiet von der Größe eines Protons innerhalb von sehr viel weniger als einer Sekunde bis zur Größe des heute beobachtbaren Universums aufgebläht haben. Innerhalb dieses expandierenden Gebiets der Raumzeit werden sich dann durch einen weiteren Phasenübergang Blasen der von uns als normal angesehenen Raumzeit entwickelt haben und gewachsen sein.

Guth hat in seiner ersten Version des sich aufblähenden Universums nicht zu erklären versucht, woher die erste winzige Blase kam. Es ist jedoch sehr verlockend, sie mit einer Vakuumfluktuation gleichzusetzen, wie Tryon sie beschrieben hat.

Diese dramatische Sicht des Universums löst eine ganze Reihe kosmologischer Rätsel, nicht zuletzt den sehr bemerkenswerten Zufall, daß unsere Blase der Raumzeit sich in einem Tempo auszudehnen scheint, das gerade an der Grenze zwischen einem offenen und einem geschlossenen Universum liegt. Die Theorie vom sich aufblähenden Universum *fordert*, daß wegen des Verhältnisses zwischen der Masse/Energie-Dichte der Blase und der aufblähenden Kraft genau dieses Gleichgewicht erreicht wird. Dieses Bild – und das ist noch atemberaubender – weist uns eine ganz unbedeutende Rolle im Universum zu, denn ihm zufolge befindet sich alles, was wir im Universum beobachten können, innerhalb einer Blase, die sich wiederum in einer Blase eines sehr viel größeren expandierenden Ganzen befindet.

Wir leben in einer erregenden Zeit, denn offenbar stehen wir, was unser Verständnis des Universums betrifft, vor einem Durchbruch, der, wie Dirac vorhersagte, ebenso bedeutsam sein wird wie der Schritt vom Bohrschen Atom zur Quantenmechanik. Ich finde es besonders faszinierend, daß ich auf der Suche nach Schrödingers Katze beim Urknall, der Kosmologie, der Superschwerkraft und dem sich aufblähenden Universum gelandet bin, denn in einem früheren Buch mit dem Titel *Spacewarps* hatte ich mich daran gemacht, die Geschichte der Schwerkraft und der allgemeinen Relativitätstheorie zu erzählen, und bin an demselben Punkt gelandet. Ursprünglich hatte ich das weder in dem einen noch im anderen Falle beabsichtigt; die Superschwerkraft scheint in beiden Fällen so etwas wie ein natürlicher Endpunkt zu sein, und das deutet möglicherweise darauf hin, daß die Vereinigung der Quantentheorie und der Schwerkraft sich am Horizont abzeichnet. Noch ist aber kein eindeutiger Abschluß zu erkennen, und ich hoffe, daß es ihn nie geben wird. »Eine der Möglichkeiten«, hat Richard Feynman gesagt, »die Wissenschaft zum Stillstand zu bringen, bestünde darin, Experimente nur in solchen Gebieten zu machen, deren Gesetze man kennt.« Der Physik geht es darum, das Unbekannte zu erkunden, und »was wir brauchen, ist Phantasie, aber Phantasie mit einer schrecklichen Zwangsjacke. Was wir finden müssen, ist eine neue Sicht der Welt, die mit allem, was wir wissen, übereinstimmen muß, aber irgendwo in ihnen Vorhersagen abweicht, sonst ist sie nicht interessant. Und in dieser Abweichung muß sie mit der Natur übereinstimmen. Wenn es Ihnen gelingt, eine andere Sicht der Welt zu entdecken, die mit allem, was bereits beobachtet wurde, übereinstimmt, aber in einer anderen Hinsicht abweicht, dann haben Sie eine große Entdeckung gemacht. Das ist nahezu, aber nicht gänzlich unmöglich«.[9]

Wenn es jemals dazu kommen sollte, daß es in der Physik keine unerledigten Fragen mehr gibt, wird es auf der Welt sehr viel langweiliger sein, und deshalb lasse ich Sie gern mit offenen Fragen, verheißungsvollen Andeutungen und der Aussicht zurück, daß es noch mehr Geschichten zu erzählen geben wird, die alle genauso faszinierend sind wie die Geschichte von Schrödingers Katze.

Anmerkungen

1. KAPITEL

1 Zitiert aus Ernest Ikenberry, *Quantum Mechanics*, S. 2; siehe Bibliographie.

2. KAPITEL

1 Vielerorts zitiert, so auch in *Invitation to Physics* von Jay M. Pasachoff und Marc L. Kutner, S. 3.

2 Zitiert nach *The Historical Development of Quantum Theory*, Bd. 1, S. 16, von Jagdish Mehra und Helmut Rechenberg.

3 Einstein in den von ihm selbst »Autobiographisches« betitelten Notizen, in: P. A. Schilpp (Hrsg.), *Albert Einstein als Philosoph und Naturforscher*, Stuttgart 1949, S. 18.

4 »Entwarf« ist hier das richtige Wort. J. J. Thomson war notorisch ungeschickt und plante glänzende Experimente, die andere dann durchführten; sein Sohn George wird mit den Worten zitiert: J. J. (so nannte man ihn allgemein) »konnte die Fehler einer Apparatur zwar mit unheimlicher Genauigkeit diagnostizieren, aber die Bedienung durfte man ihm nicht überlassen«. (Siehe Barbara Lovett Cline, *The Questioners*, S. 13.)

5 Der Bildschirm Ihres Fernsehgerätes ist Teil einer solchen Röhre, einer Kathodenstrahlröhre; die Kathodenstrahlen, die Ihr Fernsehbild zeichnen, sind Elektronen, die durch Änderungen von Magnetfeldern gelenkt, über den Schirm wandern, wie in Thomsons Versuchen.

3. KAPITEL

1 Zitiert nach Armin Hermann, *Frühgeschichte der Quantentheorie (1899–1913)*, Mesbach, Physik-Verlag 1969, S. 31–32.

2 Siehe *Physik und Philosophie*, S. 13.

3 Siehe Kleins Beitrag zu *Some Strangeness in the Proportion*, hg. von

Harry Woolf. Thomas Kuhn vom MIT geht im gleichen Band noch weiter als die meisten Autoritäten und behauptet, Planck habe »nicht die Konzeption eines diskreten Energiespektrums gehabt, als er die ersten Ableitungen aus seinem Verteilungsgesetz für die Strahlung des schwarzen Körpers vortrug«, und Einstein habe als erster »die wesentliche Rolle der Quantisierung in der Theorie des schwarzen Strahlers« erkannt; »nicht Planck, sondern Einstein hat als erster den Planckschen Oszillator quantisiert«, sagt Kuhn. Diese akademische Debatte können wir auf sich beruhen lassen; es steht aber außer Zweifel, daß Einsteins Beiträge für die Entwicklung der Quantentheorie entscheidend waren.

4. KAPITEL

1 Nach einer anderen Version war der Umzug das Ergebnis einer Meinungsverschiedenheit zwischen Bohr und Thomson über Thomsons Modell des Atoms, das Bohr nicht gefiel, und J. J. gab stillschweigend zu verstehen, daß Rutherford für Bohrs Ideen aufgeschlossener sein könnte. Siehe E. U. Condon, zitiert von Max Jammer auf S. 69 von *The Conceptual Foundations of Quantum Mechanics.*

2 Nach der vollständigen Quantentheorie ist das Licht *sowohl* Teilchen *als auch* Welle, aber so weit sind wir noch nicht.

3 Eine einfache Version der Formel besagt, daß man die Wellenlängen der ersten vier Wasserstofflinien erhält, wenn man eine Konstante $(36,456 \times 10^{-5})$ mit 9/5, 16/12, 25/21 und 36/32 multipliziert. Der Zähler der in der Formel auftretenden Brüche ist gegeben durch die Folge der Quadrate 3^2, 4^2, 5^2, 6^2; der Nenner besteht aus Differenzen von Quadraten, $3^2 - 2^2$, $4^2 - 2^2$, usw.

4 Wenn wir es mit Elektronen und Atomen zu tun haben, sind die gewohnten Energieeinheiten zu unhandlich, und die geeignete Maßeinheit ist das Elektronenvolt (eV), das die Energie angibt, die ein Elektron aufnimmt, wenn es eine Spannung von einem Volt durchläuft. Die Einheit wurde 1912 eingeführt. In einem uns vertrauteren Maß ausgedrückt, ist ein Elektronenvolt $1,602 \times 10^{-13}$ Joule, und ein Watt ist ein Joule pro Sekunde. Eine normale Glühbirne verbraucht etwa 100 Watt Energie, und wenn Sie wollen, können Sie das durch etwas weniger als $6,2 \times 10^{12}$ eV pro Sekunde ausdrücken. Es klingt sicher eindrucksvoller, wenn ich sage, meine Lampe strahle sechseinviertel Billionen Elektronenvolt pro Sekunde ab, aber die Energie ist dieselbe, wie ich von einer Hundert-Watt-Birne spreche. Bei den Elektronenübergängen, die Spektrallinien erzeugen, geht es um Energien von wenigen eV; um das Elektron aus einem Wasserstoffatom herauszuschlagen, ist bloß 13,6 eV erforderlich. Die Energien von Teilchen, die durch radioaktive Vorgänge entstehen, betragen mehrere Millionen Elektronenvolt (MeV).

5 Die Balmer-Serie im Spektrum des Wasserstoffs entspricht tatsächlich den Übergängen, die auf der zweiten Stufe enden.

6 Zitiert in Mehra und Rechenberg, a. a. O., Bd. 1, S. 357.

7 Zitiert nach *Albert Einstein: Philosopher Scientist*, P. A. Schilpp, Hrsg., Tudor Publishing Company, New York, S. 44–46.

8 Was die Einfachheit der Chemie angeht, so übertreibe ich hier natürlich. Das »nur wenig mehr«, das man braucht, um kompliziertere Moleküle zu erklären, wurde am Ende der 20er und am Anfang der 30er Jahre auf der Grundlage der voll ausgebauten Quantenmechanik entwickelt. Den größten Anteil daran hatte Linus Pauling, heute eher als Friedenskämpfer und Verfechter des Vitamins C bekannt; für diese Leistung erhielt er 1954 den ersten seiner zwei Nobelpreise – im Wortlaut »für seine Erforschung der Natur der chemischen Bindung und ihre Anwendung auf die Aufklärung der Struktur komplexer Substanzen«. Die von Pauling, einem Physikchemiker, mit Hilfe der Quantentheorie aufgeklärten »komplexen Substanzen« bahnten den Weg zur Erforschung der Moleküle des Lebens. Daß die Quantenchemie für die Molekularbiologie von entscheidender Bedeutung ist, erkennt Horace Judson in seinem epischen Werk *The Eigth Day of Creation* an; auf Einzelheiten kann ich hier leider nicht eingehen.

5. KAPITEL

1 Die Solvay-Kongresse waren wissenschaftliche Begegnungen, die von Ernest Solvay finanziert wurden. Er war ein belgischer Chemiker, der mit seinem Verfahren der Sodaherstellung ein Vermögen gemacht hatte. Weil er an abstrakteren Fragen der Naturwissenschaft interessiert war, förderte er diese Begegnungen, bei denen die führenden Physiker der Zeit sich kennenlernen und ihre Ansichten austauschen konnten.

2 Die Zitate in diesem Abschnitt stammen aus Abraham Pais, *Subtle Is the Lord* (nicht aus der jüngst erschienenen deutschen Ausgabe: *Raffiniert ist der Herrgott*, Braunschweig 1986).

3 Der Theoretiker Peter Debye berechnete den »Comptoneffekt« unabhängig etwa zur gleichen Zeit und schlug in einem Artikel ein Experiment vor, durch das die Idee nachgeprüft werden könnte. Als der Artikel erschien, hatte Compton das Experiment bereits gemacht.

4 Die Zitate aus Schriften von de Broglie und Bragg sind entnommen aus Max Jammer, *The Conceptual Development of Quantum Mechanics*.

5 Siehe Jammer, a. a. O.

6 Es wurde erst 1932 von James Chadwick entdeckt, der dafür 1935 den Nobelpreis erhielt, ganze zwei Jahre, bevor die Arbeit von Davisson und Thomson die gleiche Anerkennung fand.

7 Aus diesen Experimenten könnten sich praktische Anwendungen erge-

ben, z. B. ein »Neutronenmikroskop«. Siehe *New Scientist, 2.* September 1982, S. 631.

8 Tatsächlich hatte Arthur Compton bereits 1920 erwogen, daß das Elektron einen Spin haben könnte, aber das war in einem anderen Zusammenhang gewesen, und Kronig wußte davon nicht.

9 Die 2π treten hier auf, weil es in einem vollständigen Kreis von 360° so viele Einheitswinkel gibt. Die fundamentale Einheit $h/2\pi$ wird gewöhnlich geschrieben als $\hbar$. Wir benützen $\hbar$ nur in den Anmerkungen.

10 Siehe zum Beispiel den *Briefwechsel* zwischen Born und Einstein. In einem Brief vom 12. Februar 1921 schreibt Born: »Paulis Enzyklopädieartikel soll fertig sein und 2½ kg Papiergewicht haben – woraus das geistige Gewicht zu ermessen ist. Der kleine Kerl ist doch nicht nur klug, sondern auch fleißig.« Der kluge kleine Kerl erwarb 1921 seinen Doktorgrad, kurz bevor er für eine kurze Zeit Borns Assistent wurde.

11 Die Zitate in diesem Abschnitt stammen aus Max Born, *Vorlesungen über Atommechanik,* Berlin 1925, S. V und VI.

12 Einstein brachte diese Zweifel auch in seinem Briefwechsel mit Born zum Ausdruck; siehe *Briefwechsel,* S. 44.

13 *The Conceptual Development of Quantum Mechanics,* S. 196.

6. *KAPITEL*

1 *Der Teil und das Ganze,* S. 89 f.

2 *Physik und Philosophie,* S. 21–22.

3 Zitiert nach Mehra und Rechenberg, a. a. O., Bd. 4, S. 159.

4 In der Diracschen Fassung der Quantenmechanik wird ein wichtiger Ausdruck in den Hamiltonschen Gleichungen ersetzt durch den quantenmechanischen Ausdruck $(ab - ba)/i\hbar$, was nur eine andere Form des Ausdrucks ist, den Born, Heisenberg und Jordan in ihrer Dreimännerarbeit als »fundamentale quantenmechanische Beziehung« bezeichneten. Diese Arbeit wurde vor dem Erscheinen von Diracs Arbeit zur Quantenmechanik verfaßt, aber nach ihr veröffentlicht.

5 Dirac hat mit der ihn auszeichnenden wahren Bescheidenheit geschildert, wie leicht es war, voranzukommen, nachdem bekannt war, daß die korrekten Quantengleichungen einfach klassische Gleichungen waren, nur in die Hamiltonsche Form gebracht. Um eines der vielen kleinen Probleme der Quantentheorie zu lösen, brauchte man bloß die entsprechenden klassischen Gleichungen aufzustellen und sie in Hamiltonsche Gleichungen umzuwandeln, und schon war das Problem gelöst. »Es war ein Spiel, ein sehr interessantes Spiel, das man spielen konnte. Wann immer man eines der kleinen Probleme löste, konnte man einen Artikel darüber schreiben. Für einen zweitklassigen Physiker war es damals sehr leicht, erstklassige Arbeit zu leisten. So glänzende Zeiten hat es

seither nicht mehr gegeben. Jetzt ist es für einen erstklassigen Physiker sehr schwer, zweitklassige Arbeit zu leisten.« (*Directions in Physics,* S. 7).

6 Die Unbestimmtheitsrelation gilt auch in unserer Alltagswelt, aber weil p und q hier soviel größer sind als $\hbar$, macht die Unschärfe nur einen winzigen Bruchteil der fraglichen makroskopischen Eigenschaft aus. Die Plancksche Konstante h ist etwa $6{,}6 \times 10^{-27}$, und π ist etwas größer als drei. Somit ist $\hbar$ abgerundet etwa 10^{-27}. Wir können den Ort und den Impuls einer über den Tisch rollenden Billardkugel mit beliebiger Genauigkeit messen, und die naturgegebene Unbestimmtheit, die dem 10^{-27}ten Bruchteil des Ortes und des Impulses entspricht, kann dabei praktisch vernachlässigt werden. Die Quanteneffekte werden nur dann bedeutsam, wenn die in den Gleichungen vorkommenden Größen etwa von der Größenordnung der Planckschen Konstante oder kleiner sind.

7 *Briefwechsel,* S. 272.

8 Nach seiner Meinung (und, um gerecht zu sein, der vieler anderer) nicht zu früh. Im *Briefwechsel* bemerkt er (S. 304):»Daß ich den Nobelpreis nicht zugleich mit Heisenberg (1932) erhielt, hat mich damals geschmerzt, trotz eines schönen Briefes von Heisenberg.« Die Verzögerung, mit der seine Arbeit zur statistischen Interpretation der Wellengleichung Anerkennung fand, führt er darauf zurück, daß Einstein, Schrödinger, Planck und de Broglie diese Deutung ablehnten – Namen, die das Nobelkomitee sicher nicht ohne weiteres abtun konnte –, und er erwähnt beiläufig die »Kopenhagener Schule, nach der heute fast überall die von mir geschaffene Gedankenrichtung der Physik genannt wird«, womit er andeutete, daß die Kopenhagener Deutung sich die statistischen Ideen zu eigen gemacht habe. Das sind nicht bloß ärgerliche Bemerkungen eines alten Mannes, sondern sie sind begründet; alle, die mit der Quantenmechanik zu tun hatten, waren über die verspätete Anerkennung von Borns Beitrag hocherfreut. Keiner war so erfreut wie Heisenberg, der später gegenüber Jagdish Mehra erklärte:»Ich war so *erleichtert,* als man Born den Nobelpreis zuerkannte.« (Mehra und Rechenberg, a. a. O., Bd. 4, S. 281).

7. *KAPITEL*

1 *Quantum Theory and Beyond,* S. 1.

2 *Subtle Is the Lord,* S. 8.

3 Der gleiche Vorgang spielt sich umgekehrt ab, wenn Kerne verschmelzen. Werden zwei leichte Kerne durch den Druck im Inneren eines Sterns aneinandergepreßt, so können sie nur verschmelzen, wenn sie die Potentialbarriere von außen überwinden. Die Energie, die ein Kern in dieser Situation besitzt, hängt von der Temperatur im Inneren des Sterns ab. Astrophysiker haben sich in den 20er Jahren darüber gewun-

dert, daß die errechnete Temperatur im Inneren der Sonne nicht ganz so hoch ist, wie sie sein müßte – die Kerne haben dort nicht genügend Energie, um gemäß der klassischen Mechanik die Potentialbarriere zu überwinden und zu verschmelzen. Die Lösung des Rätsels: Einige tunneln sich durch die Barriere, in Übereinstimmung mit den Regeln der Quantenmechanik. Die Quantentheorie gibt unter anderem eine Erklärung dafür, daß die Sonne scheint, während sie nach der klassischen Theorie nicht scheinen kann.

4 Eine Möglichkeit, durch Fusion Energie zu gewinnen, besteht in der Verschmelzung eines Wasserstoff-Isotops, das ein Proton und ein Neutron aufweist (Deuterium), mit einem anderen Isotop, das ein Proton und zwei Neutronen besitzt (Tritium). Das Resultat ist ein Heliumkern (zwei Protonen, zwei Neutronen), ein freies Neutron und 17,6 MeV Energie. In Sternen laufen kompliziertere Prozesse ab, darunter Kernreaktionen zwischen Wasserstoff und Kohlenstoff, der im Inneren der Sterne in geringen Mengen vorkommt. Im Endeffekt werden dabei vier Protonen zu einem Heliumkern verschmolzen, es werden zwei Elektronen und 26,7 MeV an Energie freigesetzt, und der Kohlenstoff geht wieder in den Kreislauf zurück, um einen weiteren Reaktionszyklus zu katalysieren. In Fusionlaboratorien hier auf der Erde erforscht man jedoch Prozesse, an denen Deuterium und Tritium beteiligt sind.

5 Tatsächlich gibt es noch einen weiteren Leitertyp, so daß Elektronen sich innerhalb des Valenzbandes bewegen können.

6 Bardeen hatte sich schon 1948 durch eine zusammen mit William Shockley und Walter Brittain gemachte Erfindung einen Namen gemacht, für welche die drei 1956 den Nobelpreis erhielten. Diese kleine Erfindung war der Transistor, und Bardeen ist der erste Wissenschaftler, der den Physikpreis zweimal erhielt.

7 Daß man den zentralen Bereich des Atoms als »Kern« bezeichnete, war eine bewußte Anlehnung an die schon bestehende biologische Terminologie.

8 *The Monkey Puzzle,* mit Jeremy Cherfas.

9 Z. B. in *Man Made Life* von Jeremy Cherfas.

8. KAPITEL

1 Hier ergibt sich allerdings ein köstlicher Zufall. Lernt man die Quantentheorie auf diesem Wege kennen, so scheint es vor allem auf die p's und q's der Unbestimmtheitsrelation anzukommen. Nun kennt (in England) jeder die alte Redewendung »mind your p's and q's«, zu deutsch: »gib höllisch acht!« Sie geht vermutlich darauf zurück, daß man Kinder‚die das Alphabet lernten, oder Buchdruckerlehrlinge, die mit beweglichen Lettern arbeiteten, ermahnte, auf die knifflige Unterscheidung zu achten, wo bei diesen Buchstaben die Kehrseite ist (*Brewer's*

Dictionary of Phrase and Fable, London 1981), aber jetzt könnte sie als Motto der Quantentheorie verstanden werden. Soweit ich weiß, hat man jedoch in den Quantengleichungen diese Buchstaben rein zufällig gewählt.

2 *The Character of Physical Law,* S. 130.

9. *KAPITEL*

1 A. Einstein, B. Podolsky und N. Rosen, »Can quantummechanical description of physical reality be considered complete?«, *Physical Review,* Bd. 47, S. 777–780, 1935. Die Arbeit ist wiederabgedruckt in dem von S. Toulmin herausgegebenen Band *Physical Reality,* Harper & Row, 1970.

2 Zitiert von Pais, *Subtle is the Lord,* S. 456.

3 Dies ist natürlich stark vereinfacht. Wir müssen uns vorstellen, daß die Elektronen bei ihrer Wechselwirkung tatsächlich viele Photonen austauschen. Auch wenn ich im folgenden von »einem Photon« spreche, das ein Positron-Elektron-Paar erzeugt, haben wir es in Wirklichkeit mit mehr als einem Photon zu tun, vielleicht mit einem Paar zusammenstoßender Gammastrahlen oder einer noch komplizierteren Situation.

4 Ausführlicher, aber in einer klaren, nicht-mathematischen Sprache werden diese Ideen erörtert in Kapitel 6 von Jayant Narlikars *The Structure of the Universe,* Oxford University Press 1977. Noch mehr ins Detail geht Paul Davies' *Space and Time in the Modern Universe,* Cambridge University Press 1977. Die mathematische Darstellung findet man teilweise bei J. N. Islam, *The Ultimate Fate of the Universe,* Cambridge University Press 1983.

5 Wheelers Erläuterung seiner Vision nach Banesh Hoffman, *The Strange Story of the Quantum,* Pelican edition 1963, S. 217.

6 In Wirklichkeit ist Feynman sehr viel weiter gegangen, als ich in dieser einfachen Darstellung angedeutet habe, und hat einVerfahren entwickelt, Wahrscheinlichkeiten in die Behandlung von Weltlinien einzubeziehen; damit schuf er eine neue Version der Quantenmechanik, von der Freeman Dyson bald darauf zeigte, daß ihre Resultate denen der älteren Versionen der Theorie exakt äquivalent sind, nur leistet sie, wie sich seither erwiesen hat, als mathematisches Werkzeug weit mehr. Weiteres darüber im Folgenden.

7 Was für unser Verständnis des Universums und für das Reisen in der Zeit aus der Relativitätstheorie folgt, findet man ausführlicher dargestellt in meinem Buch *Spacewarps* (New York und London 1983).

8 Ich habe das getrennt mit einigen Kindern und Erwachsenen ausprobiert. Von den Kindern bekamen rund die Hälfte, von den Erwachsenen aber nur sehr wenige den Trick heraus. Die es *nicht* herausbekamen, beklagten sich über Betrug; Tatsache ist, daß gemäß Einsteins

Gleichungen die Natur selbst über diese Art von Betrug nicht erhaben ist.

9 Tatsächlich ging Yukawa bei seinen Berechnungen umgekehrt vor. Da ihm die Reichweite der starken Kernkraft bekannt war, konnte er die zeitliche Unschärfe der Wechselwirkungen zwischen Nukleonen eingrenzen. Das lieferte ihm wiederum eine annähernde Vorstellung von der Energie bzw. der Masse der Teilchen, die die Wechselwirkung tragen (oder vermitteln).

10 Siehe z. B. die Briefe 16–18 in Schrödingers *Briefen zur Wellenmechanik.*

11 Er wurde 1911 geboren und war daher genau im richtigen Alter, um von den Entdeckungen der 20er Jahre im höchsten Maße beeindruckt zu werden. Spätere Generationen haben allzu bereitwillig die Quantentheorie als allgemein anerkannte Erkenntnis aufgenommen und benutzen das Quantenkochbuch als geltende Spielregel; bei der älteren Generation haben die Erleichterung darüber, daß eine konsistente Theorie gefunden war, und die natürlichen Folgen des Alterns den Neuerungsdrang gedämpft. Die Generation von Wheeler und Feynman war zwangsläufig diejenige, die sich mit der Frage, was das alles zu bedeuten habe, am meisten abgequält hat, zusammen mit Einstein, der wie immer eine Ausnahme war.

10. KAPITEL

1 J. S. Bell, *Physics,* Bd. 1, S. 195, 1964.

2 In diesem Fall folge ich der sehr klaren und ausführlichen Beschreibung des Bellschen-Experiments durch Bernard d'Espagnat in »The Quantum Theory and Reality«, *Scientific American Offprint* Nummer 3066. Meine Darstellung ist jedoch stark vereinfacht, und der Artikel von d'Espagnat enthält viel mehr Einzelheiten.

3 Vielleicht denken Sie, die Unschärfe mußte gleich $\hbar = h/2\pi$ sein? *Die fundamentale Einheit des Spins ist, wie Dirac bewies, ½ $\hbar$,* und das ist mit der Kurzbezeichnung »Spin + 1« gemeint. Die Differenz zwischen Spin + 1 und Spin − 1 ist die Differenz zwischen plus und minus ½ $\hbar$, und das ist natürlich gleich $\hbar$. Bei den Experimenten, von denen hier die Rede ist, kommt es jedoch nur auf die *Richtung* des Spins an.

4 Auch hier begegnen wir wieder jenen Problemen, die Bohr so lange beschäftigt haben. Das einzig Reale sind die Ergebnisse unserer Versuche; und die Art, wie wir unsere Messungen vornehmen, beeinflußt das Meßergebnis. Heute, in den 80er Jahren, benutzen Physiker wie selbstverständlich einen Laserstrahl, der lediglich dazu dient, Atome in einen angeregten Zustand zu pumpen. Wir können dieses Instrument nur benutzen, weil wir über angeregte Zustände Bescheid wissen und uns das Quantenkochbuch zur Verfügung steht; unser Experiment soll je-

doch gerade die Quantenmechanik überprüfen, jene Theorie, mit deren Hilfe das Quantenkochbuch geschrieben wurde! Ich will damit nicht sagen, daß die Experimente deshalb falsch seien. Man kann Atome auch auf andere Weise anregen, ehe man an die Messungen geht, und auch dann kommt das gleiche Ergebnis heraus. Aber so wie die Vorstellungen früherer Generationen von Physikern davon geprägt waren, daß sie Federwaagen und Maßstäbe benutzten, so ist auch die gegenwärtige Generation sehr viel stärker, als ihr manchmal bewußt ist, von den üblichen quantenmechanischen Instrumenten geprägt.

Mögen sich die Philosophen mit der Frage befassen, was die Ergebnisse des Bell-Experiments wirklich bedeuten, wenn wir Quantenprozesse benutzen, um das Experiment anzustellen. Ich halte mich unbekümmert an Bohr: Das, was wir sehen, ist das, was wir bekommen; sonst ist nichts real.

5 *Physical Review Letters*, Bd. 49, S. 1804.

6 *The Physicist's Conception of Nature*, hrsg. von Mehra, S. 734.

7 Siehe *Guardian* vom 6. Januar 1983. Als ich dabei war, dieses Kapitel für den Satz vorzubereiten, wurde von den Bell Laboratories gemeldet, daß man dort mit einem Verfahren, das Josephson-Übergänge benutzt, neue, schnelle »Schalter« für Computerschaltungen entwickelt. Diese Schalter verwenden nur »konventionelle« Josephson-Übergänge und arbeiten bereits zehnmal so schnell wie gängige Computerschaltungen. Diese Entwicklung wird wahrscheinlich weiterhin für Schlagzeilen sorgen und in naher Zukunft zu praktischen Anwendungen führen. Lassen Sie sich aber nicht verwirren: Die Entwicklungen, von denen Clark spricht, liegen in einer ferneren Zukunft, und sie werden vielleicht nicht vor dem Ende dieses Jahrhunderts zur Anwendung kommen, aber in ihnen steckt ein weit größerer Sprung nach vorn.

11. KAPITEL

1 *Timewarps,* ein früheres Buch von mir, handelt ganz von parallelen Welten, doch die Quantentheorie wird nur im gerade erforderlichen Umfang erörtert.

2 Band *29,* S. 454.

3 Band *29,* S. 463.

4 *a. a.*

   O., S. 464.

5 Band *23,* Nr. 9 (September 1970), S. 30.

6 Die Allgemeine Relativitätstheorie beschreibt geschlossene Systeme, und Einstein dachte sich das Universum ursprünglich als ein geschlossenes, endliches System. Manche sprechen zwar von offenen, unendlichen Universen, doch genau genommen gilt die Relativitätstheorie für solche Darstellungen nicht. Unser Universum ist nur dann geschlossen, wenn

es genügend Materie enthält, damit die Schwerkraft die Raumzeit in sich krümmen kann, so wie ein Schwarzes Loch die Raumzeit krümmt. Dazu ist mehr Materie erforderlich, als wir in den sichtbaren Galaxien beobachten können, doch nach den meisten Beobachtungen der Dynamik des Universums kommt es einem Zustand der Geschlossenheit tatsächlich sehr nahe – es ist entweder »gerade schon geschlossen« oder »gerade noch offen«. Beobachtungen rechtfertigen es daher nicht, die fundamentalen Folgerungen aus der Relativitätstheorie abzulehnen, die ein geschlossenes und endliches Universum annehmen, und es besteht aller Anlaß, nach der dunklen Materie zu forschen, die es gravitativ zusammenhält. Grundlegendes zu dieser Vorstellung findet man in Wheelers Beitrag zu *Some Strangeness in the Porportion*.

7 *Some Strangeness in the Proportion*, hrsg. von Harry Woolf, S. 385 f.

8 All das wird in meinem Buch *Spacewarps* erörtert.

9 Und wenn es Ihnen schwer fällt, dies zu glauben, dann bekommen Sie vielleicht allmählich das Gefühl, daß die gute alte Schrödinger-Gleichung etwas Anheimelnderes, etwas Vertrauteres hat. Weit gefehlt. Die Wellendeutung der Quantenmechanik geht in der Tat von einer einfachen Wellengleichung aus, wie wir sie aus anderen Bereichen der Physik kennen, und bei der korrekten quantenmechanischen Beschreibung eines einzelnen Teilchens geht es in der Tat um eine Welle in drei Dimensionen, allerdings nicht in unserem normalen Raum, sondern im sogenannten »Phasenraum«. Leider benötigt man für jedes beschriebene Teilchen *gesondert* drei Dimensionen für die Welle. Für die Beschreibung von zwei wechselwirkenden Teilchen benötigt man sechs Dimensionen, für ein System von drei Teilchen neun Dimensionen usw. Die Wellenfunktion des ganzen Universums, was immer das sein mag, enthält dreimal soviele Dimensionen, wie es Teilchen im Universum gibt. Physiker, die die Everett-Interpretation der Realität ablehnen, weil sie zuviel metaphysisches Übergepäck enthalte, vergessen allzu leicht, daß die Wellengleichungen, die sie tagtäglich benutzen, nur dank dessen als eine gute Beschreibung des Universums gelten können, daß sie sich auf eine nicht minder belastende Zahl von zusätzlichen Dimensionen berufen.

10 Während dieses Buch in England in Druck ging, schrieb ich für *Analog* eine Kurzgeschichte »Perpendicular Worlds«, die sich auf diesen Gedanken stützt.

11 Da ist noch etwas, das betont werden muß. Selbst wenn Reisen in der Zeit theoretisch möglich sind, so könnten doch unüberwindliche praktische Schwierigkeiten verhindern, daß wir materielle Objekte durch die Zeit schicken. Nachrichten durch die Zeit zu schicken, könnte dagegen relativ einfach sein, wenn es uns gelingt, die Teilchen zu nutzen, die in Feynmans Interpretation der Realität in der Zeit rückwärts wandern.

12 Das anthropische Prinzip habe ich kurz in meinem Buch *Spacewarps*

erörtert; nähere Einzelheiten findet man bei Paul Davies in *The Accidental Universe*. Die Entstehung des Universums im Urknall wird eingehend in meinem Buch *Genesis* erklärt.

13 *The Philosophy of Quantum Mechanics*, S. 517.
14 U. a. zitiert von Robert A. Wilson, *Das Universum nebenan*, S. 153.

EPILOG

1 *Directions in Physics*, zweites Kapitel. Dirac steht mit seinem Anliegen nicht allein; Banesh Hoffman schreibt in *The Strange Story of the Quantum*, S. 213, daß die Renormalisierung die Physik in eine Sackgasse führe. »Das kühne Jonglieren mit unendlichen Größen ist etwas außerordentlich Glänzendes. Aber dieser Glanz scheint eine Sackgasse zu beleuchten.«

2 Falls Sie es tatsächlich wissen wollen: Die Plancksche Länge ist gegeben durch die Quadratwurzel aus $G\hbar/c^3$, und die Plancksche Zeit ist die Quadratwurzel aus $G\hbar/c^5$.

3 Siehe z. B. Wheelers Beitrag zu Mehras *The Physicist's Conception of Nature*.

4 Hier stütze ich mich weitgehend auf die Darstellung von Paul Davies in seinem Buch *The Forces of Nature*, Cambridge University Press, 1979.

5 Die W^+ und W^- können natürlich auch als Teilchen und Antiteilchen aufgefaßt werden, wie das Elektron (e^-) und das Positron (e^+). Falls Sie noch nicht hinreichend verwirrt sind: Das W hat außerdem noch einen Namen – es heißt »intermediäres Vektorboson«.

6 *Science* vom 29. April 1983, Bd. *220*, S. 491.

7 *Nature*, Bd. *232*, S. 440, 1971.

8 *Nature*, Bd. *246*, S. 396, 1973.

9 *The Character of Physical Law*, S. 171.

Bibliographie

Die nachfolgenden Bücher las ich, als ich die Wahrheit über Schrödingers Katze zu erkunden suchte. Keinesfalls will ich mit ihrer Angabe eine umfassende Bibliographie der Quantentheorie liefern – Experten auf diesem Gebiet werden ohne Zweifel bemerken, daß einige Titel fehlen, die sie hier zu finden hofften. Jedoch führt ein Literaturhinweis jeweils zu einem anderen, und man kann alles von Belang finden, was je über die Quantentheorie geschrieben wurde – und dazu viel mehr –, wenn man bei einem bestimmten Buch der folgenden Auswahl anfängt und »seiner Nase« (d. h. ausgewählten Literaturhinweisen des Buches) folgt. Neben den sachlichen Büchern bringe ich am Ende eine Auswahl von Science-Fiction-Titeln; diese Bücher bieten nicht nur Unterhaltung, sondern veranschaulichen auch einige Themen der Quantentheorie, insbesondere die Vorstellung der parallelen Welten.

John Gribbin

Quantentheorie

A. d'Abro, *The Rise of the New Physics*, Bd. 2, Dover, New York, 1951 (Erstauflage 1939).
Eine erste umfassende Darstellung für den Laien. Band 1 behandelt den geschichtlichen und den mathematischen Hintergrund, während sich Band 2 ausschließlich mit der Quantentheorie befaßt. Wegen des altmodischen Stils ist das Buch für Leser von heute keine leichte Lektüre, aber es lohnt sich, in diese sehr gründliche Darstellung (beide Bände zusammen zählen 982 Seiten) hineinzuschauen, wenn Sie engagiert genug sind, um sich in die mathematischen Aspekte einzuarbeiten.

Kenneth Atkins, *Physics – Once Over – Lightly*, Wiley, New York, 1972.
Dieses Werk war gedacht als Lehrbuch für einen einsemestrigen Physik-Kurs für Studenten, die als Hauptfach keine Naturwissenschaft gewählt haben, es ist aber auch für Leser, die ein eher beiläufiges Interesse mitbringen, einigermaßen interessant und klar. Als seriöse Einführung in die Physik für Nicht-Naturwissenschaftler stellt es das Beste in

seiner Art dar. Es führt den Leser von einfachen Anfangsgründen zur Relativitätstheorie und Quantenmechanik, bis hin zum Verständnis von Atomkernen und Elementarteilchen. Obwohl philosophische Folgerungen und die Bedeutung der Quantenrealität nur gestreift werden, gibt das Buch die Grundlagen der Quantenkocherei hinreichend klar für jeden, der einmal probeweise einige Zahlen in die Gleichungen einsetzen möchte. Es sei hier nachdrücklich empfohlen.

Ted Bastin (Hrsg.), *Quantum Theory and Beyond*, Cambridge University Press, New York, 1971.
Das Buch enthält Abhandlungen eines informellen Kolloquiums, das 1968 in Cambridge stattfand, um einen möglicherweise bevorstehenden »Paradigmenwandel« in der Quantentheorie zu erörtern. Es ist zum größten Teil sehr anstrengend zu lesen und stärker philosophisch orientiert als die meisten hier genannten Bücher.

Max Born, *The Restless Universe*, Dover, New York, 1951.
Das Buch ist die beste zeitgenössische Darstellung der neuen Physik von einem führenden Pionier der Entwicklung der Quantentheorie. Es gibt keine Geschichte der Quantenmechanik wieder, sondern stellt ein »allgemeinverständliches« Buch über Physik dar. Besonders interessant ist darin eine der ersten für Laien verfaßten Beschreibungen der statistischen Interpretation, für die Born später (1954) den Nobelpreis erhielt. Bemerkenswert auch deshalb, weil es – vor einem halben Jahrhundert geschrieben – Zeichnungen verwendet, die beim schnellen Durchblättern dynamische Prozesse verdeutlichen.

Louis de Broglie, *Licht und Materie*, Hamburg 1940 (Übersetzung der 1937 erschienenen französischen Ausgabe).
Das Buch ist hauptsächlich von historischem Interesse. Einer der Beteiligten schildert nahezu als Zeitgenosse die Entstehung der neuen Physik.

Louis de Broglie, *The Revolution in Physics*, Greenwood Press, New York, 1969.
Diese nicht sehr gut übersetzte englische Fassung eines anderen, sehr viel älteren französischen Buches, ist ebenfalls von historischem Interesse.

Fritjof Capra, *Das Tao der Physik*, Scherz, München 1984 (erweiterte Neuausgabe von *Der kosmische Reigen*).
Die erste der neuen Welle von Veröffentlichungen, die moderne Teilchenphysik mit östlicher Weisheit, Mystik und Religion verbinden. Capra, ein Physiker, hat eine faszinierende Geschichte erdacht, die auch die grundlegenden Gedanken der Quantenmechanik enthält, freilich nicht im historischen Zusammenhang.

Jeremy Cherfas, *Man Made Life*, Blackwell, Oxford, 1982.
Das Buch liefert eine unkomplizierte Einführung in die Geheimnisse der Gentechnologie, ihre Möglichkeiten und Grenzen.

Barbara Lovett Cline, *The Questioners*, Crowell, New York, 1965.
Die Geschichte der Quantenmechanik wird in biographischer Weise erzählt, wobei Kapitel Rutherford, Planck, Einstein, Bohr, Pauli und Heisenberg gewidmet sind. Es ist gut zu lesen, reich an anekdotischem Material, enthält aber so wenig Physik wie möglich.

Francis Crick, *Das Leben selbst*, R. Piper Verlag, München 1983.
Das Werk liefert eine leichtverständliche Einführung in die Natur lebender Moleküle und enthält Spekulationen über die Möglichkeit, daß das Leben auf der Erde aus den Weiten des Weltalls gekommen sein könnte.

Paul Davies, *The Accidental Universe*, Cambridge University Press, New York, 1982.
Das Buch gibt eine klare, aber mathematisch gefaßte Darstellung der vielen kosmischen »Zufälle«, die dazu geführt haben, daß es uns gibt. Es geht kurz auf die Bedeutung der Everett-Interpretation der Quantenmechanik für das anthropische Prinzip ein. Eine nichtmathematische, »allgemeinverständliche« Darstellung des anthropischen Prinzips ist eines der zentralen Themen in dem Buch *Mehrfachwelten* vom gleichen Verfasser (Düsseldorf, Köln 1981).

Bryce DeWitt und Neill Graham (Hrsg.), *The Many-Worlds Interpretation of Quantum Mechanics*, Princeton University Press, Princeton, 1973.
Der Band umfaßt Wiederabdrucke der wichtigsten Arbeiten, die die Grundlage der Viele-Welten-Theorie bildeten. Er enthält die Doktorarbeit Everetts, die 1957 in *Reviews of Modern Physics* erschienenen Aufsätze von Everett und Wheeler sowie spätere Versuche DeWitts und Grahams, die Theorie auszubauen und zu popularisieren, dazu eine Reihe weiterer Beiträge. Es faßt in einem Band übersichtlich zusammen, worum es sich bei der ganzen Sache dreht.

Paul Dirac, *Die Prinzipien der Quantenmechanik*, Leipzig 1930; letzte englische Auflage (*The Principles of Quantum Mechanics*), Oxford University Press, New York, 1982.
Das Werk ist auch heute noch für den ernsthaft interessierten Studenten das maßgebende Lehrbuch, vor allem in den mehrfach durchgesehenen und auf den neuesten Stand gebrachten englischen Auflagen. So enthält das Buch einen Abschnitt über Quantenelektrodynamik und eine so klare Erörterung der Unbestimmtheit, des Überlagerungsprinzips und der Notwendigkeit der Quantenmechanik, wie man sie sonst nirgends findet. Selbst wenn Sie kein ernsthaft interessierter Student sind, wird es sich lohnen, wenn Sie sich das Buch bei einer Bibliothek ausleihen, um das erste Kapitel zu lesen; sollten Sie aber ein ernsthaft interessier-

ter Student sein, so ist das Vorgehen Diracs, nämlich von der Mathematik zu den Interpretationen Schrödingers und Heisenbergs überzugehen, sehr viel logischer und verständlicher als die heute übliche Darstellung des Gegenstandes.

Paul Dirac, *Directions in Physics*, Wiley, New York und London, 1978.
Die Vorträge, die 1975 in Australien und Neuseeland gehalten wurden, sind von unschätzbarem Wert als Zeugnis des fast letzten Überlebenden aus der Schar derer, die in den 20er Jahren die Quantenmechanik entwickelten, und das außerdem, weil es sich um direkte Abschriften der amüsanten und klaren Vorträge Diracs handelt. Sie enthalten auch Erörterungen über variable Schwerkraft und magnetische Monopole, die die Unvollständigkeit der heutigen Physik verdeutlichen. Dirac starb am 21. Oktober 1984 in Tallahassee, Florida.

Sir Arthur Eddington, *Das Weltbild der Physik*, Braunschweig 1931.
Das Buch gibt den Text einer Reihe von Vorträgen wieder, die 1927 in Edinburgh gehalten wurden, und vermittelt einen seltenen Einblick in die Wirkung, welche die Quantentheorie auf einen der großen Naturwissenschaftler der 20er Jahre hatte, als die Theorie selbst noch raschem Wandel unterlag. Eddington war nicht nur ein führender Naturwissenschaftler, sondern auch einer der ersten und erfolgreichsten, die die Wissenschaft für Laien verständlich darzustellen versuchten.

Sir Arthur Eddington, *Science and the Unseen World*, Folcroft Library Editions, Folcroft, Pennsylvania, 1979.
Der Band enthält weiteres Vortragsmaterial aus der gleichen Zeit wie das vorherige Buch.

Sir Arthur Eddington, *Die Naturwissenschaft in neuen Bahnen*, Vieweg, Braunschweig, 1935.
Hier ist eine Reihe von Vorlesungen versammelt, die 1934 an der Cornell-Universität gehalten wurden und deutlich machen, wie sich die Dinge seit dem Erscheinen von *Weltbild der Physik* weiterentwickelt hatten.

Sir Arthur Eddington, *Philosophie der Naturwissenschaft*, Bern 1949 (englische Originalfassung: 1938).
Die Vorträge aus den späten 30er Jahren zeigen eine, wie der Titel andeutet, stärker philosophische Tendenz.

Albert Einstein, Hedwig und Max Born, *Briefwechsel 1916–1955*, Nymphenburger Verlagshandlung, München, 1969.
Die Korrespondenz zwischen den beiden bedeutenden Männern, kommentiert von Born, enthält einige interessante Streiflichter auf die Quantentheorie und Einsteins Widerstreben, die Kopenhagener Deutung zu akzeptieren.

Leonard Eisenbud, *The Conceptual Foundations of Quantum Mechanics*, Van Nostrand Reinhold, New York, 1971.
Das Buch benutzt so wenig Mathematik wie möglich und betont die physikalische Bedeutung der Quantentheorie – aber »so wenig wie möglich« heißt hier gleichwohl eine ganze Menge. Es gibt eine gute Einführung in die Grundlagen, die nicht so weit geht, den Atombau usw. zu erklären, sondern physikalische und philosophische Einsicht in die Rätsel der Quantenwelt vermittelt.

Richard Feynman, *The Character of Physical Law*, MIT Press, Cambridge, (Mass.), 1967.
Hier sind die Texte einer Reihe von Vorlesungen versammelt, die 1964 an der Cornell-Universität gehalten und 1965 im zweiten Fernsehprogramm der BBC gesendet wurden. Sie lassen sich sehr gut lesen, weil sie von einem Autor stammen, der meisterhaft vorträgt. Enthalten ist ein gutes Kapitel über die quantenmechanische Naturauffassung.

Richard Feynman, Robert Leighton und Matthew Sands, *Feynman Vorlesungen über Physik*, Band 3, Oldenbourg, München, 1971.
Die am leichtesten zugängliche, lehrbuchartige Einführung in die Quantenmechanik für ernsthaft interessierte Studenten geht sehr gut auf das berühmte Zweispalten-Experiment ein und enthält außerdem eine interessante Diskussion der Supraleitfähigkeit.

George Gamow, *The Atom and Its Nucleus*, Prentice-Hall, New Jersey, 1961.
Das Buch liest sich leicht und enthält eine gehörige Portion über Quanten- und Wellentheorie, von einem meisterhaften Geschichtenerzähler, der obendrein noch selbst an der Geschichte beteiligt war – Gamow hat eine Zeitlang mit Bohr gearbeitet. Der Inhalt wirkt ein bißchen altmodisch, aber lustig; es lohnt sich, hineinzuschauen, gerade auch, weil die Hauptbeteiligten skizziert werden.

Maurice Goldsmith, Alan Mackay und James Woudhuysen (Hrsg.), *Einstein: The First Hundred Years*, Pergamon, Elmsford, New York, 1980.
Das ganz uneinheitliche Buch enthält einen ausgezeichneten Artikel von C. P. Snow über Einstein.

John Gribbin und Jeremy Cherfas, *The Monkey Puzzle*, Bodley Head, London, und Pantheon, New York, 1982.
Das Buch über die Evolution des Menschen bringt insbesondere eine allgemeinverständliche Darstellung, wie die DNS funktioniert.

Niels Heathcote, *Nobel Prize Winners in Physics 1901–1950*, Henry Schuman Inc., 1953 (Neuauflage 1971 bei Books for Libraries Press, Freeport, New York).
Mit knappen biographischen Angaben und Kurzfassungen der mit ei-

nem Nobelpreis ausgezeichneten Arbeiten macht dieser Band deutlich, daß die Quantentheorie in der Physik der ersten Hälfte des 20. Jahrhunderts die entscheidende Rolle spielte. Es fehlen nur zwei wichtige Namen: der von Max Born, der seinen Preis erst 1954 erhielt, und der von Ernest Rutherford, der den Chemie-Nobelpreis bekam. Es lohnt sich, einen Blick hineinzuwerfen.

Werner Heisenberg, *Physik und Philosophie*, Hirzel, Stuttgart, [4]1984.
Der Band vereinigt eine Reihe von Vorträgen, die 1955–56 an der St. Andrews-Universität gehalten wurden. Einer der Entdecker der Quantenmechanik gibt hier eine kurze Geschichte der Quantentheorie und diskutiert die von ihm mitbegründete Kopenhagener Deutung. Mathematik wird überhaupt nicht verwendet.

Werner Heisenberg, *Das Naturbild der heutigen Physik*, Rowohlt, Hamburg, 1956 (englische Übersetzung: *The Physicist's Conception of Nature*).
Dieser weitere Band ist teilweise philosophischer Natur; er wird hier vor allem auch deshalb genannt, damit er nicht verwechselt wird mit dem Buch von Jagdish Mehra, das den gleichen Titel trägt! (siehe unten)

Werner Heisenberg, *Der Teil und das Ganze*, Piper, München, 1969, Neuausgabe 1986.
Mit dem Untertitel »Gespräche im Umkreis der Atomphysik« bietet diese anekdotische Autobiographie zwar wenig Wissenschaft im engeren Sinne, dafür aber bedeutende Einblicke in den Menschen Heisenberg.

Banesh Hoffman, *The Strange Story of the Quantum*, Peter Smith, Magnolia (Mass.), 1963 (Erstausgabe 1947).
Das Buch vermittelt eine interessante Darstellung der damals noch relativ neuen Quantentheorie aus der Sicht der 40er Jahre. Aus dem Wunsch heraus, allgemeinverständlich zu sein, neigt der Verfasser bisweilen zu übertriebener Vereinfachung, und da er an der Alltagssprache festhalten möchte, verliert er manchmal den Faden der Argumentation. Dennoch ist es fast 40 Jahre, nachdem es geschrieben wurde, immer noch gut zu lesen. Allein schon das Postskriptum von 1959 rechtfertigt es, sich dieses Buch zu beschaffen, denn es legt klar die Entwicklungen des zurückliegenden Jahrzehnts dar, darunter die Feynman-Diagramme und den Verlust der Kausalität.

Ernest Ikenberry, *Quantum Mechanics*, Oxford University Press, London, 1962.
Das für Mathematiker und Physiker geschriebene Buch ist für Laien ungeeignet. Seine Stärke liegt darin, wie man mit Hilfe der Quantentheorie Probleme lösen kann, seine Schwäche aber in der Interpretation dessen, was die Gleichungen bedeuten.

Max Jammer, *The Conceptual Development of Quantum Mechanics*, McGraw-Hill, New York, 1966.
Die sehr umfassende einbändige Studie legt sich, was die Mathematik angeht, keine Fesseln an. Trotzdem kann man ihr viele interessante Erkenntnisse entnehmen, auch wenn man die Formeln ganz übergeht.

Max Jammer, *The Philosophy of Quantum Mechanics*, Wiley, New York und London, 1974.
Das Buch beschreibt die Interpretation der Quantenmechanik und ihre philosophische Bedeutung. Obwohl es in der Darstellung der Geschichte, etwa der Kopenhagener Deutung, allzu sehr ins einzelne geht, enthält es weit mehr als nur Rezepte für die Quantenkocherei.

Pascual Jordan, *Die Physik des 20. Jahrhunderts*, Vieweg, Braunschweig, 1947.
Wie das oben erwähnte Buch von de Broglie ist auch dieses hauptsächlich von historischem Interesse, weil es von einem der maßgeblichen Erfinder der Physik des 20. Jahrhunderts stammt.

Horace Judson, *Der 8. Tag der Schöpfung*, Meyster, Wien, München, 1980.
Dieses dicke, wenn auch nicht ganz solide Buch über die revolutionäre Entwicklung der Molekularbiologie in der zweiten Hälfte des 20. Jahrhunderts lohnt gleichwohl die Lektüre, sowohl wegen der Geschichte der Molekularbiologie als auch wegen der Einblicke in die Arbeitsweise von Naturwissenschaftlern. Für die Geschichte der Quantenrevolution ist es insofern von Belang, als Judson klar hervorhebt, daß das, was wir heute Molekularbiologie nennen, entstanden ist, als Linus Pauling die Regeln der Quantenmechanik anwandte, um die Chemie komplexer Moleküle zu verstehen. Leider behauptet Judson außerdem, daß Heisenbergs, Borns und Diracs Versionen der Quantenmechanik nach der von Schrödinger entstanden seien – aber Fehler macht jeder.

Jagdish Mehra (Hrsg.), *The Physicist's Conception of Nature*, Reichel, Dordrecht, Holland, 1973.
Dies sind die Verhandlungen eines Symposiums, das 1972 zu Ehren des siebzigsten Geburtstages von Paul Dirac in Triest stattfand. Nicht zuletzt die beeindruckende Liste der Mitwirkenden, die sich wie ein *Who is Who* der Quantentheorie liest, macht diesen voluminösen Band (839 Seiten) für naturwissenschaftlich Bewanderte zu einer der besten Einführungen in die Wandlungen der Physik im 20. Jahrhundert.

Jagdish Mehra und Helmut Rechenberg, *The Historical Development of Quantum Theory*, Springer-Verlag, Berlin, Heidelberg, New York, 1982.
Dies ist die maßgebende Darstellung der Geschichte der Quantenphysik. Die vier bislang erschienenen Bände verfolgen die Geschichte bis

zum Jahre 1926, und die geplanten weiteren fünf Bände sollen bis zur Gegenwart hinführen. Obwohl das umfangreiche Werk sich mathematisch keine Zurückhaltung auferlegt, finden sich zwischen den vielen Gleichungen sehr lesbare Informationen in großer Fülle.

Abraham Pais, *Subtle Is the Lord*, Oxford University Press, London und New York, 1982 (deutsch: *Raffiniert ist der Herrgott . . .*, Vieweg, Wiesbaden, Braunschweig, 1986).
Das Buch darf als *die* maßgebende Darstellung von Leben und Werk Einsteins angesehen werden.

Heinz Pagels, *Quantenphysik als Sprache der Natur*, Ullstein, Berlin, Frankfurt, Wien, 1983.
Das Buch, das von einem Teilchenphysiker geschrieben wurde, unternimmt einen kühnen Versuch, die Relativitätstheorie, die Quantentheorie und die moderne Teilchenphysik in einem Band zu erläutern. Den Kern bildet die eingehende Darstellung des Teilchenzoos, mit den Quarks, den Gluonen und all den anderen Teilchen. Die Quantentheorie wird – als notwendige Grundlage für ein Verständnis der Teilchen, die der Zoo enthält – eher kurz abgehandelt, und es fehlt die historische Perspektive. Das Buch ist geeignet, falls Sie etwas über die Vielzahl der Teilchen erfahren möchten. Außerdem ist das ein interessantes Gegenstück zu den Werken von Capra und Zukav.

Jay M. Pasachoff und Marc L. Kutner, *Invitation to Physics*, W. W. Norton, New York und London, 1981.
Obwohl betont als Lehrbuch für Studenten mit nicht-naturwissenschaftlichem Hauptfach konzipiert, vermittelt dieses Buch einen verständlichen Überblick über die gesamte Physik, mit sehr wenig Mathematik. Es kann jedem, der sich für moderne Naturwissenschaft interessiert, ohne weiteres empfohlen werden.

Max Planck, *The Philosophy of Physics*, W. W. Norton, New York, 1963 (Originalausgabe 1936 ⟨deutscher Originaltitel nicht zu ermitteln⟩).
Nur von historischem Interesse, vermittelt aber einen Einblick in das Denken jenes Mannes, der die Ungeheuerlichkeit des Schrittes, den er getan hatte, zunächst nicht erkannte und die Quantentheorie der Strahlung begründete.

Erwin Schrödinger, *Abhandlungen zur Wellenmechanik*, J. A. Barth, Leipzig, 1927.
Das Buch enthält die wichtigsten Abhandlungen, in denen Schrödinger die Grundlagen der Wellenmechanik schuf, einschließlich der Untersuchung, in der er zeigte, daß Matrizen- und Wellenmechanik äquivalent sind. Die wichtigsten Original-Abhandlungen zur Matrizenmechanik hat van der Waerden zusammengestellt (siehe unten).

Erwin Schrödinger, *Briefe zur Wellenmechanik*, Springer-Verlag, Wien, 1963.

Die Briefe von und an Schrödinger, mit Einstein, Planck und Lorentz als Briefpartner, vermitteln fesselnde historische Einblicke in das Denken dieser bedeutenden Männer und bringen außerdem einige wichtige Briefpassagen über das berühmte Katzenparadox (in Briefwechsel mit Einstein).

Erwin Schrödinger, *Was ist Leben?*, Francke, München, 1951 (Originalausgabe 1944), Neuausgabe Piper, München, 1987.
Das hervorragend geschriebene Buch ist von historischem Interesse, weil es auf diejenigen, die die Struktur von lebenden Molekülen aufklärten, einen großen Einfluß hatte. Es ist immer noch lesenswert, auch wenn inzwischen bekannt ist, daß das Molekül des Lebens die DNS ist und daß Gene nicht, wie Schrödinger noch annahm, aus Protein bestehen. Falls dieses Buch Sie nicht überzeugen kann, daß die Quantentheorie für die Gentechnologie von entscheidender Bedeutung ist, wird keines Sie überzeugen.

Erwin Schrödinger, *Science, Theory and Man*, Dover Publications/Allen and Unwin, London, 1957 (Erstveröffentlichung 1935).
Das Buch enthält unter anderem Schrödingers Nobelansprache, die klar und aufschlußreich ist und jeden angeht, der sich für die Entwicklung der Quantenmechanik interessiert.

John Slater, *Modern Physics*, McGraw-Hill, New York, 1955. Obwohl es nur ein Minimum an Mathematik enthält, wendet sich das Buch an ernsthaft interessierte Studenten. Trotz seines Alters ist es eine ausgezeichnete Einführung in die Quantentheorie für Studenten der frühen Semester.

J. Gordon Stipe, *The Development of Physical Theories*, McGraw-Hill, New York, 1967.
Diese grundlegende Einführung für Erstsemester führt anders als so viele für diesen Kreis bestimmte Bücher – sehr gut in die Quantentheorie und die Kernphysik ein. Es ist aber ein nicht für Laien bestimmtes Lehrbuch.

B. L. van der Waerden (Hrsg.), *Sources of Quantum Mechanics*, North-Holland, Amsterdam, 1967.
Das Buch stellt die wichtigsten Originalarbeiten zusammen, alle in englischer Sprache (als Original oder Übersetzung), bis hin zu jenen, die die Grundlagen der Matrizenmechanik schufen (Heisenberg, Born, Jordan und Dirac). Schrödingers Wellenmechanik wird ausgeklammert (gesondert zusammengestellt; siehe Schrödinger). Knappe, aber verständliche Einführungen rücken die einzelnen Arbeiten in die richtige Perspektive.

James D. Watson, *Die Doppel-Helix*, Rowohlt, Reinbek, 1969.
Das Buch schildert spritzig und lebhaft aus persönlicher Sicht, wie die

Struktur der DNS aufgeklärt wurde. Weniger »mit allen Vorzügen und Schwächen« als vielmehr »*nur* Schwächen«, macht es aber viel Spaß und ist sehr lesenswert.

Harry Wolf (Hrsg.), *Some Strangeness in the Proportion*, Addison-Wesley, Reading, Mass., 1980.
Dieses Buch enthält die Verhandlungen eines Symposiums, das aus Anlaß der hundertsten Wiederkehr von Einsteins Geburtstag am Institute of Advanced Study in Princeton stattfand. Die Teilnehmerliste liest sich wie ein *Who is Who* der theoretischen Physik, und es gibt ein umfangreiches Kapitel über Einsteins Beitrag zur Quantentheorie. Weitgehend wird die Mathematik ausgespart, aber wo sie vorkommt, ist sie sehr schwierig und für Nichtmathematiker unverständlich.

Gary Zukav, *The Dancing Wu Li Masters*, Bantum, New York, 1980.
Dieses Buch ist in der Tat ein Gegenstück zu Capras *Tao der Physik* und erzählt die gleiche Geschichte aus der Sicht eines Verfassers, der kein studierter Physiker ist. Alle Naturwissenschaftler sollten dies lesen, damit sie wissen, wie Nicht-Naturwissenschaftler die neue Physik sehen. Nicht-Naturwissenschaftler seien davor gewarnt, daß Zukav sich gelegentlich von seiner Erregung hinreißen läßt, daß die Naturwissenschaft nicht immer mit hundertprozentiger Genauigkeit dargestellt wird und daß er, anders als Capra, auf den Entwicklungsgang der Ideen kaum eingeht. Trotzdem ist es gut zu lesen.

Science Fiction

Gregory Benford, *Timescape*, New York 1981; deutsch: *Zeitschaft*, Rastatt 1984.
Im Bereich der Science Fiction ist es die beste Darstellung dessen, was es heißt, ein Forschungsphysiker zu sein, und eine ausgezeichnete Schilderung jener Art von Reisen in der Zeit, die in einer Viele-Welten-Realität möglich sein könnten.

Philipp Dick, *The Man in the High Castle*, Gregg Press, Boston, 1979; deutsch: *Das Orakel vom Berge*, Bergisch-Gladbach 1980.
Das Buch schildert eine Geschichte aus einer parallelen Realität, die in einer Welt spielt, in der die Vereinigten Staaten den Zweiten Weltkrieg verloren haben. Es ist hübsch geschrieben, mit sehr wenig Naturwissenschaftlichem, aber mit einem gewissen Dreh, der das Buch vom Gewohnten abhebt.

Randall Garrett, *Too Many Magicians*, Ace Books, New York, 1981.
Das Buch enthält »Was wäre wenn«-Geschichten, die in einer parallelen Realität spielen, in der Richard Löwenherz lange genug überlebte, um sicherzustellen, daß die englische Thronfolge nicht an seinen Bruder

John überging. Man darf es wissenschaftlich nicht ernst nehmen, andererseits bereiten gute Detektivgeschichten ein Lesevergnügen.

David Gerrold, *The Man Who Folded Himself*, Amereon Ltd., Mattituck, N. Y., 1973.
Die verwirrenden Effekte, die sich ergeben, wenn man zwischen den vielen Welten der senkrecht aufeinander stehenden Realität in der Zeit vorwärts und rückwärts reist, werden lustig und spannend dargestellt. Das »Wissenschaftliche« daran kann man leicht als Hokuspokus abtun, aber die Implikationen laufen weitgehend auf das hinaus, was im elften Kapitel dieses Buches dargestellt wird.

Keith Roberts, *Pavane*, Hart-Davies, London, 1968 (Panther-Paperback).
Diese Geschichte spielt möglicherweise in einem parallelen Universum, möglicherweise auch nicht. Wie immer es sei, sie ist gut zu lesen.

Jack Williamson, *The Legion of Time*, Sphere, London, 1977.
Erstmals 1938 als Fortsetzungsroman in einer Zeitschrift erschienen, ist dies eine gutgemachte Abenteuergeschichte in der damaligen SF-Tradition, die nur durch eines bemerkenswert ist. Hier wurde, soweit ich feststellen konnte, zum ersten Mal in einem gedruckten Werk – sei es der Sachliteratur, sei es der schönen Literatur – die Vorstellung von parallelen Welten entwickelt, aus der später die Viele-Welten-Interpretation der Quantenmechanik hervorgehen sollte. Es hat natürlich schon früher »Was wäre wenn«-Geschichten gegeben, die in alternativen Realitäten spielen, doch Williamson beschrieb den Ort der Handlung in seriöser wissenschaftlicher Sprache, und das, obwohl die Fundamente der Quantenmechanik erst zehn Jahre zuvor gelegt worden waren. »Die Geometrie vervielfacht sich zu einer unendlichen Zahl möglicher Zweige, ganz wie es dem subatomaren Indeterminismus gefällt.« Hugh Everett konnte es neunzehn Jahre später in seiner Doktorarbeit nicht bündiger sagen, wenngleich er es auf eine sichere mathematische Grundlage stellte. Daß die Science Fiction dem Fortschritt der theoretischen Naturwissenschaft vorauseilt, kommt selten vor, und wenn es vorkommt, verdient es, festgehalten zu werden.

Robert Anton Wilson, *Schrödingers Katze*; Trilogie: *Das Universum nebenan*; *Der Zauberhut*; *Die Brieftauben*; alle bei Rowohlt, Reinbek 1984–85.
Es ist fast unmöglich, diese lustige, respektlose und glänzend geschriebene Trilogie zu charakterisieren, in der drei sorgfältig abgewandelte Variationen über das Quantenthema (eine je Band) den Rahmen für in etwa die gleichen Handlungen von in etwa den gleichen Personen abgeben. Die »Schrödingers Katzen«-Trilogie leistet im Hinblick auf die Quantentheorie gewissermaßen das, was Lawrence Durrels *Alexandria Quartet* im Hinblick auf die Relativitätstheorie leistete, nur ist Wilson

lustiger. Man muß den Geschmack dafür erst entwickeln, aber dann spürt man auf der Zunge, wie die Quantenwelt wirklich schmeckt.

Ständig »entdecken« Science Fiction-Autoren die Quantentheorie, und alle paar Monate erscheint eine neue Kurzgeschichte von jemand, der gerade kapiert hat, welche Möglichkeiten sie bietet. Jüngere Beispiele sind Greg Bears »Schrödinger's Plague«, in *Analog* vom 29. März 1982, und Rudy Ruckers »Schrödinger's Cat«, in *Analog* vom 30. März 1981. Es gibt andere Geschichten, die genauso gut sind, aber ich erwähne diese beiden, weil es die Art war, wie sie Schrödingers Katze benutzten, um die Aufmerksamkeit einer Leserschaft zu fesseln, die mit der Quantentheorie nicht vertraut war. Das brachte mich auf den Weg der Überprüfung und Entdeckung, der zu dem vorliegenden Buch führte, und ihnen verdanke ich auch meinen Titel. Mein Dank geht an die beiden Autoren und an Stan Schmidt, den Herausgeber von Analog.

Bibliographische Ergänzung zur deutschen Ausgabe 1987

Erwin Schrödinger, Gesammelte Schriften, Bd. I–IV, Verlag der Österreichischen Akademie der Wissenschaften, Vieweg, Wien, Braunschweig, Wiesbaden, 1984

Jagdish W. Mehra/Helmut Rechenberg, The Historical Development of Quantum Theory, Bd. 5, Springer-Verlag, New York, Berlin, Heidelberg, 1987

John Gribbin, In Search of the Big Bang, London, 1987

Werner Heisenberg, Gesammelte Werke, Bd. C I–IV, Piper, München, 1984–1986

Niels Bohr, Atomphysik und menschliche Erkenntnis, Neuausgabe Vieweg, Braunschweig, 1984.

Namensregister

Sachregister

Werner Heisenberg

Gesammelte Werke
Abteilung C:
Allgemeinverständliche Schriften

Herausgegeben von Walter Blum, Hans-Peter Dürr und Helmut Rechenberg

Band I
Physik und Erkenntnis 1927–1955

Ordnung der Wirklichkeit, Interpretation der Quantenmechanik, Atomphysik, Kausalität, Unbestimmtheitsrelationen u. a. 453 Seiten. Leinen

Band II
Physik und Erkenntnis 1956–1968

Gifford-Lectures, Sprache und Wirklichkeit, Abstraktion und Vereinheitlichung, Goethes Naturbild u. a. 440 Seiten. Leinen

Band III
Physik und Erkenntnis 1969–1976

Der Teil und das Ganze, Die Bedeutung des Schönen, Naturwissenschaftliche und religiöse Wahrheit, Elementarteilchen u. a. 242 Seiten. Leinen

Band IV
Biographisches und Kernphysik

Autobiographisches, Laudationes, Nobelvortrag, Münchner Festrede, Kernphysik, Buchbesprechungen u. a. 505 Seiten. Leinen

Band V
Wissenschaft und Politik

Organisation der Forschung, Schule und Studium, A. v. Humboldt-Stiftung, Verantwortung des Wissenschaftlers u. a. (Erscheint 1989)

Die »Allgemeinverständlichen Schriften« in fünf Bänden – etwa die Hälfte der Texte wird erstmals in Buchform veröffentlicht – wenden sich vor allem an naturwissenschaftlich und philosophisch interessierte Laien. Sie erhalten aufregende Einblicke in das Denken des Nobelpreisträgers.

Das Werk Heisenbergs, das sich an das allgemeine Publikum wendet, umfaßt neben Reden und Aufsätzen zum Inhalt und zur Deutung der Physik seine Gesamtschau des Naturbildes, wie es sich von der Antike bis zur Gegenwart entwickelt hat.

Darüber hinaus ist von der Organisation der Forschung und vor allem auch von der Verantwortung des Wissenschaftlers in einer wissenschaftlich-technischen Welt die Rede. Heisenbergs Schriften sind – wie schon seine erfolgreichen Bücher zeigten – geeignet, ein großes Publikum zu erreichen. Ihm gelang – wie nur wenigen bedeutenden Naturwissenschaftlern – die Vermittlung zwischen der modernen Naturwissenschaft und einer interessierten Öffentlichkeit.

Piper

Harald Fritzsch

Eine Formel verändert die Welt
Newton, Einstein und die Relativitätstheorie
346 Seiten mit 82 Abbildungen. Geb.

Harald Fritzsch, der mit »Quarks – Urstoff unserer Welt« und
»Vom Urknall zum Zerfall« bereits ein großes Publikum erreichen
konnte, bringt dem Leser in seinem Buch Einsteins Relativitätstheorie auf besonders eingängige Weise nahe: Newton, Einstein
und der erfundene zeitgenössische Physiker Haller erklären sich
gegenseitig und damit auch dem Leser die Relativitätstheorie und
ihre Folgen.

Quarks
Urstoff unserer Welt
Vorwort von Herwig Schopper.
320 Seiten mit 91 Abbildungen. Serie Piper 332

»Dem mit physikalischen Grundprinzipien vertrauten Leser wird
dieses Buch eine Fülle neuer Einsichten vermitteln.«

Süddeutsche Zeitung

Vom Urknall zum Zerfall
Die Welt zwischen Anfang und Ende
351 Seiten mit 55 Abbildungen. Serie Piper 518

»Aber das Besondere ist wohl, daß sich die Darstellung so spannend und überzeugend liest und daß man das Gefühl hat, hervorragend informiert zu werden.«   Heinz Maier-Leibnitz

»Gemessen an der Komplexität der Phänomene versteht es der
Autor aber gekonnt, auch komplizierteste Zusammenhänge klar
und verständlich auf ihren wesentlichen Kern zu reduzieren.«

Bernd Kröger, DIE ZEIT

Piper

Bücher zum Thema

John D. Barrow/Joseph Silk
Die asymmetrische Schöpfung

Ursprung und Ausdehnung des Universums.
Mit einem Vorwort von Rudolf Kippenhahn. Aus dem Engl. von
Gerda Kurz und Siglinde Summerer. 270 Seiten. Geb.

Henning Genz · Symmetrie – Bauplan der Natur

465 Seiten mit 132 schwarzweißen und
6 vierfarbigen Abbildungen. Leinen

John Gribbin · Auf der Suche nach Schrödingers Katze

Quantenphysik und Wirklichkeit. Aus dem Engl. von
Friedrich Griese. Wissenschaftliche Beratung für die deutsche Ausgabe:
Helmut Rechenberg. 325 Seiten mit 60 Abbildungen. Leinen

Alfred Gierer · Die Physik, das Leben und die Seele

310 Seiten. Geb.

Werner Heisenberg · Der Teil und das Ganze

Gespräche im Umkreis der Atomphysik.
366 Seiten mit 16 Abbildungen. Geb.

Rudolf Kippenhahn · Hundert Milliarden Sonnen

Geburt, Leben und Tod der Sterne.
278 Seiten mit 6 Farbtafeln. Serie Piper 343

Rudolf Kippenhahn · Licht vom Rande der Welt

Das Universum und sein Anfang. 348 Seiten mit 88 Abbildungen.
Serie Piper 562

Leben = Physik + Chemie?

Das Lebendige aus der Sicht bedeutender Physiker. Ein Lesebuch, herausgegeben
und eingeleitet von Bernd-Olaf Küppers. 256 Seiten. Serie Piper 599

Grégoire Nicolis/Ilya Prigogine
Die Erforschung des Komplexen

Auf dem Weg zu einem neuen Verständnis der Naturwissenschaften.
Deutsche Ausgabe bearbeitet von Eckhard Rebhahn.
384 Seiten mit 110 Abbildungen. Kt.

Steven Weinberg · Die ersten drei Minuten

Der Ursprung des Universums. Vorwort von Reimar Lösl.
Aus dem Amerik. von Friedrich Griese.
269 Seiten mit 21 Abbildungen. Geb.

Piper